《海平面上升对沿海地区海水入侵的影响研究》撰写委员会

林　锦　韩江波　戴云峰　卢文喜

王会容　柳　鹏　孙晓敏　李　雪

陈　韬　陈广泉　范　越　张　迪

张　路　李丹阳

南京水利科学研究院出版基金资助出版

海平面上升对沿海地区海水入侵的影响研究

林 锦 韩江波 戴云峰 等 著

科学出版社
北 京

内 容 简 介

本书通过理论研究、野外试验、地球物理勘探、物理模拟与数值模拟等工作，研究了黄渤海海平面历史变化规律，分析了海平面上升与海水入侵的动态关系，构建了考虑未来气候变化的龙口典型区和大沽河流域典型区海水入侵数值模型，定量预测了典型区海平面上升对海水入侵和地下水向海泄流量的影响。

本书可供从事水资源管理与海洋灾害防治研究相关工作的科研、技术和管理人员阅读，也可供相关专业的大专院校师生参考。

图书在版编目（CIP）数据

海平面上升对沿海地区海水入侵的影响研究 / 林锦等著. —北京：科学出版社，2023.12

ISBN 978-7-03-075547-6

Ⅰ. ①海… Ⅱ. ①林… Ⅲ. ①沿海–地区–海平面变化–研究–中国 Ⅳ. ①P542

中国国家版本馆 CIP 数据核字(2023)第 085005 号

责任编辑：朱 瑾 习慧丽 / 责任校对：杨 赛

责任印制：赵 博 / 封面设计：无极书装

科学出版社 出版

北京东黄城根北街 16 号

邮政编码：100717

http://www sciencep com

固安县铭成印刷有限公司印刷

科学出版社发行 各地新华书店经销

*

2023 年 12 月第 一 版 开本：787×1092 1/16

2024 年 8 月第二次印刷 印张：14 3/4

字数：350 000

定价：198.00 元

（如有印装质量问题，我社负责调换）

前 言

我国约 45%（全球约 44%）的人口居住在沿海地区，国家重要的经济中心如长江三角洲、珠江三角洲及环渤海地区均分布在沿海地区，地下水开采等人类活动和海平面上升导致许多地区出现了严重的海水入侵问题，引发地下水水质恶化、土壤退化等一系列生态环境问题，严重制约经济社会的可持续发展。海水入侵已成为全球沿海地区所面临的重要问题。受全球气候变暖、极地冰川融化、上层海水受热膨胀等因素影响，全球海平面持续升高已是不争的事实。我国沿海海平面总体呈波动上升趋势。1980～2020 年，我国沿海海平面上升速率为 3.4mm/a，高于同时段全球平均水平。2010～2020 年，我国沿海平均海平面处于近 40 年来高位。

海平面上升导致的海水入侵区社会、经济和生态危害加剧已不容忽视，针对我国海水入侵区开展海平面上升对海水入侵的影响研究已迫在眉睫。2016 年科技部设立国家重点研发计划“水资源高效开发利用”重点专项，南京水利科学研究院承担了“黄渤海沿海地区地下水管理与海水入侵防治研究”项目（编号：2016YFC0402800），项目下设 10 个课题。本书在“课题 4：海平面上升对沿海地区海水入侵的影响研究（编号：2016YFC0402804）”的成果基础上编撰而成。本书主要目标是：在有关水文地质调查及相关研究成果的基础上，明晰黄渤海海平面的历史演变与未来变化趋势，揭示海平面上升背景下黄渤海沿海地区海水入侵的演化规律；利用数值模拟方法，结合野外试验、物理模拟等研究手段，揭示海平面上升对海水入侵的影响机制，预测海平面上升对黄渤海沿海地区海水入侵和滨海地下水向海泄流的影响，为海水入侵模拟与预测技术方法及软件平台研发、沿海地区地下水开采优化调控技术研究等提供理论基础。

本书共 7 章，分别是绪论、黄渤海沿海地区概况、黄渤海海平面上升与海水入侵的变化关系、龙口典型剖面海水入侵调查评价、海水入侵对海平面上升的响应机制、典型区海水入侵数值模型构建和海平面上升对海水入侵与地下水向海泄流的影响预测。第 1 章由林锦、韩江波、戴云峰撰写，第 2 章由韩江波、林锦、戴云峰、卢文喜、范越、张迪、王会容、柳鹏、孙晓敏、陈韬、李丹阳撰写，第

3 章由林锦、戴云峰、韩江波、陈广泉、李雪、王会容、柳鹏、孙晓敏撰写，第 4 章由戴云峰、韩江波、林锦、柳鹏、李雪、张路、王会容、陈韬、李丹阳撰写，第 5 章由林锦、戴云峰、韩江波、范越、卢文喜撰写，第 6 章由林锦、韩江波、卢文喜、范越、张迪、李雪、陈韬、柳鹏、孙晓敏、张路撰写，第 7 章由韩江波、林锦、戴云峰、张路、卢文喜、范越、柳鹏、王会容、李雪撰写。全书由林锦、韩江波统稿。

本项目的研究和本书的写作得到了科技部、水利部、自然资源部、龙口市水务局、青岛市水利局（现青岛市水务管理局）、南京大学等有关单位的大力支持和帮助，在此表示衷心感谢。

受时间和作者水平所限，书中难免存在不足，恳请读者批评指正。

作　者

2023 年 10 月

目 录

第1章

绪　论

本章主要介绍海平面上升对沿海地区海水入侵的影响的研究背景、研究现状与发展趋势、研究目标与研究内容、研究方法与技术路线以及主要研究成果。

1.1 研究背景

天然条件下，地下水自陆地向海洋方向泄流，咸淡水界面因地下含水层入海泄流量波动变化而维持着动态平衡。海水入侵是各种自然因素（如连续干旱、海平面上升等）和人类活动（主要是过量开采地下淡水）导致的滨海地区淡水的水头低于附近海水的水头，海水与淡水之间的水动力平衡被破坏，造成咸淡水界面（过渡带）向陆地方向移动的现象。全球60%的大城市和60%～70%的人口分布在海岸带及邻近地区。受全球气候变化和人为因素（地下水超采等）的双重影响，沿海地区成为地球上最活跃但又最脆弱的区域，特别是海水入侵及其引发的土壤盐渍化灾害，造成滨海地下水水质恶化，对区域水安全造成威胁，严重影响沿海地区的可持续发展。

据统计，世界上已有几十个国家和地区的许多地方出现海水入侵，如美国、英国、法国、德国、日本、意大利、澳大利亚、荷兰、比利时、希腊、西班牙、葡萄牙、以色列、墨西哥、印度、印度尼西亚、菲律宾、埃及、巴基斯坦等。我国于1964年首先在大连市出现海水入侵，随后在青岛市也出现海水入侵问题。自20世纪80年代以来，随着沿海地区经济社会用水量快速增加，地下水开采量不断增大，海水入侵范围也逐渐扩大。“十三五”国家重点研发计划“黄渤海沿海地区地下水管理与海水入侵防治研究”项目研究成果表明，我国遭受海水入侵的省（区）从北向南依次有辽宁、河北、山东、江苏、浙江、福建、广东、广西和海南。其中，黄渤海沿海地区是我国海水入侵最为严重的区域，海水入侵总面积达6842km^2，主要分布于丹东、大连、营口、盘锦、锦州、葫芦岛、秦皇岛、唐山、烟台、威海等城市。此外，黄渤海沿海地区还分布有大片的氯离子（Cl^-）浓度大于等于250mg/L的咸水体，分布面积为7.76万km^2（含海水入侵面积），占全国的89.6%。沿海地区咸水体的形成与地质时期海水滞留、入侵有密切的关系。

海水入侵区原来通常是农业高产区。海水入侵使得地下水咸化、土壤盐渍化，大批机井因水质恶化而报废，农业产量大幅度下降，个别地方甚至绝产。海水入侵区通常又是沿海地区的工业密集区，海水入侵导致滨海平原地下水水质日趋恶化，另建水源地或者增加输水管线都会加大生产成本；水中 Cl^-浓度增大，总硬度升高，不仅增加了水处理费用，还降低了产品质量，并使生产设备及输水管线遭受严重腐蚀。海水入侵还会导致入侵区地下水饮用水源水质恶化，造成甲状腺肿、氟骨病、氟斑牙、布氏菌病、肝吸虫病等疾病的发病率显著提高。

我国大陆海岸线长约 1.8 万 km，国家重要的经济中心如长江三角洲、珠江三角洲和环渤海地区均分布在沿海地区。海水入侵对我国沿海地区水安全、粮食安全、生命健康和生态安全造成了很大的危害，还会影响京津冀协同发展、长江三角洲区域一体化发展、粤港澳大湾区建设等国家重大战略的顺利实施。

综合分析我国沿海地区海水入侵成因与影响因素，主要有人类活动与自然变化两种。

1.1.1 人类活动因素

（1）地下水超采。地下水的过量开采，破坏了天然条件下海岸带含水层中淡水与海水间的平衡，造成海水向内陆入侵。我国沿海地区的海水入侵主要由地下水超采引起。例如，在山东省沿海地区，由于工农业用水量持续增加，加上地表水资源供应不足，地下水超采量不断加大，导致东营、潍坊、烟台、威海、青岛、日照等海水入侵范围不断扩大，地下水水质不断恶化。

（2）河道无序拦水。在部分沿海地区，入海河流中上游修建了大量水库、挡水闸及截潜流工程，层层截流，缺乏统一调度管理，导致河道下泄生态流量无法保障，地下水补给量削减，海水入侵不断加剧。

（3）河道采砂。部分沿海地区在入海河流河道挖砂，造成河床高程逐年下降，延长了海潮上溯距离，同时造成含水层结构破坏、地下水补给条件改变等问题，加速了海水向内陆的入侵。

（4）晒盐与海水养殖。滨海地区在海边修建了大量虾池、参池等海水养殖池，扩建盐田，抽引海水或高浓度地下卤水晒盐，这些生产活动将海水引入内陆数千米，加剧了局部地区的海水入侵。

1.1.2 自然变化因素

（1）海平面上升。受全球气候变暖、极地冰川融化、上层海水受热膨胀等因素的影响，全球海平面持续升高已是不争的事实。1980～2020 年，中国沿海海平面上升速率为3.4mm/a，高于同时段全球平均水平。2010～2020年，我国沿海平均海平面处于近40年来高位。预计未来30年，我国沿海海平面上升高度最大将达179mm。海平面的上升使原有咸淡水之间的水动力平衡遭到一定程度的破坏，咸淡水界面向内陆方向移动，加重了沿海地区的海水入侵问题。

（2）气象条件。浅层地下水的补给主要来源于大气降水。在丰水年，降水多，河道径流量大，地下水的补给量就大，海水入侵速度就会减慢；在枯水年，尤其是连枯年份，降水少，地下水的补给量就小，加上地表水资源减少，从而造成地下水开采量增大，地下水水位便会下降，海水入侵程度就会加重。此外，风暴潮会使沿海地区部分陆地被淹没，海水长时间在陆地滞留，为海水入侵创造了有利条件。

（3）海岸带地质条件。地质构造对海水入侵的发生地点、方式、途径等起到了控制作用。砂质海岸地层主要为第四系松散沉积物，容易发生海水入侵。另外，上覆第四系松散层、延伸入海的承压含水层顶部存在岩性天窗，或因海底地形切割造成隔水层变薄、缺失，形成具有一定透水性能的基岩断裂破碎带或岩溶溶隙、溶洞等，均使海水可直接与含水层中地下水发生水力联系，即形成连通海水与地下水的“通道”，也易引发海水入侵。

总而言之，海平面上升、干旱少雨、地表水资源不足是海水入侵的背景因素；地质条件是海水入侵的基础条件，控制着海水入侵的分布、方式和途径；不合理的人类活动是海水入侵的诱发因素，控制着海水入侵的速度和程度，其中过量开采地下淡水是最主要的原因。本书侧重海平面上升对海水入侵的影响机制探索。

1.2 研究现状与发展趋势

国外海水入侵研究可追溯到19世纪，经历了静力学研究、渗流动力学研究和渗流-弥散动力学研究三个阶段，海水入侵模拟的空间尺度从一维发展至二维、三维，模拟介质从均质发展至非均质，模拟状态从稳定流发展至非稳定流。美国是最早进行海水入侵研究的国家之一，美国地质调查局成功开发了海水入侵通用模拟模型SEAWAT与SUTRA，这两个模型被广泛用于全球沿海重点地区海水入侵模拟、预测等。

我国海水入侵研究始于20世纪80年代，40多年来，我国在海水入侵现状调查评价、机制研究、模拟预测和防治措施等方面，均取得了重要进展。南京大学在国际上较早建立了潜水含水层中海水入侵三维混溶数学模型，提出了龙口市地下水开发、管理及海水入侵防治措施，取得了良好的应用效果[1-3]。李福林[4]利用动态监测与数值模拟相结合的方法系统研究了莱州湾东岸滨海平原海水入侵问题。陈广泉[5]采用序贯指示模拟方法开展了莱州湾地区海水入侵预警评价工作。Zeng等[6]建立了莱州湾西部海水入侵数值模型，并且利用该模型对地下水源地进行了污染风险评价。

近年来，针对气候变化引起的海平面上升对海水入侵影响的研究越来越受到学术界的重视[7]，Ketabchi 等[8]总结了近十几年海平面上升和潮汐等对海水入侵影响的研究成果。

1.2.1 海平面上升影响

Sherif 和 Singh[9]、Kooi 等[10]较早地预测研究了海平面上升对滨海含水层中海水入侵的影响，结果表明海平面上升会加剧滨海含水层中海水的运移。Yechieli 等[11]研究了地中海和死海滨海含水层对地中海海平面上升与死海海平面下降的响应。过去相当多的研究均假设海平面瞬时上升，这种假设是在海水入侵模型中的简单概化，会导致评价的海水入侵速度高于实际海平面逐渐上升的海水入侵速度[11-17]。目前，大多数关于海平面上升对海水入侵影响的研究忽略了陆面淹没（land-surface inundation，LSI）的影响，只有少部分学者考虑了该因素的影响[10, 15, 18, 19]。Ataie-Ashtiani 等[15]定义了一个无量纲比例参数以量化陆面淹没对海平面上升引起海水入侵的影响，研究结果表明，当海岸带坡度为 1%时，考虑陆面淹没情景下海平面上升对海水入侵的影响程度比只考虑垂直海平面上升的影响程度高出一个数量级。夏军等[20]利用黄渤海 1978～2007 年海平面变化资料以及山东省滨海地区海水入侵资料分析了海平面上升对滨海地区海水入侵的影响，自然因素角度的研究结果表明，气候变化引起的海平面上升是山东省滨海地区海水入侵范围扩大的主要原因。Sefelnasr 和 Sherif[21]的研究结果也表明，忽略陆面淹没的影响会低估海平面上升对海水入侵的影响。Chesnaux[17]提出了四种解析解模型以评价海平面上升对滨海含水层海水入侵的影响，并且对方程中的关键参数进行了敏感性分析，研究结果表明，海岸带坡度是控制海平面上升对海水入侵影响程度的重要因素。Mehdizadeh 等[22]通过砂箱实验和数值模拟研究了海平面瞬时上升和逐步上升对滨海多层含水层系统海水入侵的影响，研究结果表明，海平面瞬时上升会在存在弱透水层的含水层系统底部形成“过冲”现象。Vu 等[23]评估了气候变化引起的海平面上升对越南湄公河三角洲海水入侵的影响，与基准时期（2000 年）相比，若 2050 年的海平面从 25cm 增加到 30cm，大约 30 000hm^2 的农田将受到影响。Xu 等[24]研究了沿海岩溶含水层海水入侵数值模拟及敏感性分析问题，由于双重介质系统之间存在动态交换，相比弥散度参数，岩溶参数和边界条件对多孔介质海水入侵的影响更加关键。Mastrocicco 等[25]分析了气候变化对意大利局部沿海海水入侵的影响，高海平面上升将严重影响脆弱的过渡生态系统。Jasechko 等[26]分析了自 2000 年以来在美国本土进行的约 250 000 次沿海地下水水位观测，沿着超过 15%的海岸线，大部分地下水水位均低于海平面，海平面上升、沿海陆地下沉和不断增加的用水需求将加剧海水入侵的威胁。Ketabchi 和 Jahangir[27]研究了含水层非均质各向异性对海平面上升引起的海水入侵的影响，量化了渗透系数的非均质性对海水入侵的影响。

1.2.2 内陆边界影响

Ataie-Ashtiani 等[28, 29]首次提出内陆边界条件（landward boundary conditions，LWBCs）对滨海含水层地下水动力和海水入侵的重大影响，他们主要评价了滨海含水层流量控制（flux-controlled，FC）边界和水头控制（head-controlled，HC）边界两种主要类型，当内陆边界为水头控制边界时，海平面上升对海水入侵的影响更显著。流量控制边界比水头控制边界提供了更高的水力梯度，因为内陆边界水头会随着海岸带边界水头的升高而上升，相比于流量控制边界，水头控制边界由于水力梯度的降低会经历地下水淡水补给减少的过程[30, 31]。Werner 和 Simmons[12]首次应用一个简单的解析解模型研究内陆边界对海平面上升引起海水入侵的影响，结果表明内陆边界类型是影响海平面上升引起海水入侵过程的重要因素，当内陆边界为流量控制边界时，地下水补给速度、水力传导系数、含水层厚度等参数不变，海平面上升 0.1～1.5m 时海水入侵楔形体尖端位置增加不超过 50m，而当内陆边界条件为水头控制边界时，在同样的海平面上升和含水层参数条件下海水入侵楔形体尖端位置增加达上百米。Michael 等[31]使用 SUTRA 建立了一个评价海平面上升对海水入侵影响的二维数值模型，该模型包含补给限制（上部边界为补给控制类型）和地形限制（上部边界为水头控制类型）两种类型的地下水系统。Lu 等[32]通过解析解模型研究了总水头内陆边界下滨海含水层中海水入侵对海平面上升的响应。Abd-Elhamid 等[33]研究了含水层几何形状和边界条件对沿海含水层海水入侵的影响，增加海边坡度会增强海水入侵，增加向海的底板坡度会减弱海水入侵，增加向陆地的地板坡度会增强海水入侵。Bampalouka[34]研究了不同内陆边界条件（水位为 5m、10m、15m）下的海水入侵范围，结果表明内陆边界水位越高，海水入侵越不明显。Sun 等[35]探讨了内陆边界条件对海平面上升引起的沿海含水层海水入侵建模的影响，分别讨论了给定水头边界、给定流量边界和通用水头边界（General Head Boundary，GHB）对于海平面上升引起海水入侵变化的影响，GHB 比其他两个边界条件更实用，计算的补给量因海平面上升而减小，具体取决于含水层特性以及向海的水力梯度。

1.2.3 潮汐影响

Ataie-Ashtiani 等[28, 29]利用数值模拟的方法评价了潮汐对滨海含水层地下水动力以及海水入侵的影响，Chen 和 Hsu[36]利用有限差分法研究了潮汐对承压含水层和非承压含水层中海水入侵的影响，两者的结果均表明，潮汐驱使海水入侵更远，并且在潮间带形成更加分散的咸淡水界面（salt-freshwater interface，SFI）。郑丹等[37]认为，需要建立潮汐循环作用下海水入侵的渗流-应力-损伤-对流扩散多场耦合模型，并考虑潮汐循环加载、岩土非均质性和岩土损伤与海水入侵之间的关系。Kuan 等[38]利用室内实验和数值模拟相结合的方法明晰了潮汐对非承压含水层中海水楔形体形态的影响。Perriquet 等[39]评价了强潮汐作用下非人为滨海岩溶含水层中海水入侵楔形体的时空变化，结果表明，海水入侵楔形体的变化不仅受岩溶含水层内在属性的影响，还受地下水补给与潮汐作用下地下水水位变化的影响。Pool 等[40]利用数值方法系统定量化潮汐对海水入侵理想均质含水层系统中溶质混合与扩散的影响。苏乔等[41]利用电阻率层析成像法连续监测数据，基于统计学方法对潍坊滨海典型海水入侵区地层视电阻率随潮汐作用的时空动态变化进行了研究。Ataie-Ashtiani[42]认为，当滨海含水层内陆边界为水头控制边界时，由潮汐作用在含水层中导致的过高水位会对地下水向海泄流造成明显的影响。武雅洁等[43]利用 OpenGeoSys 研究了潮汐作用对潜水含水层海水入侵的影响，潮汐波动会引起潜水含水层地下水水位超高，斜坡海滩上的潮汐波动会引起潮间带区域水体循环加快，内陆淡水边界流量越小，海水入侵距离就越远，并且受潮汐的影响就越大。Fang 等[44]研究了潮汐不稳定流对海水入侵和海底地下水排放的影响，潮汐和内陆淡水输入条件的变化推动了上部盐水羽流从稳定状态向不稳定状态的转变。

1.3 研究目标与研究内容

1.3.1 研究目标

黄渤海沿海地区是我国海水入侵最为严重的地区，其附近海域也是我国海平面上升较为典型的区域。本书围绕黄渤海沿海地区不同类型海岸带海水入侵对海平面上升的响应机制与海平面上升对地下水向海泄流的影响机制两个关键科学问题，在水文地质调查及相关研究成果的基础上，明晰黄渤海海平面的历史演变与未来变化趋势，揭示海平面上升背景下黄渤海沿海地区海水入侵演化规律；利用数值模拟方法，结合野外试验、物理模拟等研究手段，揭示海平面上升对海水入侵的影响机制，预测海平面上升对黄渤海沿海地区海水入侵和滨海地下水向海泄流的影响，为海水入侵模拟与预测技术方法及软件平台研发、沿海地区地下水开采优化调控技术研究等提供理论基础。

1.3.2 研究内容

1. 海水入侵对海平面上升的响应机制研究

在前期水文地质调查及相关研究成果的基础上，收集分析黄渤海沿海地区近50年来的潮位站观测资料，结合政府间气候变化专门委员会（IPCC）等组织或其他科研机构关于海平面上升的研究成果，分析黄渤海海平面历史演变规律与变化趋势；利用沿海地区海水入侵与地下水长序列观测资料，研究海平面上升背景下黄渤海沿海地区海水入侵演化规律，综合分析黄渤海海平面上升与沿海地区海水入侵动态之间的关系。

在黄渤海不同类型海岸带选择受人类活动影响小的沿海区域作为典型区，收集分析典型区相关的水文地质资料，分析典型区内含水层结构和地下水补给、径流与排泄条件；在典型区适当位置布设监测点，定期监测不同含水层位地下水水位和潮水位，获取地下水水样和近海海水水样并进行水化学和同位素（^{2}H 或 D、^{18}O）分析；采用原位采样监测分析，研究潮水位变化与不同含水层位海水入侵之间的关系，分析潮水位变化对咸/淡水过渡带动态的影响机制与程度。

利用砂槽模型，模拟分析海平面上升条件下不同含水层咸/淡水过渡带迁移动态，研究海水入侵对海平面上升的响应机制，分析海平面上升与海水入侵的关系。

2. 海平面上升对海水入侵与地下水向海泄流的影响预测研究

基于本课题所选典型区的水文地质条件分析成果，收集分析典型区内现有气象水文、水文地质、地下水开发利用等资料，研究确定模拟范围、边界条件、源汇项等，构建典型区水文地质概念模型；采用抽水试验和振荡试验等方法，获取重点位置不同含水层位的水文地质参数；利用海水入侵建模工具，结合典型区内现有水文地质参数，构建考虑过渡带变化的典型区海水入侵数值模型，并利用地下水监测数据进行模型识别和验证。

运用所建典型区海水入侵数值模型，反演海平面上升背景下典型区不同含水层位咸/淡水过渡带迁移过程，模拟分析海平面短期变化（潮汐）与海平面上升共同作用下海水入侵过程；对比分析数值模拟与物理模拟的结果，结合典型区地下水与海水入侵动态监测资料，完善典型区海水入侵数值模型；结合未来气候变化分析，开展海平面上升不同情景下典型区海水入侵模拟预测研究，定量预测海水入侵与地下水向海泄流的未来趋势。

1.4 研究方法与技术路线

1.4.1 研究方法

（1）统计学方法：收集分析黄渤海沿海地区潮位站观测资料，结合 IPCC 等组织或其他科研机构关于海平面上升的研究成果，采用统计学方法，分析黄渤海海平面历史演变规律与变化趋势。

（2）野外原位试验方法：在所选定的典型区的适当位置布设监测点，定期监测不同含水层位地下水水位和潮水位；采用原位采样监测分析，结合水文地球化学方法，研究潮水位变化与不同含水层位海水入侵之间的关系，分析潮水位变化对咸/淡水过渡带动态的影响机制与程度。

（3）水文地球化学方法：在所选定的典型区定期采集不同含水层位的地下水水样和近海海水水样，并对其进行传统的水化学分析[K^+、Na^+、Ca^{2+}、Mg^{2+}、CO_3^{2-}、HCO_3^-、SO_4^{2-}、Cl^-、溶解固体总量（TDS）、电导率等特征因子]与同位素（^2H或 D、^{18}O）检测分析，追踪地下水盐分在含水层中的迁移过程，研究海平面上升与含水层中海水入侵之间的关系。

（4）物理模拟方法：采用物理模拟方法重现海平面上升条件下沿海地区海水入侵动态过程，为海水入侵机制研究提供基础实验数据。以所选定的典型区为原型，开展室内砂槽模拟实验，模拟分析海平面上升条件下不同含水层海水入侵规律和咸/淡水过渡带迁移动态，研究海水入侵对海平面上升的响应机制，分析海平面上升与海水入侵的关系。

（5）数值模拟方法：基于典型区水文地质条件的分析成果，收集分析典型区内现有气象水文、水文地质、地下水开发利用等资料，研究确定模拟范围、边界条件、源汇项等，构建典型区水文地质概念模型，获取重点位置不同含水层位的水文地质参数；利用海水入侵建模工具，结合典型区内现有水文地质参数，构建考虑过渡带变化的典型区海水入侵数值模型，并利用地下水监测数据进行模型识别和验证。利用典型区海水入侵数值模型，模拟海平面上升背景下典型区不同含水层位咸/淡水过渡带迁移过程，研究海平面上升作用下的海水入侵过程，定量预测海水入侵与地下水向海泄流的未来趋势。

1.4.2 技术路线

本研究技术路线如图 1.1 所示。

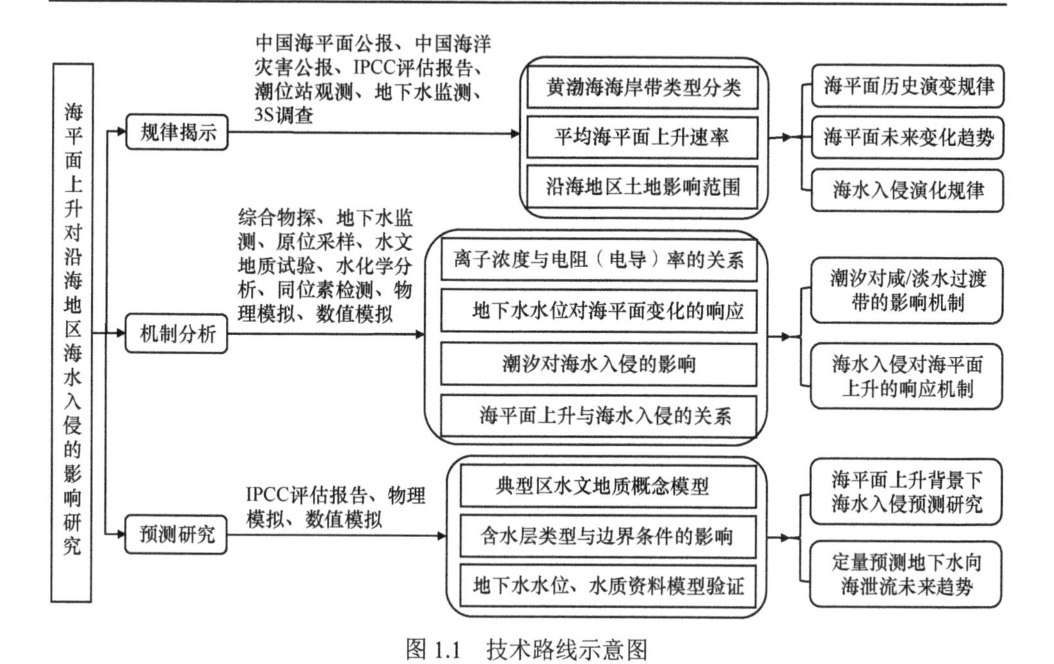

图 1.1 技术路线示意图

1.5 主要研究成果

本书通过理论研究、野外试验、物理模拟、数值模拟等工作，研究了黄渤海海平面历史变化规律，分析了黄渤海地区海平面上升与海水入侵的动态关系，明晰了海水入侵对海平面上升的响应机制和海平面上升对地下水向海泄流过程的影响机制，构建了考虑气候变化条件的龙口典型区和大沽河流域典型区[①]海水入侵数值模型，模拟预测了龙口典型区和大沽河流域典型区海平面上升对海水入侵与地下水向海泄流量的影响，主要研究成果如下。

（1）揭示了典型剖面海水入侵对海平面上升的响应机制。通过一孔多层和异井多层的监测技术实现了对龙口西海岸典型剖面第四系覆盖层潜水层、中部承压含水层和深部承压含水层的分层水位、水质（电导率）监测，出现整个剖面均位于地下水水位负值区，离海岸线越远，每一层位地下水水位均越低，且观测期内不同层位的海水入侵发展差异明显。利用多层含水层砂槽物理模型模拟了不同海平面上升速率条件下海水入侵对海平面上升的响应过程，出现快速上升的海平面会引起海水入侵响应速度的加快，但入侵楔形体前锋最终位置不会发生明显变化；利用单层含水层砂槽物理模型模拟了海水入侵对潮汐的响应过程，结果表明潮汐

①本书结合海水入侵状况和地下水开发利用现状，选择龙口市作为渤海沿海地区典型区（简称“龙口典型区”），选择青岛市大沽河流域下游平原区作为黄海沿海地区典型区（简称“大沽河流域典型区”）

对海水入侵的影响不明显。利用龙口典型监测剖面海水入侵数值模型，对龙口典型区西海岸海水入侵的影响因素进行了敏感性分析，结果表明渗透系数、弥散度、给水度、孔隙度和贮水率 5 个因素中渗透系数是控制海水入侵对海平面上升响应过程的最主要内因。

（2）定量预测海平面上升背景下海水入侵与地下水向海泄流的未来趋势。构建了龙口典型区和大沽河流域典型区三维变密度海水入侵数值模型，利用模拟范围内长序列地下水水位及水质监测数据对数值模型实施了严格的校正与检验。基于全球气候模式，运用统计降尺度方法预测了未来 30 年龙口典型区和大沽河流域典型区的降水量；根据未来 30 年的降水量预测结果和山东地区未来 30 年海平面上升高度的预测结果，制定了 5 种预测龙口典型区和大沽河流域典型区海水入侵变化的情景方案，系统研究了未来海水入侵和地下水向海泄流量随时间的演变趋势，预测未来 30 年海平面持续上升 55～165mm 条件下龙口典型区海水入侵面积增加比例为 0.16%～0.45%、地下水向海泄流量减少比例为 0.15%～1.25%，大沽河流域典型区海水入侵面积增加比例为 0.68%～1.52%、地下水向海泄流量减少比例为 30.09%～59.47%，研究成果为龙口市和大沽河流域地下水管理与海水入侵防治提供了技术支撑，可供黄渤海沿海其他地区海水入侵类似研究借鉴与参考。

第 2 章

黄渤海沿海地区概况

我国的辽东半岛、渤海湾地区、山东半岛、长江三角洲、珠江三角洲等地区均有不同程度的海水入侵现象，其中以辽东半岛、渤海湾地区、山东半岛海水入侵现象较为严重，沿海各省份地下水开采量和开采程度差别很大，其中北方各省份开采量大，开采程度高，结合海水入侵状况和地下水开发利用现状，选择龙口市作为渤海沿海地区典型区（简称“龙口典型区”），同时选择青岛市大沽河流域下游平原区作为黄海沿海地区典型区（简称“大沽河流域典型区”），开展海平面上升对海水入侵的影响研究。本章主要介绍黄渤海沿海地区的区域范围、基本概况，以及龙口市和大沽河流域的地理位置、地形地貌、河流水系、气象水文、土壤植被、社会经济、地质构造及地层、水文地质、地下水资源、地下水开发利用和地下水监测。

2.1 总 体 概 况

2.1.1 区域范围

黄海是太平洋西部的边缘海，位于我国与朝鲜半岛之间。我国黄海大陆海岸线在北部由辽东半岛大连市旅顺口区的老铁山岬延伸到丹东市的鸭绿江口，在南部由山东半岛北端的蓬莱岬沿海岸延伸到江苏省启东市的长江口，海岸线全长约4100km。

渤海属我国内海，东面以辽东半岛的老铁山岬经庙岛群岛至山东半岛北端的蓬莱岬的连线与黄海分界，海岸线全长约 3800km，主要大陆海岸线由辽东湾、渤海湾和莱州湾的海岸线组成。

黄渤海沿海地区由黄海和渤海的沿海地区组成，包括辽宁、河北、天津、山东和江苏沿海地区。

1. 渤海沿海地区

沿渤海分布有辽宁、河北、山东和天津 3 省 1 市的 13 个地级行政区 40 个县级行政区，涉及的地级行政区有大连、营口、盘锦、锦州、葫芦岛、秦皇岛、唐山、沧州、滨州、东营、潍坊、烟台 12 个市和天津滨海新区，见表 2.1。

表 2.1 黄渤海沿海地区涉及的行政区范围

海域	省级行政区	地级行政区	县级行政区
渤海	辽宁省	大连市	旅顺口区、甘井子区、金州区、瓦房店市
		营口市	盖州市、鲅鱼圈区、老边区、西市区
		盘锦市	大洼区、双台子区
		锦州市	凌海市、太和区
		葫芦岛市	龙港区、兴城市、绥中县、连山区、南票区
	河北省	秦皇岛市	山海关区、海港区、北戴河区、抚宁区、昌黎县
		唐山市	乐亭县、曹妃甸区、丰南区
		沧州市	黄骅市、海兴县
	天津市	滨海新区*	
	山东省	滨州市	无棣县、沾化区
		东营市	河口区、垦利区、东营区、广饶县
		潍坊市	寒亭区、寿光市、昌邑市
		烟台市	莱州市、招远市、龙口市、蓬莱区
黄海	辽宁省	丹东市	东港市、振兴区
		大连市	旅顺口区、甘井子区、沙河口区、西岗区、中山区、金州区、普兰店区、庄河市、长海县
	山东省	烟台市	福山区、芝罘区、莱山区、牟平区、蓬莱区、海阳市、莱阳市
		威海市	环翠区、文登区、荣成市、乳山市
		青岛市	即墨区、崂山区、市南区、市北区、李沧区、城阳区、黄岛区、胶州市
		日照市	东港区、岚山区
	江苏省	连云港市	赣榆区、连云区、灌云县
		盐城市	亭湖区、大丰区、响水县、滨海县、射阳县、东台市
		南通市	通州区、如东县、海门区、启东市

注：海水入侵还涉及内陆，如山东省平度市部分地区；行政区划时间截至 2021 年 2 月

* 滨海新区属于副省级新区，将其列入地级行政区

2. 黄海沿海地区

濒临黄海的省级行政区有辽宁、山东和江苏 3 省，主要沿海城市有 9 个，包括大连、丹东、烟台、威海、青岛、日照、连云港、盐城和南通，涉及的县级行政区有 45 个。其中，辽宁大连的旅顺口区、甘井子区、金州区以及山东烟台的蓬莱区也属于渤海沿海地区。

2.1.2　基本概况

根据相关省市的统计年鉴和水资源公报数据，按所在地级行政区统计，黄渤海沿海地区土地面积为 19.95 万 km^2，约占全国陆域面积的 2.1%；大陆海岸线长约 7900km，约占全国大陆海岸线总长的 42.9%；年平均降水量为 560～1100mm。2016 年黄渤海沿海地区人口为 0.96 亿，约占全国总人口的 6.9%；GDP 为 7.65 万亿元，约占全国 GDP 的 10.3%；水资源量为 442.53 亿 m^3，约占全国水资源总量的 1.4%，人均水资源量仅为约 460.97m^3；用水量为 299.44 亿 m^3，水资源开发利用程度达到 67.7%；地下水多年平均资源量为 142.60 亿 m^3，开采量为 67.79 亿 m^3，开采量占资源量的 47.5%，且许多地方还大量开采深层地下水。

由此可见，黄渤海沿海地区经济发达，人口密度大，水资源匮乏，水资源开发利用强度高，地下水超采严重，当地水资源难以支撑区域经济社会的可持续发展。

本书选择以山东省的龙口市和青岛市大沽河流域下游平原区为典型区开展研究，重点介绍龙口典型区和大沽河流域典型区的基本情况。

2.2　龙口典型区概况

山东省龙口市的海水入侵始于 1976 年，自 20 世纪 80 年代以来，对地下水的不合理开采，如农业灌溉、生活生产用水和煤矿疏干排水等高强度开采，导致滨海含水层地下水出现了采补失衡，地下水水位持续下降，地下水水位负值区逐年增加，进而导致海水入侵范围逐年扩大。龙口市于 20 世纪 90 年代开始采取防治措施，海水入侵速度迅速减缓，入侵范围得到有效控制。近年来，受连续干旱的影响，地表水的缺乏导致地下水开发利用进一步增加，海水入侵防治的压力也逐渐加大。

2.2.1　地理位置

龙口市地处胶东半岛西北部，位于 37°27′～37°47′N、120°13′～120°44′E，西部、北部濒临渤海，南与栖霞市、招远市毗邻，东与蓬莱区接壤，呈枫叶状。陆地面积为 901km^2（含桑岛、依岛），海岸线总长度为 68.38km（含桑岛、依岛）。

2.2.2　地形地貌

龙口市总的地形是东南高、西北低（不含岛屿），南部为低山丘陵，北部为滨海平原。其中，山区面积占全市总面积的 17.75%，丘陵区面积占全市总面积的 31.45%；平原区面积占全市总面积的 50.80%，山区丘陵与平原区各占约一半。

龙口市地貌受地质构造、岩相及古地理控制，按其成因类型分为四个区：构造剥蚀低山丘陵区、剥蚀堆积山前台地、侵蚀堆积倾斜平原区和海滨堆积条带阶地。

1. 构造剥蚀低山丘陵区

构造剥蚀低山丘陵区北以黄县大断裂的南边为界，是构造断块隆起的花岗岩和片麻岩等基岩，经长期构造剥蚀作用而形成的半裸露低山丘陵。地面标高为80～700m，坡角一般为20°～30°。最高点为与招远接界的罗山，海拔757m。

2. 剥蚀堆积山前台地

剥蚀堆积山前台地大致介于黄县大断裂与黄县弧形大断裂之间，东西呈条带状分布，属于山区基岩在构造作用及风化剥蚀作用下，受重力作用形成的残积、坡积台地和黄土状堆积台地。地面标高一般为40～80m，坡角为10°～20°。

3. 侵蚀堆积倾斜平原区

侵蚀堆积倾斜平原区位于龙口市北半部，为洪积、冲积堆积而成，属于河流相沉积物，表层多为亚砂土、亚黏土，下伏多层砂层或砂砾石层。西部沉积厚度远大于东部，系由新构造掀斜运动所致，地面缓慢沉降，并经侵蚀堆积形成山前倾斜平原。地面标高一般为5～40m，坡度为2‰～6‰，微向渤海倾斜。按其成因类型不同又可分为河流冲积平原与山前倾斜平原。

河流冲积平原由河流冲积而成，沿河流呈条带状分布，主要包括河床、河漫滩和部分古河道及牛轭湖等，主要由粉砂、细砂组成。由于河流长期的侵蚀堆积作用，沿河形成了广阔的冲积、洪积平原，并发育两级阶地。

山前倾斜平原主要由冲积、洪积及坡积、洪积作用形成，地势平缓，表层普遍分布一层黏土，上部为第四系松散沉积物，下伏多层砂层或砾砂石层。地面标高为12～40m，北部以2‰的坡度缓缓向北倾斜；南部靠近山前地带，地面坡度逐渐增至5‰～6‰。

4. 海滨堆积条带阶地

海滨堆积条带阶地沿渤海呈条带状展布，宽1000～3000m，前缘临海，后缘接山前平原，为滨海相和潟湖相沉积形成的海滨低阶地，由粉细砂、中细砂组成。地面标高一般为0～5m，坡度平缓。该阶地包括海滩、海积风成沙丘和冲积—海积低地。

2.2.3 河流水系

龙口市内河流皆发源于南部山区，有大小河流27条，由南向北或向西注入渤海。主要河流有黄水河、泳汶河、北马南河、八里沙河、界河、绛水河、丛林寺河、黄城集河和南栾河等，均为季节性河流，源短流浅，除暴雨有径流外，常年干枯断流，属于季风雨源型河流。

（1）黄水河：龙口市的最大河流，发源于栖霞市，流经招远市、蓬莱区，从王屋水库进入龙口市，然后流向北，最后注入渤海。干流全长 57km，全流域面积为 $1066km^2$，其中，龙口市内干流长 26km，流域面积为 $451.9km^2$。黄水河在龙口市有绛水河、丛林寺河、鸦鹊河、荆家河、凉水河、黄城集河、莱茵河、东营河、谭家河和黑山河 10 条一级支流，流经七甲、石良、兰高、东江、东莱和诸由观 6 个镇（街道）。1978 年后黄水河由常年性河流变为季节性河流。

（2）泳汶河：龙口市的第二大河流，发源于下丁家镇 757m 高的罗山北麓，流经下丁家、东江、芦头、新嘉、北马、龙港和徐福注入渤海。干流长 38km，流域面积为 $205km^2$。主要支流为南栾河。

（3）北马南河：发源于招远市石棚南山，进入龙口市后流经北马、开发区注入渤海。干流全长 18km，全流域面积为 $62.6km^2$，其中，龙口市内干流长 15km，属于季节性河流。支流有河里张家河。

（4）八里沙河：发源于招远市马格庄东南山，进入龙口市后流经北马、开发区注入渤海。干流全长 15km，全流域面积为 $47.75km^2$，其中，龙口市内干流长 9km，属于季节性河流。支流有安家河。

（5）界河：位于龙口市西南与招远市交界处，发源于招远市尖山南麓，进入龙口市后流经黄山馆镇注入渤海。干流全长 44km，全流域面积为 $581km^2$，其中，龙口市内干流长 4km，属于季节性河流。

（6）绛水河：发源于绛山，流经东江、东莱、诸由观后汇入黄水河。干流长 24km，流域面积为 $90.2km^2$，属于季节性河流。主要支流有矫家河、龙湾河。

（7）丛林寺河：在蓬莱区内称蔚阳河，发源于蓬莱区牛山西麓，进入龙口市后流经诸由观镇的观张家村、西张家村汇入黄水河。干流全长 17km，全流域面积为 $67.3km^2$，其中，龙口市内干流长 2.5km，属于季节性河流。

（8）黄城集河：发源于蓬莱区艾山，进入龙口市后流经石良镇汇入黄水河，干流全长 41km，全流域面积为 $269km^2$，其中，龙口市内干流长 8.5km，属于季节性河流。支流有平里河。

（9）南栾河：发源于招远市美秀顶，流经芦头、北马汇入泳汶河。干流全长 21km，全流域面积为 $67.5km^2$，其中，龙口市内干流长 13km，属于季节性河流。

2.2.4　气象水文

龙口市属暖温带半湿润季风型大陆性气候区，冬无严寒，夏无酷暑，四季分明，气候宜人，主要特点是：春季干燥多南风，夏季湿热多阴雨，秋季凉爽雨水少，冬季寒冷北风多。年平均气温为11.8℃，极端最高气温为40.6℃（2009年6月25日），极端最低气温为–21.3℃（1977年1月30日），终霜日为4月17日，初霜日为10月26日，无霜期为160～210d，热量资源较丰富，1980～2010年平均年蒸发量为1150～1250mm，相对湿度为69%。年日照总时数为2806.8h，年太阳总辐射量（气候计算值）为127.8kcal/(cm^2·a)。

龙口市多年（1956～2010年）平均降水量为656.6mm，降水量年内分配不均（图2.1）。70.5%～73.7%的降水量集中在6～9月，仅7～8月降水量即占全年降水量的49.8%，而春季（3～5月）降水量占全年降水量的12.9%～14.1%，9～11月降水量占全年降水量的17.3%，形成了春旱、夏涝、晚秋又旱的气象特点。降水量年际变化大，1964年全市平均降水量为1046.2mm，1989年仅为329.4mm，相差716.8mm。降水量地域分布不均，南部山区降水量较大，北部平原区降水量较小。

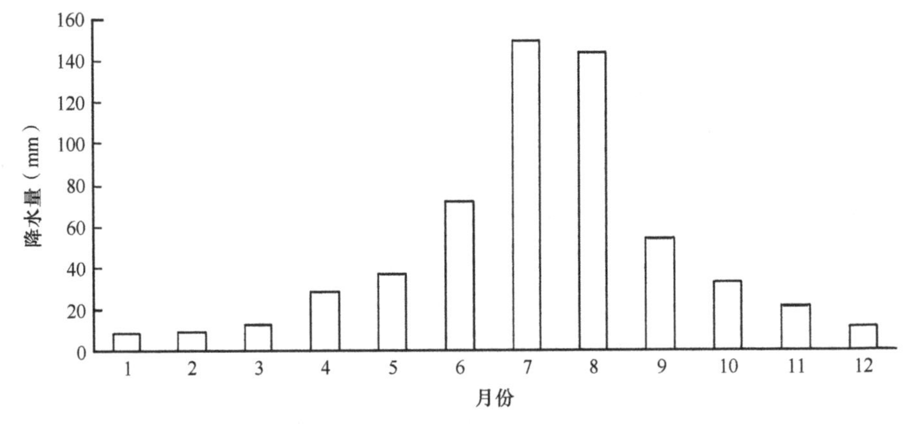

图2.1 龙口市多年（1956～2010年）月平均降水量柱状图

2.2.5 土壤植被

土壤：龙口市的土壤大致可分为棕壤、潮土及褐土三大类。棕壤分布广泛，多处于丘陵、低岗和高平地，由酸性母岩风化发育而成，壤质不粗，土粒粗细不均，结构松散，抗蚀能力较差，主要分布在龙口市的南部和中部。潮土主要分布在河谷两岸和海滨滩地。褐土是主要发育在以沉积为主的母岩、母质上的一类土壤，土体内部有不同程度的石灰反应，分布在地形较缓、高度不大的山地丘陵和山前平原上。

植被：龙口市属暖温带落叶阔叶林、针叶林区域，植被组成主要有乔、灌、草和农作物。其分布大致为：南部和东南部山地上的林木以赤松为主，多为人工次生林；沿海防护林以刺槐和黑松为主，郁闭程度较高；经济林分布于全市，有梨、苹果、柿子、山楂等干鲜果树；四旁树木多为杨、柳和梧桐，年生长量较高；以荆条、酸枣、映山红、白草为建群种的灌草丛，是山地、丘陵上的森林被破坏后广泛形成的次生植被类型；作物栽培以小麦、玉米为主，山地基本上连年种植地瓜和花生。

2.2.6　社会经济

龙口市是一座新兴的以能源交通为主、城乡一体化的沿海开放港口城市。自然资源丰富，经济发达。2016 年全国百强县名单中，龙口市排名第 11 位，在山东百强县中位列第一，是中国环渤海经济区中最具发展活力的地区之一，是山东省经济最发达的县级市之一。

龙口市现辖 5 个街道、8 个镇，有 595 个行政村（居委会）。根据《2016 年龙口市统计公报》，截至 2016 年底，龙口市户籍人口约为 63.69 万人，其中农业户籍人口约为 24.90 万人。

2016 年，全市 GDP 达到 1111.0 亿元，同比增长 8.1%，人均生产总值突破 17 万元，达到高收入国家和地区的水平。公共财政预算收入达到 94.8 亿元，比 2011 年翻了近一番。龙口市综合实力保持山东省全国县域前列，先后荣膺中国优秀旅游城市、国家卫生城市、全国绿化模范市、国家园林城市、国家可持续发展实验区、全国生态保护与建设示范区、全省县域经济科学发展转型升级试点县等众多荣誉。

龙口市自然资源丰富，沿海 350km^2 地下藏有大量褐煤、长焰煤和油页岩，南部山区分布有金矿，平原区中部有砖瓦、陶瓷原料，东北部有石灰岩和水泥原料，渤海还分布有浅海石油和天然气资源，沿海滩涂广阔，盛产各种海产品。全市拥有工业企业 2900 多家，形成了以能源、机械、化工、轻工、纺织、建材等行业为主体的工业体系。农作物以小麦、玉米、花生为主。水果种类繁多，盛产梨、苹果、葡萄、山楂、柿子、桃等。海产品十分丰富，盛产海参、加吉鱼、对虾、扇贝、鲳鱼等水产品。

龙口市交通发达，东至烟台，南通青岛，西达潍坊，海上与大连、天津相通，公路纵横交错，全市 13 个镇（街道）的 595 个行政村（居委会）全部实现了村村通油路。

2.2.7　地质构造及地层

龙口市在构造上位于鲁东断块胶北块隆的西北部，发育有两条主干断裂，即近东西向的黄县弧形大断裂和北东向的北沟—玲珑断裂。这两条断裂把龙口市分割为三个较大的块体，北部为断陷盆地，南部与东部皆为断块山地。

北部的断陷盆地地层主要有：①新生界古近系砂岩、泥岩与煤系地层，一般隐伏于第四系松散层以下；②新生界第四系松散堆积层；③新生界第四系火山喷出岩，分布于平原区东北部。

南部与东部的断块山地地层主要有：①太古界胶东群东岗片麻岩、斜长角闪岩及黑云斜长片麻岩；②元古界蓬莱群结晶灰岩、泥灰岩、石英岩、板岩与千枚岩；③中生界下白垩系青山组紫红色砂岩、砾岩等；④新生界第四系松散堆积层。前三个地层零星分布于南部山区，第四个地层主要分布于山区的沟谷中和平缓的山坡上。此外，在南部大面积分布有元古界玲珑期花岗岩、中生界燕山晚期花岗岩，在东北部分布有新生界玄武岩。

2.2.8　水文地质条件

1. 地下水类型

龙口市地下水包括松散岩类孔隙水、碳酸盐岩类裂隙岩溶水和基岩裂隙水三种类型。

松散岩类孔隙水为主要地下水类型，广泛分布于黄水河、泳汶河等河流中下游冲洪积平原、山前倾斜平原、滨海堆积及黄水河故道，是地下水主要开采区。含水层呈多元结构，一般发育有3～4层，含水层岩性为砾质粗砂岩，局部夹中砂、细砂薄层，呈松散-稍密状态，成分以石英、长石为主，砂层厚度一般为10～28m，按其埋藏条件为潜水，局部为潜水-承压水。根据抽水试验资料，渗透系数为28～130m/d。透水性与富水性很不均一，单井涌水量一般为700～1500m^3/d。

碳酸盐岩类裂隙岩溶水分布在北沟—玲珑断裂以东及黄县大断裂以南残丘区，埋藏于厚层灰岩、薄层-中厚泥质灰岩、白云质灰岩裂隙岩溶中。虽然灰岩裂隙岩溶比较发育，但多被黏土充填，透水性弱，单井涌水量小于100m^3/d。而沿北沟—玲珑断裂，岩石破碎，岩溶发育，且断层上盘（西北盘）为黏土岩、砂砾岩，透水性弱，构成阻水边界，使断裂带及影响带内富水，单井涌水量可达1200～1680m^3/d。

基岩裂隙水分布于黄县大断裂以南的山丘区，主要埋藏于千枚岩、片岩、安山凝灰角砾岩、砂砾岩、花岗岩及花岗片麻岩的风化裂隙、构造裂隙中。由于基岩风化裂隙仅发育在5～10m深度，且多被充填，透水性弱，单井涌水量一般为60～90m^3/d。地下水为潜水，局部为承压水。在大断裂带，特别是断裂交汇处，构造裂隙发育，若具有良好的地下水补给、储存条件，往往形成局部富水带。

2. 含水层特征

在黄县大断裂以北，中部、北部为中生代形成的断陷盆地，基底为元古界石英岩等，盖层为下白垩系碎屑岩、古近系煤系地层，厚达千余米，第四系松散沉积物广泛分布，厚度一般为30～100m，局部地段可达百米以上，呈现西厚东薄的沉积差异。含水层多为2～3层，总厚度为1～15m，平均厚度为6.2m左右。含水层岩性以粗砂、中砂为主，其次为砾卵石，大都含有少量黏土。地下水埋藏深度为6.2m左右，含水层中为孔隙潜水，但局部呈现微承压状态，透水性、富水性虽不均一，但一般较好，属于中等-强富水层，单井涌水量一般大于1200m^3/d，部分地段在 1200m^3/d 以下。东部黄水河流域地下水较为丰富，个别机井涌水量达7200m^3/d以上，是龙口市工农业及城市生活用水较理想的供水水源地。

东南部的断块山地广泛分布的主要是中生代早期和晚元古代的花岗岩，其次是新生代的玄武岩。花岗岩和花岗片麻岩中的构造裂隙含水层呈线状或带状分布，其富水性和透水性都较弱，可进行小水量、多布点的开采，无较大的供水意义。玄武岩中一般透水或不含水，局部含水，钻井的出水量在200m^3/d以下。蓬莱群中的结晶灰岩和泥灰岩含水，有较丰富的岩溶裂隙水，可作为一般工农业供水水源，单井涌水量为480～960m^3/d，但分布范围非常局限，约为14km^2。

3. 地下水径流、补给和排泄特征

北部断陷盆地地下水主要靠大气降水补给，其次为地表水渗漏补给，部分为山丘区基岩裂隙水侧向补给。地下水流向受地形控制，总趋势是自东南向西北，大致与地表水流向相同。排泄途径主要是工农业生产及人畜饮水开采，其余部分排入渤海，并起着阻止海水入侵的作用。但是，多年来地下水资源“采”大于“补”，致使沿海地区出现了大面积的海水入侵。

东南部的断块山地地下水主要靠大气降水补给，同时接受蓬莱、栖霞及招远地表径流的补给。地下水流向受地形控制，大致与地表水流向相同。排泄途径主要是以潜流形式侧向补给平原区地下水，其次是以季节性泉水转化为地表径流或以大口井、管井、方塘等形式进行人工开采。

4. 地下水动态特征

1）地下水动态类型

根据龙口市地下水水位长期观测孔的观测资料，地下水动态类型大致可分为四种：①降水-开采型；②人工补给-开采型；③山前补给型；④降水-海侵型。

降水-开采型：地下水大部分属于这种类型，地下水动态变化直接受大气降水、河川径流及人工开采条件的控制。汛期降水后，地下水水位明显升高，且与降水时间基本同步，水位回升峰值一般出现在8～9月，回升幅度因降水量大小而异。地下水水位最低值一般出现在4～5月，下降幅度大小因附近工农业开采量大小而异。

人工补给-开采型：1989 年 9 月龙口市水利局在黄水河下游主干河道及主要支流实施了人工补源工程，补源影响范围内的地下水水位动态主要受人工开采和人工补源条件的控制。

山前补给型：这种类型的地下水动态变化与大气降水及人工开采关系不大。例如，诸由观镇魏家 12A 长期观测孔显示，由于靠近北沟—玲珑断裂及灰岩裂隙岩溶水区，其具有一定的补给条件，地下水水位高程一直保持在 24.62～25.86m，变化不大。

降水-海侵型：主要分布于沿海一带，由于受海水水位的影响，地下水动态变化不大。

2）地下水动态分析

根据地下水水位长期观测资料，在时间上，由于受大气降水季节、年际分配极为不均的影响，地下水动态变化受季节控制，年内枯水季节地下水水位下降，丰水季节地下水水位上升；年际连续枯水年地下水水位大幅度持续下降，丰水年或连续丰水年地下水水位回升幅度较大。在空间上，由于受含水层厚度、透水性及补给条件的影响，东部平原区含水层赋水能力较强，而西部平原区较弱。

2.2.9 地下水资源

龙口市多年平均地下水资源量为山丘区和平原区多年平均地下水资源量之和再减去两者之间的重复量[45]。重复量包括山前侧向补给量和一般山丘区河川基流形成的地表水补给量。经评价，龙口市地下水资源量为 12 912 万 m^3，其中，山丘区为 6219 万 m^3，平原区为 8722 万 m^3，重复计算量为 2029 万 m^3。地下水资源量模数为 15.5 万 m^3/km^2。

2.2.10 地下水开发利用

龙口市建有地下水库 2 座、大口井 573 眼、规模以上机电井约 8189 眼。黄水河地下水库总库容为 5359 万 m^3，兴利库容为 3929 万 m^3，八里沙河地下水库总库容为 42.97 万 m^3，兴利库容为 35.5 万 m^3。

龙口市平原区以灌溉机井为开采地下水资源的主要手段。平原区平均每平方千米建有规模以上机井约 19 眼，其结构形式主要有机电井（井径 200～800mm）、大口井（井径 2～4m）、方塘等，年供水能力达 10 397 万 m^3 。

龙口市建有两座地下水水源供水备用水厂，一座为莫家水厂，位于兰高镇莫家村东，生产能力为 2.5 万 m^3/d；另一座为第三水厂，位于兰高镇大堡村西北，生产能力为 3.5 万 m^3/d。

龙口市 2015 年地下水实际供水能力达到 12 194 万 m^3，基本情况见表 2.2。

表 2.2　龙口市 2015 年地下水供水能力统计表

分区	地下水设计供水能力（万 m^3）	地下水实际供水能力（万 m^3）	规模以上机电井眼数
龙口市	12 950	12 194	8 189
东莱街道	716	716	322
龙港街道	2 401	1 680	1 005
新嘉街道	1 758	1 758	379
东江街道	362	360	170
徐福街道	1 078	1 066	552
黄山馆镇	500	500	392
北马镇	1 225	1 225	945
芦头镇	1 200	1 200	338
下丁家镇	190	190	106
七甲镇	165	165	102
石良镇	861	840	1 858
兰高镇	1 096	1 096	511
诸由观镇	1 398	1 398	1 509

注：表中统计数据均为浅层水供水，不涉及深层水供水

2.2.11　地下水监测

1. 水位监测

通过对龙口典型区水文地质条件、地下水水位动态及降水量动态的综合分析，判断地下水补径排条件主要有以下特征。

龙口典型区地下水主要补给源为大气降水，地表水系在接受降水补给形成径流后成为间接补给源。天然条件下，由于研究区地势南高北低，第四系覆盖层西厚东薄，因此黄水河流域地表产流量大，且流域产流主要通过地表水排入莱州湾，而地下径流量稍小，地下水流自南向北泄入莱州湾，少部分通过蒸散发排泄。地下水赋存区主要为黄水河以西至北马南河以东第四系覆盖层厚度变化不大且连续的地区。地下水高强度开采导致龙口典型区地下水补径排条件发生了较大变化。一方面，受水库拦蓄的影响，除黄水河存在拦河闸增大了地下水入渗补给量之外，其余河流的入渗补给量相对天然条件下显著削减。另一方面，开采量的不断增加、地下水降落漏斗的不断加深加大及地下水开采成为最主要的排泄方式，不仅改变了地下水的流向，还减少了蒸散发排泄，滨海局部地区海水水位高于地下水水位，导致海水入侵形成。

图 2.2～图 2.8 为龙口典型区典型监测井地下水水位动态。根据地下水水位动态监测结果，龙口典型区主要沿海监测井中位于徐福港栾区域的 1A 监测井地下水水位高于海平面，2014～2017 年地下水水位回升；位于徐福洼西区域的中 1 监测井 2014～2017 年地下水水位波动下降，地下水水位下降约 3m 后低于海平面；位于中村龙化区域的 4A 监测井 2014～2017 年地下水水位低于海平面，波动下降约 1.43m；位于龙港街道和平社区的 29A 监测井 2014～2017 年地下水水位大多低于海平面，累计下降约 0.34m，2015 年内水位上升明显；位于海岱区域的 37A 监测井 2014～2017 年地下水水位大多低于海平面，波动下降约 5.61m；位于内陆北马前寨区域的 27A 监测井 2014～2017 年地下水水位从 5.85m 下降到–4.27m，累计下降 10.12m；位于新嘉中村区域的中 2 监测井 2014～2017 年地下水水位虽然低于海平面，但是存在上升趋势。

龙口典型区地下水基本流向为东南—西北向，最后泄流入海，在西北区存在较大范围的地下水水位负值区，在泳汶河与黄水河之间存在明显的地下水分水岭。

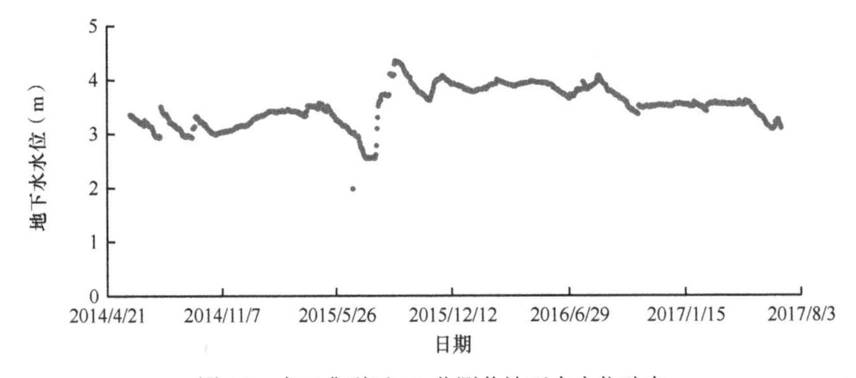

图 2.2 龙口典型区 1A 监测井地下水水位动态

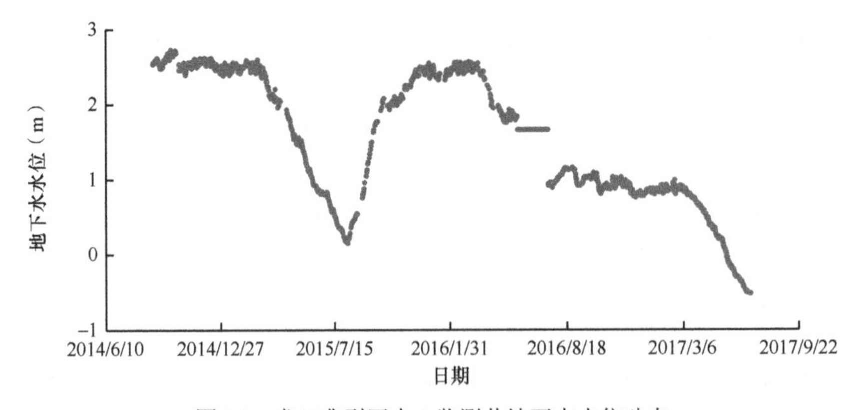

图 2.3 龙口典型区中 1 监测井地下水水位动态

图2.4　龙口典型区4A监测井地下水水位动态

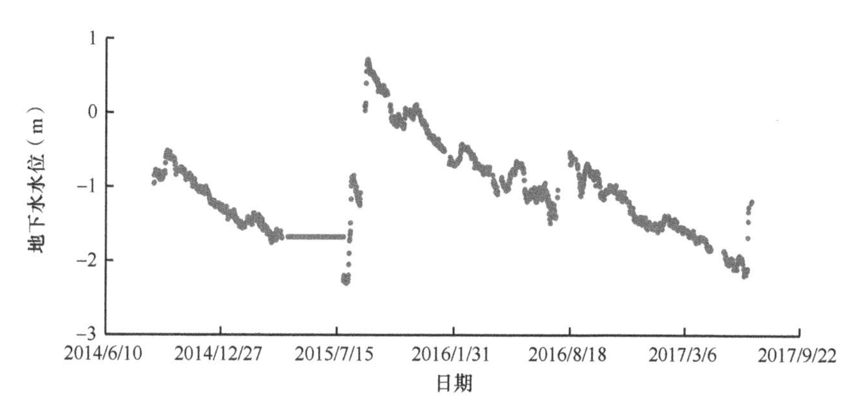

图2.5　龙口典型区29A监测井地下水水位动态

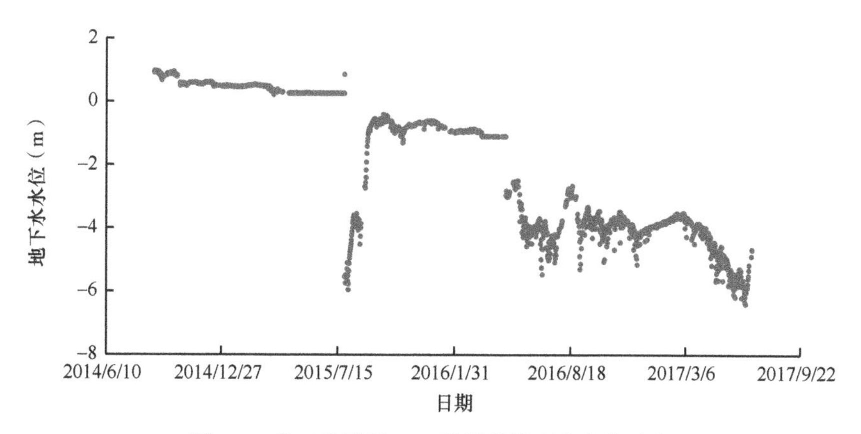

图2.6　龙口典型区37A监测井地下水水位动态

图 2.7 龙口典型区 27A 监测井地下水水位动态

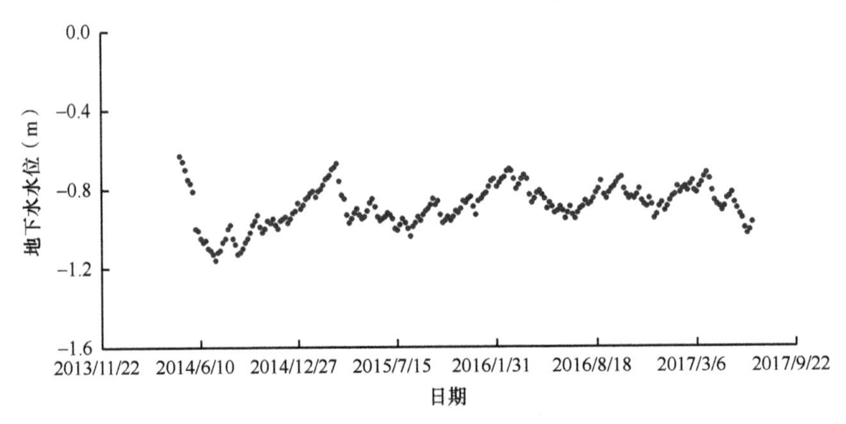

图 2.8 龙口典型区中 2 监测井地下水水位动态

2. 水质监测

1）常规离子浓度分析

2017 年 1 月对龙口市海水入侵区进行了专项调研，重点考察了龙口市海岸线附近的地形地貌、植被、海岸类型变化带等，对现有地下水监测井进行了调研、水位测量和水样采集；2017 年 6 月在龙口市海水入侵区开展了第二次地下水和海水采样工作，现场测定了水样的电导率、pH 等水质参数。

在南京水利科学研究院水科学与水工程综合实验基地生态水文实验中心对龙口典型区两批次地下水和海水水样进行了水化学分析，总共分析水样 120 个（图 2.9），测定了水样中常规离子（K^+、Na^+、Ca^{2+}、Mg^{2+}、F^-、Cl^-、NO_3^-、SO_4^{2-}）的浓度。

2）稳定同位素分析

在蒸发和凝聚过程中，H_2O 和 HDO 之间蒸气压的变化与 $H_2{}^{16}O$ 和 $H_2{}^{18}O$ 之间蒸气压的变化成比例，即氢同位素的分馏与氧同位素的分馏成比例。因此，在

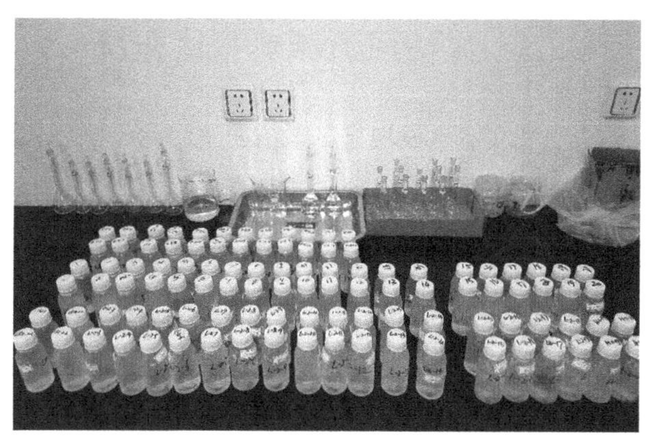

图2.9 龙口典型区地下水及海水水样（彩图请扫封底二维码，全书同）

降水中D和^{18}O之间在统计学上存在密切和相容的关系，并与直线方程

$$\delta D = 8\delta^{18}O + 10 \tag{2.1}$$

构成最佳匹配，这条直线通常被称为全球大气降水线（GMWL）。

根据多年均值，中国大气降水线（CMWL）方程为

$$\delta D = 7.7\delta^{18}O + 7.0 \tag{2.2}$$

在南京水利科学研究院水科学与水工程综合实验基地生态水文实验中心对龙口典型区两批次地下水和海水水样进行了氢氧同位素分析，总共分析水样109个，获取了水样中D和^{18}O的特征值。龙口典型区地下水和海水水样中氢氧同位素的分布见图2.10，2017年1月与6月地下水水样中氢氧同位素的分布结果一致，但与全球大气降水线的偏差较大。

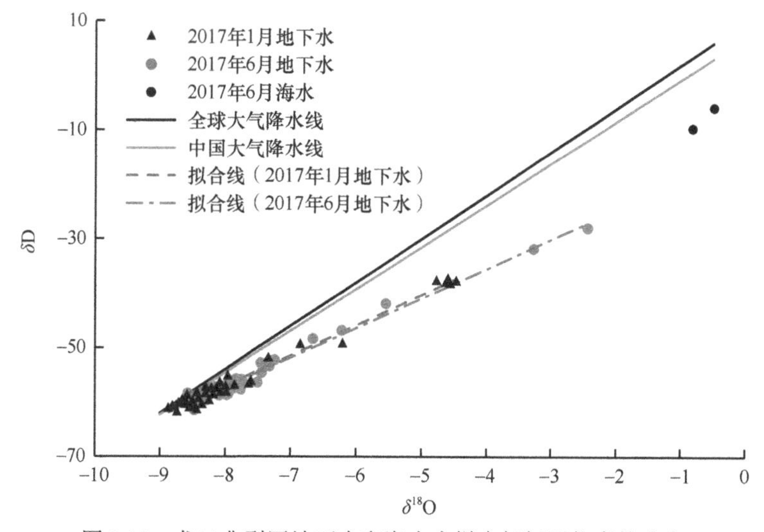

图2.10 龙口典型区地下水和海水水样中氢氧同位素的分布

2.3 大沽河流域典型区概况

1970 年，青岛市出现海水入侵现象。大沽河下游除一些近代河床外，均为咸水分布区，海水入侵已至胶州市李哥庄一带。

由于经济发展、人口增多，需水量增大，作为青岛市长期供水水源地之一的李哥庄地区连续超采地下水，造成地下水水位大幅度下降，导致海水上溯侵入含水层。根据统计资料，在胶州市李哥庄地下水开采区，1984 年 6 月地下水水位 0m 以下高程的面积达 86.75km^2，漏斗中心处水位为–8.18m，埋深 12.53m，开采区中心与南面海区之间形成了很大的逆向水力坡度，导致海水入侵。1981～1995 年，李哥庄海水入侵量年平均为 89.3 万 m^3，溶解固体总量（矿化度）由 1987 年 12 月的 1009.6mg/L 增加到 1995 年 6 月的 1800.5mg/L，Cl^-浓度由 1987 年 12 月的 143.85mg/L 增加到 1995 年 6 月的 459.08mg/L，造成地下水质迅速恶化。

1997 年在水源地南端建了防渗墙工程，水质恶化趋势得到初步遏制。青岛市政府实施“大沽河流域综合整治计划”后，水质总体向好的方向发展。至 2003 年，地下水 Cl^-浓度明显降低，区域内全部达到生活饮用水标准，海水入侵得到有效遏制。

2.3.1 地理位置

大沽河流域位于胶东半岛西部，处在 35°54′～37°22′N、119°40′～120°39′E。流域总面积为 6131.30km^2（含南胶莱河流域 1500km^2），流域范围覆盖烟台、青岛、潍坊三市中的招远市、莱州市、栖霞市、莱阳市、莱西市、平度市、即墨区、胶州市、城阳区、黄岛区、高密市和诸城市共 12 个县级市（区），其中青岛市内流域面积为 4850.70km^2，约占全流域面积的 79.1%，约占青岛市域面积的 43.0%。

大沽河流域在各行政区的面积分布见表 2.3。

表 2.3 大沽河流域在各行政区的面积分布一览表

行政区		面积（km^2）	比例（%）
青岛市	即墨区	882.94	14.4
	莱西市	1522.06	24.8
	平度市	1156.61	18.9
	胶州市	995.83	16.2
	城阳区	102.82	1.7
	黄岛区	190.44	3.1
	小计	4850.70	79.1

续表

行政区	面积（km^2）	比例（%）
潍坊市	277.91	4.5
烟台市	1002.69	16.4
合计	6131.30	100

2.3.2 地形地貌

大沽河流域在大的地貌单元中属鲁东低山丘陵区的一部分。从地形上看，南北隆起，中间低陷。流域北部为山区和低山丘陵区，南部为由铁橛山（海拔595.1m）组成的胶南山群的低山丘陵区，中部为平原洼地，地势北高南低，地形坡度由北向南逐渐变缓。流域内山区面积占11.4%，丘陵区面积占34.5%，平原区面积占36.8%，洼地面积占17.3%。

主要地貌形态有：侵蚀剥蚀低山、侵蚀剥蚀丘陵、剥蚀平原、冲积和冲洪积平原。

（1）侵蚀剥蚀低山：主要分布于流域西北部，由花岗岩组成。山峰峻峭，多呈脊状。谷深壁陡，多为深切割的“V”形，谷底基岩裸露。在低山区边缘地带，沟谷渐宽，谷底有少量堆积物，厚度一般为2～5m。

（2）侵蚀剥蚀丘陵：海拔一般为50～500m，切割深度小于100m。其中，海拔200m以上者为高丘陵，海拔200m及以下者为低丘陵。低丘陵主要分布在黄岛、胶州南部、平度北部和即墨、莱西的东半部，范围较广。组成岩石多样，有古老变质岩、中生界砂页岩、火山岩和花岗岩等。地形连绵起伏，山丘低矮，山顶浑圆，山坡平缓，沟谷开阔，谷底堆积物较发育，以砾石、砂质黏土、黏质砂土为主，厚度为3～10m。

（3）剥蚀平原：海拔在50m以下，相对高差一般小于20m，广泛分布于胶莱断陷盆地中的胶州、即墨、莱西内，主要由砂页岩和火山岩组成。地形低矮平缓，波状起伏，海拔一般为20～50m，垅岗与开阔宽敞的沟坳相间分布。地表有薄层残坡积物覆盖。在边缘地带，冲沟较发育。

（4）冲积和冲洪积平原：主要分布在大沽河中下游河谷和山前地带，由北向南呈不规则的带状分布。堆积物厚度一般为10～20m，局部可达30m，多具有双层结构。

2.3.3 河流水系

大沽河发源于山东省招远市的阜山镇东观阵村，是胶东第一大河，也是青岛市最大的水源地，被称为青岛市的“母亲河”。大沽河由北向南在莱西市道子泊村流入青岛，于胶州市九龙街道东营村注入胶州湾。大沽河全长 199km，流域总面积为 6131.30km^2，其中青岛市内河道长 134km，流域面积为 4850.70km^2。在 20 世纪 70 年代前，大沽河河水季节性较强，夏季洪水暴涨，常年有水。20 世纪 70 年代后，大沽河成为市区主要供水水源地，除汛期少数年份外，中下游已断流。

大沽河水系包括主流大沽河及其诸多支流，主要支流有洙河、小沽河、五沽河、落药河、流浩河、南胶莱河、桃源河和云溪河等，其中流域面积在 100km^2 以上的河流有 17 条。

（1）洙河：又称潴河，旧称储河，发源地为莱阳市谭格庄镇姜岭庄村，流经莱阳市、莱西市，纳入七星河、草泊沟、马家河，在莱西市望城街道辇止头村西北汇入大沽河。洙河干流全长 55km，流域面积为 413km^2。

（2）小沽河：古称尤河，发源地为莱州市郭家店镇陶家村，流经莱西市、平度市，在平度市仁兆镇石家曲堤村汇入大沽河。小沽河干流全长 86km，流域面积为 1015km^2。

（3）五沽河：发源于莱阳市穴坊镇望埠村，沿莱西市和即墨区边界由东向西流，纳入龙华河、幸福河、狼埠沟，在即墨区段泊岚镇袁家庄村汇入大沽河。五沽河干流全长 41km，流域面积为 703km^2。

（4）落药河：发源于平度市云山镇前卧牛石村，向东南流经公家、铁岭庄至河北大泊村东纳入王戈庄河，再折向西南，纳入响水河、小方湾河、堤沟河、东新河后，至平度市南村镇崖头村汇入大沽河。落药河干流全长 35km，流域面积为 242km^2。

（5）流浩河：发源于即墨区灵山街道段埠庄村，横贯即墨区中部，由东而西至移风店镇北岔河村汇入大沽河。流浩河干流全长 35km，流域面积为 384km^2。

（6）南胶莱河：又称胶莱南河，发源地为平度市蓼兰镇南姚家村分水岭南侧，流经平度市、胶州市，在胶州市李哥庄镇河荣西村汇入大沽河。南胶莱河干流全长 30km，流域面积为 1562km^2。主要支流有胶河、墨水河及清水河等。

（7）桃源河：发源于即墨区大信街道钟家街村，流经即墨区、城阳区，在城阳区河套街道大涧社区汇入大沽河。桃源河干流全长 35km，流域面积为 300km^2。

（8）云溪河：发源地为胶州市三里河街道逯家沟社区，在胶州市胶东街道河西屯社区汇入大沽河。云溪河干流全长 18km，流域面积为 148km^2。

大沽河干支流河流特征值见表 2.4。

表 2.4　大沽河干支流河流特征值一览表

河流名称	发源地	汇（注）入地及汇入河流（海湾）	河流长度（km）	流域面积（km^2）	河流比降（‰）
大沽河	招远市阜山镇东观阵村	在胶州市九龙街道东营村注入胶州湾	199	6131.30	0.536
洙河	莱阳市谭格庄镇姜岭庄村	在莱西市望城街道辇止头村西北汇入大沽河	55	413	1.37

续表

河流名称	发源地	汇（注）入地及汇入河流（海湾）	河流长度（km）	流域面积（km²）	河流比降（‰）
七星河	莱西市河头店镇杨家屯村	在莱西市水集街道史家疃社区汇入洙河	22	108	1.33
小沽河	莱州市郭家店镇陶家村	在平度市仁兆镇石家曲堤村汇入大沽河	86	1015	1.41
黄同河	平度市旧店镇石灰陈家村	在平度市旧店镇小沽河村汇入小沽河	22	146	2.83
猪洞河	平度市旧店镇土门杨家村	在平度市云山镇谢格庄村汇入小沽河	40	263	1.86
五沽河	莱阳市穴坊镇望埠村	在即墨区段泊岚镇袁家庄村汇入大沽河	41	703	0.498
双桥西沟	莱西市望城街道张家庄村	在莱西市夏格庄镇东双山村汇入五沽河	23	140	0.818
龙华河	即墨区金口镇柳树屯村	在莱西市姜山镇前张家庄村汇入五沽河	15	114	0.975
落药河	平度市云山镇前卧牛石村	在平度市南村镇崖头村汇入大沽河	35	242	1.16
流浩河	即墨区灵山街道段埠庄村	在即墨区移风店镇北岔河村汇入大沽河	35	384	0.760
南胶莱河	平度市蓼兰镇南姚家村分水岭南侧	在胶州市李哥庄镇河荣西村汇入大沽河	30	1562	0.289
助水河	平度市南村镇瓦子丘村	在平度市南村镇吴家口村汇入南胶莱河	27	126	0.421
碧沟河	胶州市胶北街道后屯社区	在胶州市胶东街道后店口村汇入南胶莱河	16	109	1.02
桃源河	即墨区大信街道钟家街村	在城阳区河套街道大涧社区汇入大沽河	35	300	0.360
胶河	黄岛区六汪镇野潴村	在胶州市胶莱街道花园村汇入南胶莱河	107	572	0.626
墨水河	胶州市九龙街道北匡家茔村	在胶州市胶莱街道杨李庄村汇入南胶莱河	52	324	0.639
云溪河	胶州市三里河街道逯家沟社区	在胶州市胶东街道河西屯社区汇入大沽河	18	148	1.27

2.3.4　气象水文

大沽河流域地处胶东沿海，属暖温带湿润季风气候区，也有较明显的海洋性气候特征。夏季炎热多雨，冬季寒冷干燥，春、秋季冷暖适中，但干旱少雨。8 月温度最高，最高值为 38.9℃，1 月温度最低，最低值达到–16.4℃，年平均气温 12.5℃，流域内温差不大。

流域内降水较充沛，1952～2011 年多年平均降水量为 688.2mm。降水量年际变化较大，年内分布不均，最大年降水量为 1466.2mm（1964 年），最小年降水量为 334.4mm（1981 年）。6～9 月为汛期，汛期多年平均降水量为 507.0mm，占全年的 73.7%，而 7 月和 8 月两个月份降水量为 356.6mm，占全年的 51.8%。

流域内多年平均蒸发量为 983.9mm，为平均降水量的 1.43 倍。最小年蒸发量为 787.0mm（1990 年），最大年蒸发量为 1238.7mm（1978 年）。蒸发量年内分布不均，主要集中于 4～9 月，尤其是 5～9 月蒸发量较大，占总蒸发量的 48%，11 月至次年 2 月蒸发量较小，在 60mm 以下。

2.3.5　土壤植被

大沽河流域土壤类型有棕壤、褐土、潮土、砂姜黑土和盐土，以棕壤、砂姜黑土及潮土为主，分别占总土壤类型的 53.39%、21.13%和 18.68%。其中，棕壤是流域内分布最广、面积最大的土壤类型，主要分布在山地丘陵及山前平原。砂姜黑土主要分布在莱西市南部、平度市西南部、即墨区西北部和胶州市北部的浅平洼地上，该类土壤上层深厚，土质偏黏，表土轻壤至重壤，物理性状较差，水、气、热状况不够协调，速效养分含量低。潮土主要分布在大沽河、五沽河和胶莱河下游的沿河平地，因距河道远近不同，土壤质地、土体构型差异较大，近海地带常受海盐影响形成盐化潮土，土壤肥力和利用方向差异较大。

大沽河流域内植物种类在同纬度地区中最多、植物区系成分最复杂，以温带分布类型占优势，按种类数量分，30 种以上的科有菊科（102 种）、蔷薇科（79 种）、豆科（73 种）、禾本科（70 种）、唇形花科（38 种）、百合科（34 种）和莎草科（33 种）；按科、属、种分，草本植物及蕨类植物是优势种，占 60%，木本植物占 40%。流域内有常绿、半常绿自然分布的阔叶乔灌木 9 科 10 属 11 种，以针叶林为主。

2.3.6 社会经济

大沽河流域农业以种植业、畜牧业和渔业为主，农作物以小麦、玉米、谷子、大豆、高粱、番薯、花生和棉花为主，农副产品有苹果、梨、桃、葡萄、杏、山楂等；畜牧业和渔业发达，是肉、蛋、奶和水产品的主要销售地。流域内的工业园区主要分布在莱西市城区、胶州市城区、城阳区西部及李哥庄、南村、南墅、姜山、华山五个重点中心镇。第三产业发展以果蔬批发贸易为主，其他商贸流通业以满足村民生产生活为主。流域范围内自然景观和人文古迹等旅游资源丰富，但旅游业发展刚刚起步，旅游资源尚未得到有效开发。

2.3.7 地质构造及地层

1. 地质构造

大沽河流域位于中朝准地台鲁东迭台隆的中南部，跨胶莱中台隆和胶南台拱、胶北台拱三个三级构造单元，属鲁东迭台隆胶莱拗陷带。基底胶南群和五莲群经多次地壳运动褶皱强烈。燕山运动以断裂构造极为发育并伴有强烈的火山喷溢和酸性岩浆岩侵入为特征。褶皱构造不发育，中生代地层只形成了平缓开阔的褶曲，走向为北西向，如马山—湍湾背斜。较大规模的断裂走向多为北东向和近东西向。北西向的断裂规模一般较小。主要断裂有：①尺河—二十五里大断裂，走向为北东 78°，倾向南南东，倾角为 72°～74°；②百郝官庄大断裂，走向近东西向，倾向北，倾角为 45°～60°；③郭城—即墨大断裂，走向为北东

40°～45°，倾向南东，倾角为 72°～82°；④胶县大断裂，走向近东西向，倾向南，倾角为 75°左右；⑤朱吴—店集大断裂（沧口断裂），走向为北东 40°～45°，倾向南东，局部倾向北西，倾角为 70°～85°。

主要节理方向为北东及北西两组，直角或斜交。节理的发育与岩性有关，并受断裂构造的影响。在脆性岩石中，节理裂隙发育在断裂带附近，常见于节理裂隙密集带。新构造运动在该区主要表现为不均衡的缓慢上升。

2. 地层岩性

大沽河流域出露的地层由老到新依次是粉子山群古老变质岩系、白垩纪碎屑岩、粉砂岩及第四系沉积，在区域北部混合有燕山期花岗岩。区内的第四系分布广，河谷两侧主要分布着坡洪积物及残坡积物，其厚度较薄。而大沽河下游河床中沉积了厚层的冲洪积砂砾层。

白垩系青山组（K_1q）岩性为凝灰质砂岩、砾砂岩、长石砂岩夹粉砂质页岩、安山岩、玄武岩及火山碎屑岩等，分布不广，一般多靠近粉子山群。半坚硬—坚硬，抗风化力强弱不均，裂隙较发育。

白垩系王氏组（K_2w）以砂岩、粉砂岩、粉砂质黏土岩为主，局部夹安山岩或玄武岩，出露广泛，占据大沽河流域中下游的大部分地区。岩性较软，抗风化能力弱，裂隙不发育。

冲积层（Q^{al}）和冲洪积层（Q^{al+pl}）主要发育地段在大沽河、小沽河的中下游，其分布受古河谷形态的严格控制，一般宽度为 5～7km，最宽处在 10km 以上，厚度一般为 10～20m，多为双层结构，上部为黏质砂土或砂质黏土，下部为砂层及砂砾石层，河谷边缘常有坡积物楔入，土层增多变厚，结构趋于复杂。

残坡积层（Q^{el+dl}）主要分布在坡麓地带，厚度变化较大，但多数较薄。岩性以黏土夹碎石为主，常含铁锰结核。

海积层（Q^{m}）分布在大沽河入海口附近，岩性为淤泥或淤泥质砂，覆盖在冲积砂层之上，或夹在冲积层之中。

燕山期花岗岩侵入体（γ_5）分布在流域的西北部，即河流上源的大泽山至道头一带，岩性为花岗岩、二长花岗岩和花岗闪长岩等。

2.3.8 水文地质条件

1. 地下水赋存条件

大沽河流域地下水主要赋存于第四系冲积层、冲洪积层下部的砂层和砂砾石层中，为区内的主要含水层，含水层为盖层较薄的潜水含水层（图 2.11）。含水砂砾石层的分布严格受大沽河古河谷形态的控制。在垂向上，含水层上层覆盖

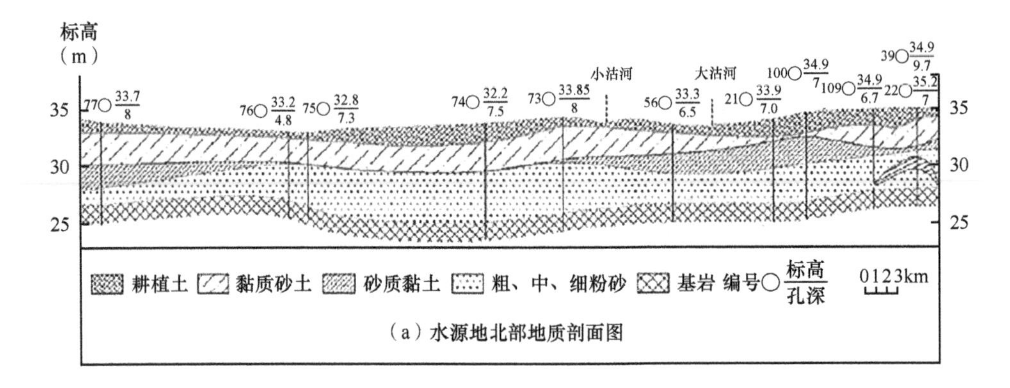

（a）水源地北部地质剖面图

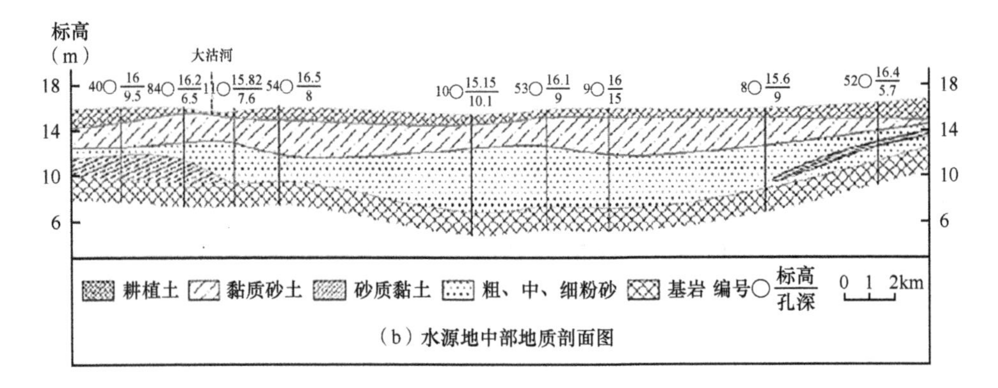

（b）水源地中部地质剖面图

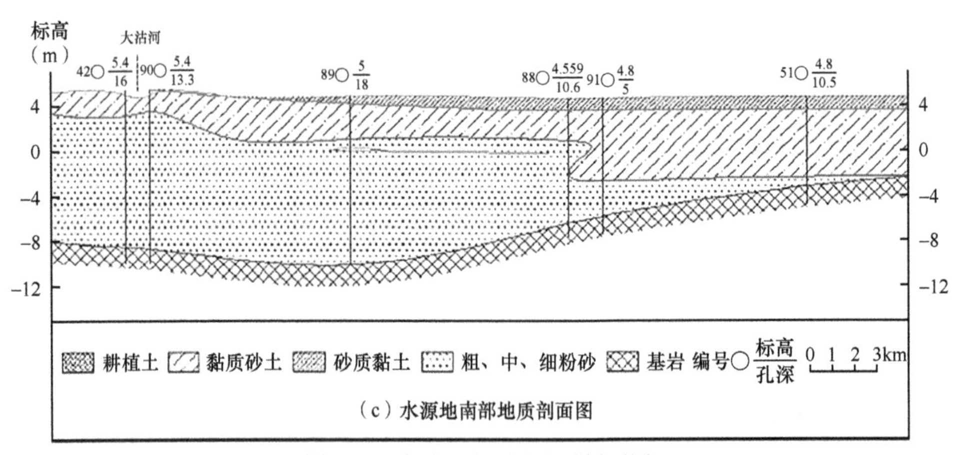

（c）水源地南部地质剖面图

图 2.11　大沽河水源地地质剖面图

有弱透水的黏质砂土或砂质黏土，厚度一般为 2～5m，最厚可达 8m。沿现代河床，局部地段上部土层被侵蚀，形成若干“天窗”。含水层的下伏地层主要为白垩系王氏组细砂岩、粉砂岩、黏土岩和砂砾岩，厚度一般为 5～8m，最厚可达 15m。在纵向上，含水层富水性变化不大。在平面上，含水层沿河呈条带状分布，靠大沽河附近含水层厚度大，两侧变薄，最大厚度为 15m，一般厚度为 4～8m；宽度一般在 6000m 左右，最窄处约 3500m，最宽处超过 10 000m。中间透水性好、富水性强，渗透系数一般在 150m/d 以上，单位涌水量大于 $20m^3$/（h·m）；两侧透水性与富水性逐渐变差，渗透系数大多小于 100m/d，甚至小于 50m/d，单位涌水量一般小于 $10m^3$/（h·m）。

2. 地下水补给、径流和排泄特征

大沽河地下水除少量脉状构造裂隙水外，均为第四系浅层地下水。

1）补给

地下水的补给主要来自大气降水入渗、河流入渗、灌溉入渗、地下水侧向径流以及人工拦蓄工程渗漏等方面。

大气降水入渗是地下水的主要补给来源。降水量、强度、降水时间，包气带性质包括厚度岩性等，以及上覆植被都是影响降水对地下水的补给量的因素。大沽河平原区的地形地貌都有利于地表水向地下水的转化。

大沽河自北向南纵贯全区，河水与地下水关系密切。大面积的“天窗”沟通了上下砂层，使地表水和地下水连成一体，两者具有互相补排关系。

地下水侧向径流补给由基岩山地、山麓地带的裂隙水与孔隙水组成，呈水平方向流入，是区内地下水的重要补给来源。

大沽河下游河谷地带是青岛市的农业井灌区，灌溉入渗补给是该区地下水的主要补给来源。

2）径流和排泄

大沽河地下水径流主要由山前平原向河谷盆地汇集，最后排入胶州湾，由于地势平坦，水力坡度小，径流速度缓慢。麻湾庄截渗墙建成后，大沽河的地下径流被截断，墙体上下游的地下水不会发生水力联系，地下含水层内地下水基本不会越过截渗墙向南排泄。地下水主要排泄方式为人工开采，随着开采量的增加，水位埋深加大，蒸发排泄减少。

3. 地下水动态特征

大沽河地下水运动以垂向运动为主，大气降水直接入渗为主要补给来源，人工开采为主要排泄方式。地下水水位随着降水而升高，随着开采而降低，其动态变化在年内呈现季节性，年际呈现周期性。

地下水水位年内变化受降水与开采在时间上的分配的影响。春季到初夏，地下水水位由于降水稀少和春灌大量用水而大幅度下降，每年春灌后汛期前的 6 月底到 7 月初，地下水水位降至最低。7 月进入雨季，地下水接受降水补给，地下水水位大幅度回升，8～9 月水位达到最高点。秋季因降水减少和秋灌，地下水水

位开始下降，但是由于汛后补给的滞后效应，地下水水位下降不多。12 月至次年 3 月，由于停止开采和少量雨雪的补给，地下水水位处于相对稳定状态。地下水水位的平均年变幅一般为 2～3m。

地下水水位年际变化受控于水文气象周期的变化，主要受降水、人工开采的影响，当降水连年偏丰时，水位呈持续上升趋势，反之则呈下降趋势，由于对地下水需求量的不断增长，地下水水位总趋势是下降。

2.3.9 地下水资源

青岛市大沽河流域多年平均地下水资源量为 4.10 亿 m^3。其中，大沽河、南胶莱河地下水资源量分别为 3.24 亿 m^3 和 0.86 亿 m^3，分别占大沽河流域多年平均地下水资源量的 79%和 21%；山丘区和平原区地下水资源量分别为 1.40 亿 m^3 和 2.90 亿 m^3，重复量为 0.19 亿 m^3。

2.3.10 地下水开发利用

青岛市地下水开采主要是各大小流域第四系孔隙潜水，基岩裂隙水以玄武岩裂隙水、变质大理岩裂隙水为主，其他为各含水岩类风化带的浅层水或构造裂隙水。各行政区开采地下水层位为：青岛市市区除在小流域少量开采外，主要靠市区外水源地供水，花岗岩裂隙水为零星自备井；崂山区以张村河等流域的孔隙潜水为主，少量开采花岗岩裂隙水；城阳区以白沙河流域的孔隙潜水为主，另有少量基岩裂隙水；黄岛区除开采辛安街道孔隙潜水外，另有漕汶—岛耳河流域地下水供水；即墨区孔隙潜水开采以大沽河为主，另有墨水河、周疃河流域地下水供水，以及部分玄武岩裂隙水；胶州市以大沽河中下游、南胶莱河及洋河等流域的地下水为主，玄武岩裂隙水也占一定比重；胶南市以开采王戈庄河的地下水为主，胶河、洋河、白马—吉利河次之；莱西市以开采大沽河流域的地下水为主，另有部分变质大理岩裂隙水。根据《青岛市水资源公报》，青岛市 2010～2018 年用水量统计、供水量统计分别见表 2.5、表 2.6。

表 2.5 青岛市 2010～2018 年用水量统计表 （单位：亿 m^3）

年份	农业灌溉	工业生产	城乡生活	城镇公共及生态环境	林牧渔畜	总计
2010	2.86	1.73	2.82	1.42	0.59	9.42
2011	4.11	1.64	2.45	1.29	0.35	9.84
2012	3.12	1.81	2.93	1.38	0.57	9.81
2013	3.74	1.97	2.97	1.67	0.25	10.60
2014	3.50	2.00	2.80	1.69	0.68	10.67

续表

年份	农业灌溉	工业生产	城乡生活	城镇公共及生态环境	林牧渔畜	总计
2015	2.00	1.98	2.73	1.62	0.43	8.76
2016	2.05	2.01	3.11	1.65	0.40	9.22
2017	1.93	2.14	3.16	1.87	0.33	9.43
2018	1.95	2.13	3.23	1.64	0.39	9.34
平均	2.81	1.93	2.91	1.58	0.44	9.68

表2.6　青岛市2010～2018年供水量统计表　（单位：亿 m^3）

年份	地表水	地下水	其他	总供水量
2010	6.01	3.25	0.16	9.42
2011	6.01	3.67	0.40	10.08
2012	6.02	3.38	0.42	9.82
2013	6.72	3.45	0.43	10.60
2014	6.33	3.88	0.49	10.70
2015	5.73	2.40	0.64	8.77
2016	6.47	2.19	0.66	9.32
2017	6.05	2.46	0.93	9.44
2018	6.24	2.41	0.68	9.33
平均	6.18	3.01	0.53	9.72

青岛市2010～2018年平均总用水量为9.68亿 m^3，农业灌溉用水量为2.81亿 m^3，占总用水量的29.0%；林牧渔畜用水量为0.44亿 m^3，占总用水量的4.6%；工业生产用水量为1.93亿 m^3，占总用水量的20.0%；城乡生活用水量为2.91亿 m^3，占总用水量的30.1%；城镇公共及生态环境用水量为1.58亿 m^3，占总用水量的16.3%。

青岛市2010～2018年平均总供水量为9.72亿 m^3，地表水供水量为6.18亿 m^3，占总供水量的63.58%；地下水供水量为3.01亿 m^3，占总供水量的30.97%；其他供水量为0.53亿 m^3，占总供水量的5.45%。

由此可见，地下水开采主要用于农业灌溉、城乡生活与工业生产等。由于超采地下水而诱发的主要环境地质问题有：地下水降落漏斗、海（咸）水入侵、水质恶化等。现存主要的地下水开采漏斗位于平度市南洼，漏斗中心位于中庄附近，主要由农业灌溉超采引起。近几年漏斗呈收缩状态，一般在枯水期出现，在丰水期平复。海（咸）水入侵主要发生在大沽河下游，由于连年干旱，水资源大量短缺，人们开始大量开采含量丰富的地下水资源，由此形成的负值漏斗引发了胶州湾的海水入侵，地下淡水资源的可持续开发利用受到了严重影响。1998年，在李哥庄南部建立了麻湾庄截渗墙，地下水库上下游之间的水力联系被切断，海水入侵被有效阻止，同时也使李哥庄地区残留了一定区域的咸水体。按照国家地下水超采综合治理工作的部署和要求，2015 年底山东省编制实施了《山东省地下水超采区综合整治实施方案》，在地下水压采工作推动下，青岛市地下水开采自 2015 年以来显著减少。

2.3.11 地下水监测

从 2017 年 4 月开始，选择 7 个代表性地下水观测点（#1～#7），每月的 10 日、20 日和 30 日采样分析 Cl^-浓度。图 2.12 为 2017～2018 年大沽河流域典型区 7 个代表性地下水观测点（#1-即墨区蓝村、#2-胶州市黄家屯、#3-胶州市大麻湾、#4-胶州市毛家庄、#5-平度市沙梁、#6-平度市南村、#7-即墨区中张院）的水位及 Cl^-浓度动态变化曲线。由图可见，地下水水位及 Cl^-浓度季节变化较大；空间上，Cl^-浓度呈现由南向北降低的趋势。

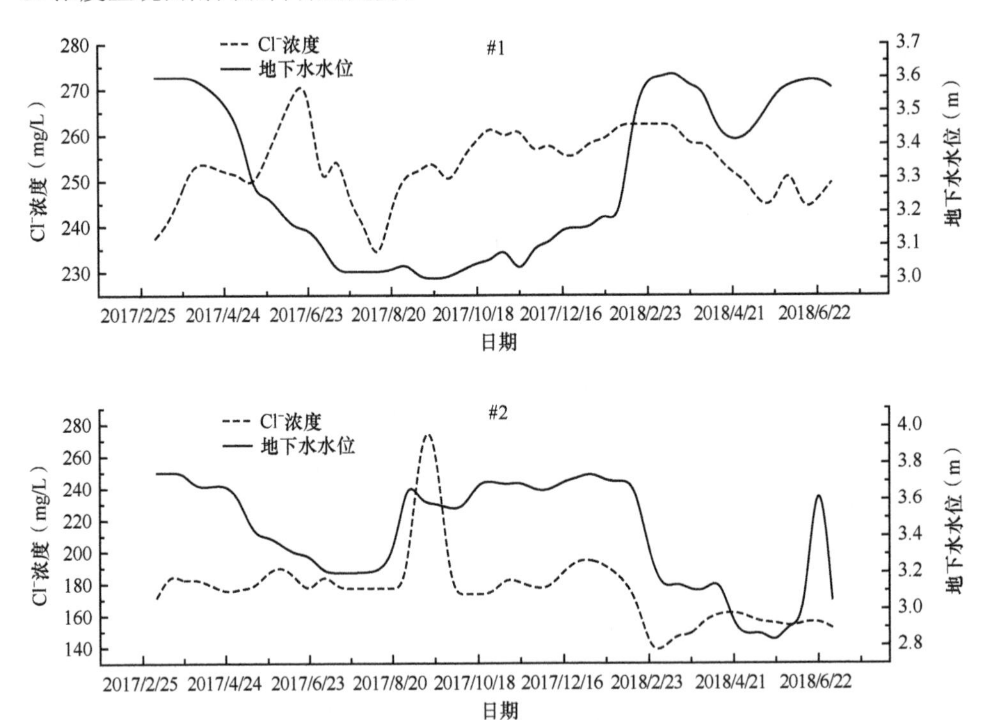

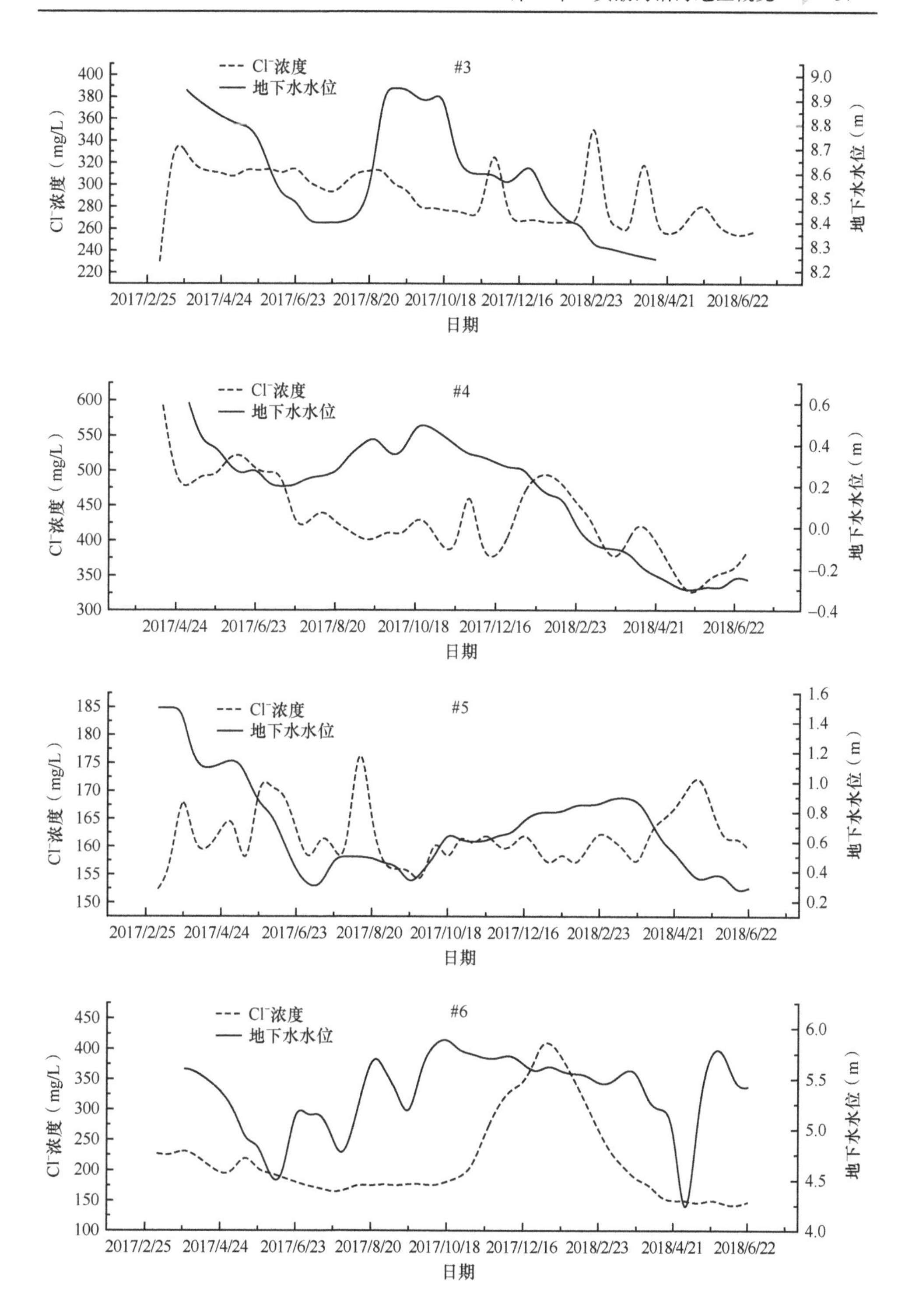

Cl⁻浓度
地下水水位
#3
Cl⁻浓度（mg/L）
地下水水位（m）
日期
2017/2/25
2017/4/24
2017/6/23
2017/8/20
2017/10/18
2017/12/16
2018/2/23
2018/4/21
2018/6/22
#4
#5
#6

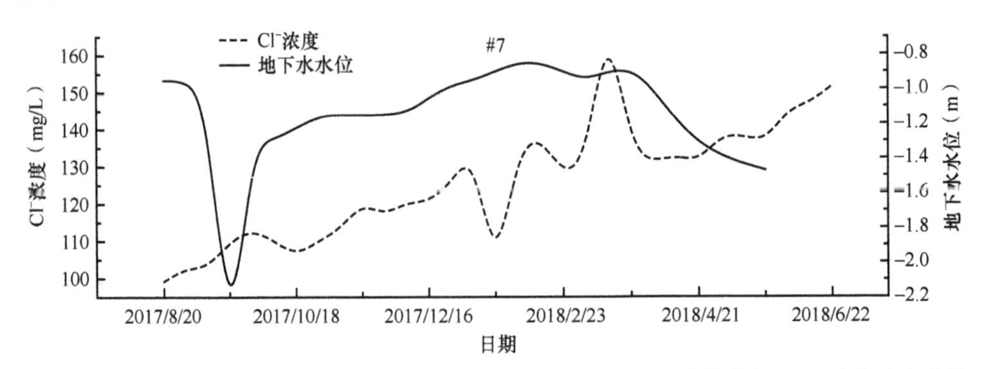

图 2.12　2017～2018 年大沽河流域典型区 7 个代表性地下水观测点的水位及 Cl^-浓度动态变化曲线

第3章

黄渤海海平面上升与海水入侵的变化关系

本章主要分析了黄渤海海平面历史变化规律，收集了黄渤海研究区附近海域的海平面监测资料，调查了黄渤海沿海地区的海水入侵动态，分析了龙口典型区和大沽河流域典型区的海水入侵演变趋势，研究了黄渤海海平面上升与海水入侵之间的动态关系。

3.1 黄渤海海平面历史变化规律

政府间气候变化专门委员会（Intergovernmental Panel on Climate Change，IPCC）指出，距今约 2 万年的末次冰期极盛期之后，海平面不断上升，最快时期是距今 15 000～6000 年，上升速率达 10mm/a；过去 6000 年间，上升速率平均为 0.5mm/a；过去 3000 年间，上升的速率为 0.1～0.2mm/a。近年来，我国对全新世海平面研究的多数观点认为，海平面在 6000～5000a B.P.（距今 6000～5000 年）达到最高，自 5000a B.P.（距今 5000 年）以来，海平面有多次小波动，并且各地区海平面变化幅度、波动次数及时间具有差异性[46]。部分权威科学机构和科学家发表报告及论文提出，过去 100 年来全球海平面上升速率为 1～2mm/a，部分研究者对我国海平面变化做了研究，渤海湾近百年来海平面上升速率接近全球上升速率。

2019 年 9 月 25 日，IPCC 发布了《气候变化中的海洋和冰冻圈特别报告》。报告显示，由于格陵兰冰盖和南极冰盖的冰量损失加剧，全球平均海平面呈加速上升趋势。2007～2016 年南极冰盖的质量损失量是 1997～2006 年的 3 倍，格陵兰冰盖同期的质量损失量是 1997～2006 年的 2 倍。2006～2015 年全球平均海平面的上升速率为 3.6mm/a，是 1901～1990 年的 2.5 倍。在 RCP2.6 和 RCP8.5 情景下，2100 年的全球平均海平面相对于 1986～2005 年将分别上升 0.43m（0.29～0.59m）和 0.84m（0.61～1.10m）；大多数地区历史上百年一遇水位将变为一年一遇水位，而 2300 年全球平均海平面上升幅度可能会达到数米。海平面上升和极端海洋天气气候事件将导致海岸侵蚀、土地流失、洪水、海水入侵和土壤盐碱化等灾害风险在 21 世纪显著增加，沿海生物栖息地收缩、相关物种迁移、生物多样性降低和生态系统功能减弱，一些低海拔沿海地区和岛礁面临淹没风险[47]。

3.1.1 黄渤海海平面多年变化规律

根据 IPCC 的气候变化综合报告（2014 年），1901～2010 年全球平均海平面上升了 0.19m（0.17～0.21m）（图 3.1）。自 19 世纪中叶以来，全球海平面上升速率比过去 2000 年以来的平均速率高，1901～2010 年全球平均海平面上升的平均速率为 1.7mm/a，1993～2010 年为 3.2mm/a（2.8～3.6mm/a）。IPCC 对大陆和海洋的观测证据表明，20 世纪后半叶气候变暖造成的海水膨胀和冰川融化是引起海平面变化的关键因素，因此全球海平面的变化规律与全球温度变化密不可分［图 3.1（a），图 3.1（c）］。整体上，海平面逐渐上升的变化规律与全球变暖的变化规律相一致[48]。

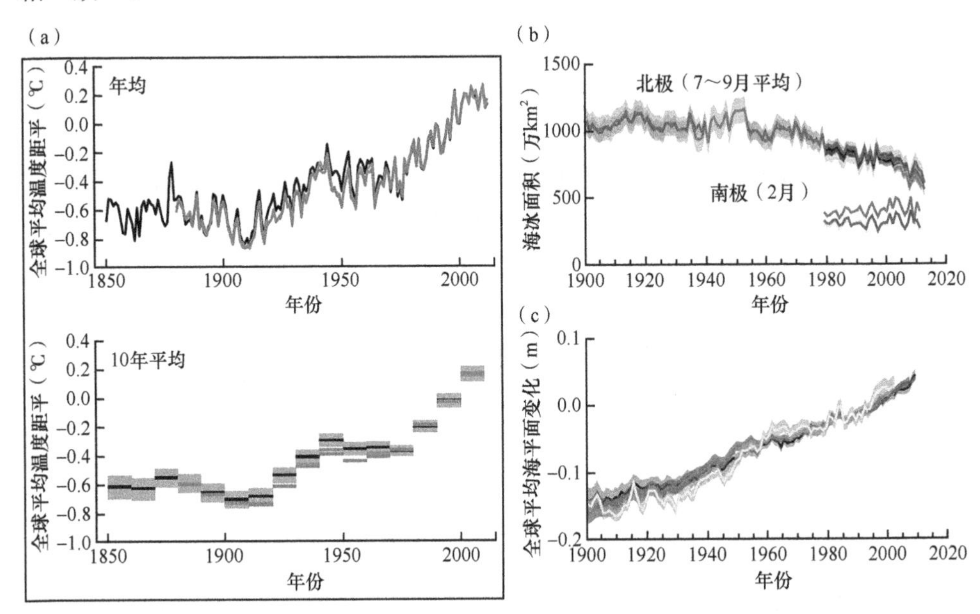

图 3.1 政府间气候变化专门委员会（IPCC）海洋监测与预测成果

（a）观测到的全球陆地和海表综合平均温度距平（相对于 1986～2005 年实际的均值，分别为年均和 10 年平均），不同颜色的线条代表不同的资料集；（b）北极（7～9 月平均）和南极（2 月）的海冰面积；（c）相对于 1986～2005 年全球平均海平面变化，不同颜色的曲线代表不同的资料集给出的年度值（IPCC，2014）

同样受气候变化的影响，中国沿海海平面变化规律与全球海平面变化规律相一致。根据《中国海平面公报》及 IPCC 的数据，中国沿海（包括渤海、黄海、东海和南海）海平面变化总体呈波动上升趋势。1980～2020 年，中国沿海海平面上升速率为 3.4mm/a，高于同时段全球平均水平。1980～2020 年中国沿海海平面变化如图 3.2 所示，从 10 年平均来看，1981～1990 年平均海平面处于 40 年来最低位，2011～2020年平均海平面处于40年来最高位，比1981～1990年平均海平面高105mm[49]。

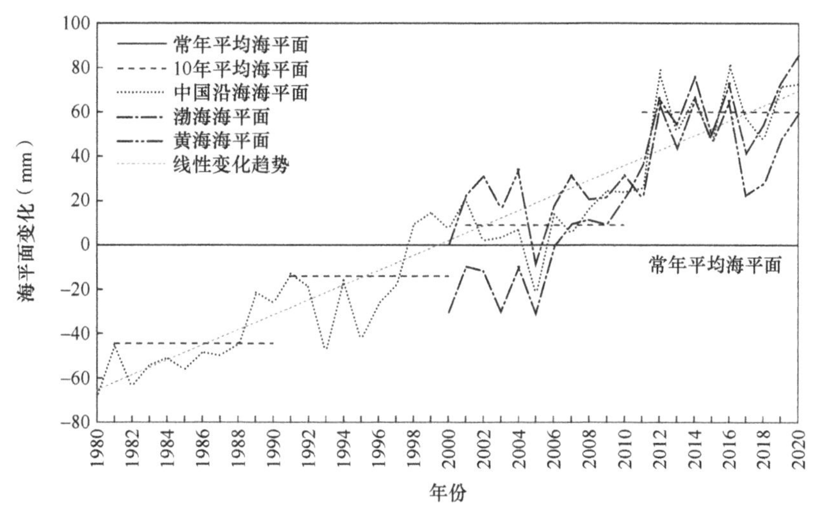

图3.2 1980～2020年中国沿海海平面变化

常年平均海平面指1993～2011年中国沿海平均海平面，设为0mm

黄海和渤海位于中国东部。1980～2020年，黄海和渤海海平面上升速率分别为3.2mm/a和3.6mm/a，渤海海平面上升速率高于全国均值和黄海。根据现有资料分析可知，2000～2020年黄海和渤海海平面的变化规律与全国海平面的变化规律相似，整体上均呈现波动上升趋势。2000～2010年，黄海海平面高于渤海；2011～2020年，渤海海平面高于黄海（图3.2）。与常年相比，2012年、2014年、2016年、2020年黄海和渤海海平面上升幅度极大，黄海海平面于2014年达到40年来最高值，而渤海海平面则于2020年达到40年来最高值。

1980～2020年，我国沿海海平面变化具有一定的区域特征：秦皇岛、老虎滩、烟台和日照的海平面整体上波动上升幅度较为平缓；塘沽海平面在1980～2008年上升速率较低，在2009～2012年急速升高，并在2012年达到峰值，而后波动变化；连云港海平面在1991年升至一个小高峰，而后快速下降，再缓慢升高；吕四海平面变化呈现较大幅度波动升高的趋势，并在2014年达到峰值，而后下降，接着再缓慢升高。对比可知，塘沽和吕四的海平面上升速率较高，超过4mm/a，老虎滩、烟台和日照的海平面上升速率为3～4mm/a，秦皇岛和连云港的海平面上升速率较低，小于3mm/a。受区域多种因素的影响，黄渤海沿海不同监测站的海平面变化不一，但整体上不同监测站的海平面均呈现波动上升的趋势，与全国海平面的变化规律相一致。

3.1.2 黄渤海海平面年内变化规律

黄渤海海平面在近几十年来呈现波动上升的趋势，在年内各月份则有规律地升降。根据《中国海平面公报》，2007～2020 年黄海和渤海每月平均海平面变化分别如图 3.3 和图 3.4 所示。黄海年内最低海平面最常出现于 2 月，其次是 1 月；最高海平面最常出现于 8 月，其次是 9 月。黄海海平面的年内变化规律为由 2 月/1 月的最低海平面升高至 8 月/9 月的最高海平面，而后再下降至次年的最低海平面（图 3.3）。渤海年内最低海平面最常出现于 1 月，其次是 2 月；最高海平面最常出现于 8 月，其次是 7 月和 9 月。渤海海平面的年内变化规律为由 1 月/2 月的最低海平面升高至 8 月/7 月/9 月的最高海平面，而后再下降至次年的最低海平面（图 3.4）。

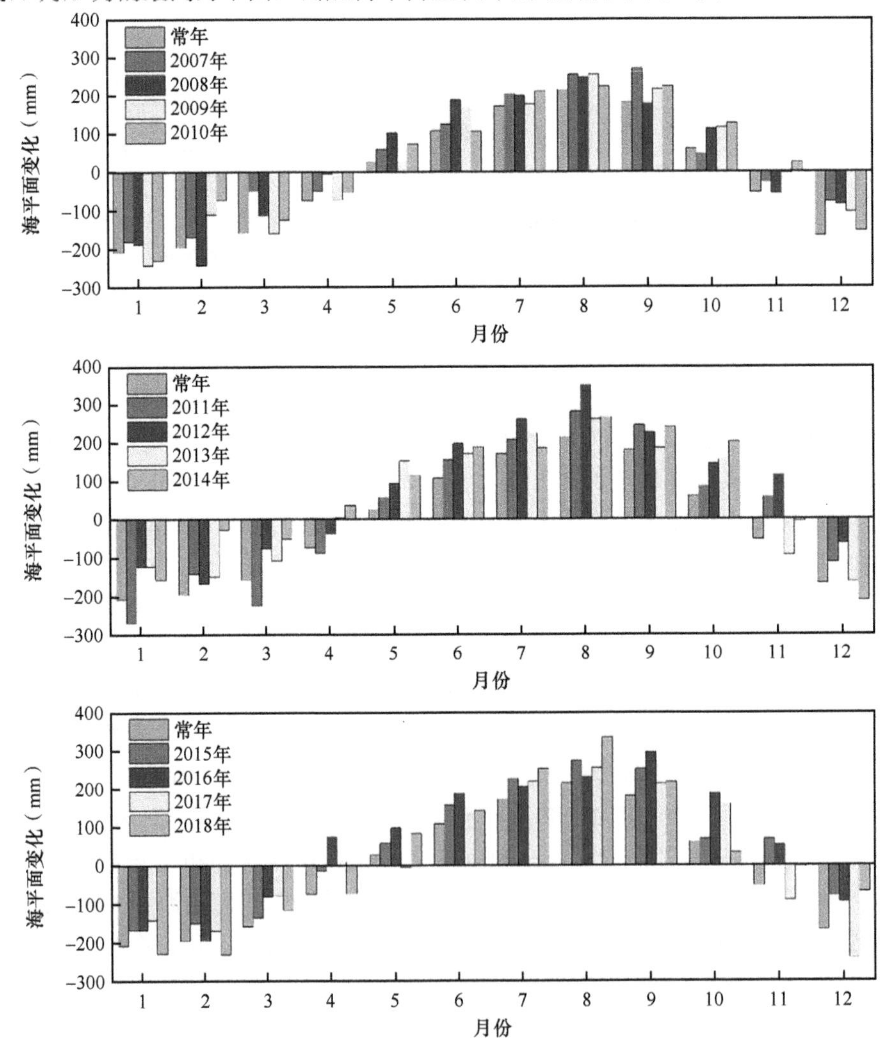

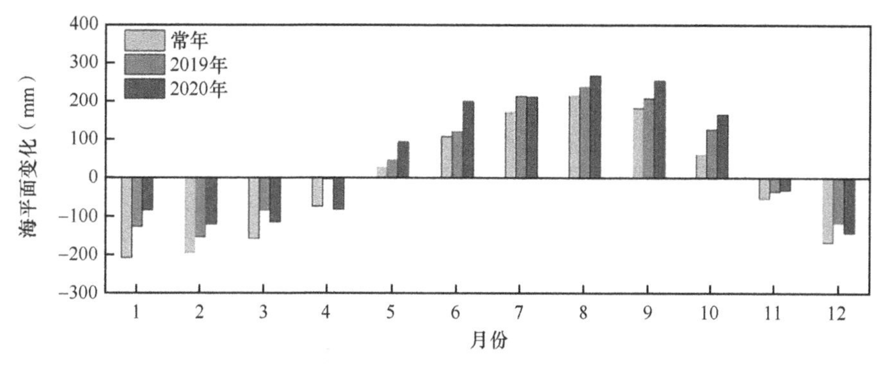

图 3.3　2007～2020 年黄海每月平均海平面变化

常年平均海平面指 1993～2011 年中国沿海平均海平面，设为 0mm

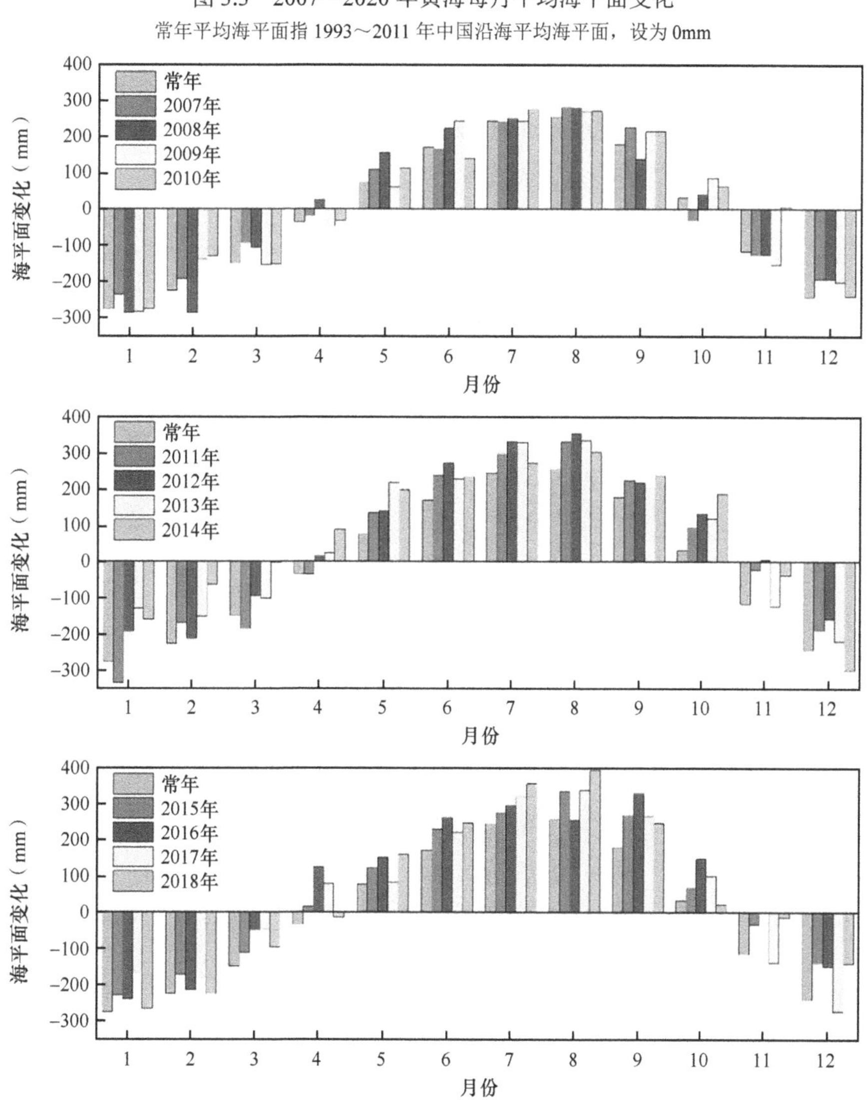

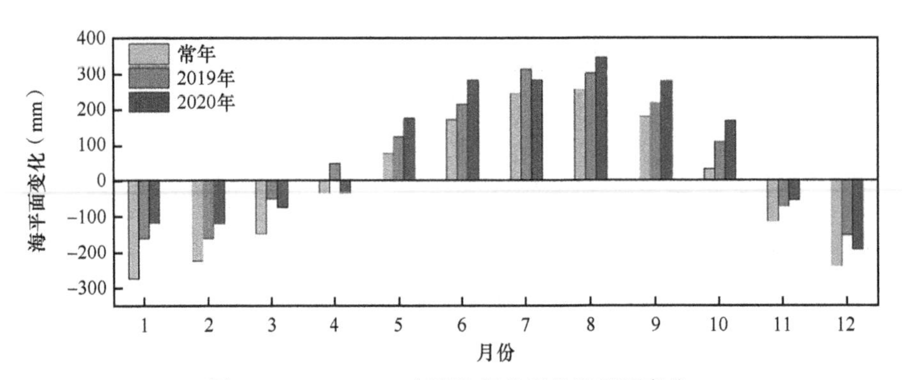

图 3.4 2007～2020 年渤海每月平均海平面变化

常年平均海平面指 1993～2011 年中国沿海平均海平面，设为 0mm

2007～2020 年黄海和渤海在不同年份 1～12 月的海平面变化分别如图 3.5 和图 3.6 所示。可以看出，黄海和渤海海平面在不同年份相同月份的波动较大，7 月/8 月海平面高值仍然存在上升趋势。

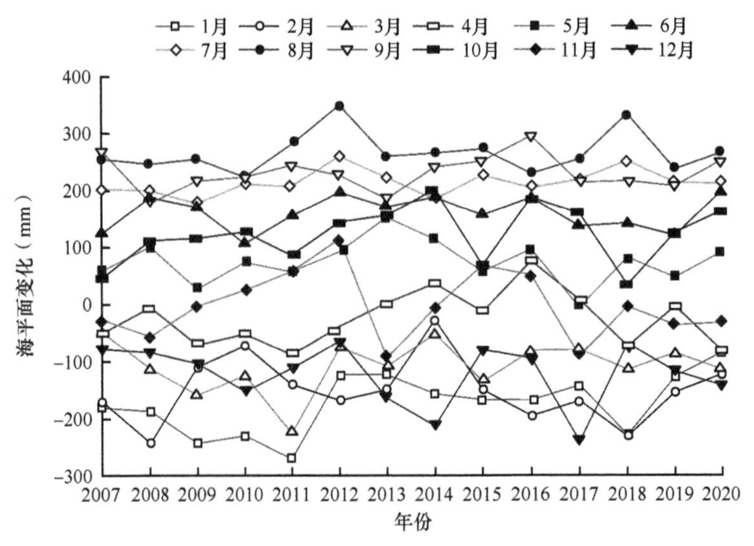

图 3.5 黄海在不同年份 1～12 月的海平面变化

综上，受气候变暖的影响，黄渤海海平面在近几十年来呈现波动上升的趋势，在年内的变化规律为：每年 1 月/2 月出现最低海平面，而后逐渐升高至 8 月/7 月/9 月的最高海平面，再下降至次年的最低海平面。

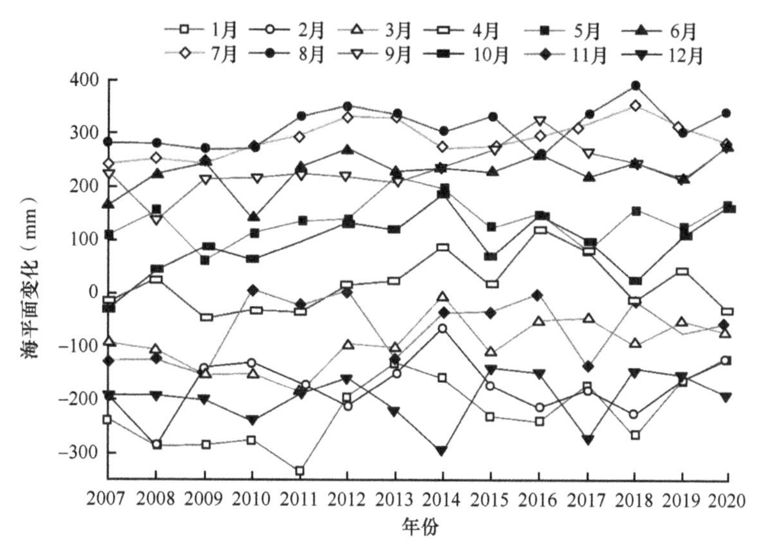

图 3.6　渤海在不同年份 1～12 月的海平面变化

3.1.3　典型区海平面上升规律

1. 龙口典型区

根据海平面监测资料，自 1996 年以来，渤海海平面持续上升，1996～2016 年龙口典型区海平面变化见图 3.7。龙口典型区年内海平面最高值一般出现在 8 月，少数年份海平面最高值出现在 7 月或 9 月；年内海平面最低值一般出现在 1 月或 2 月。

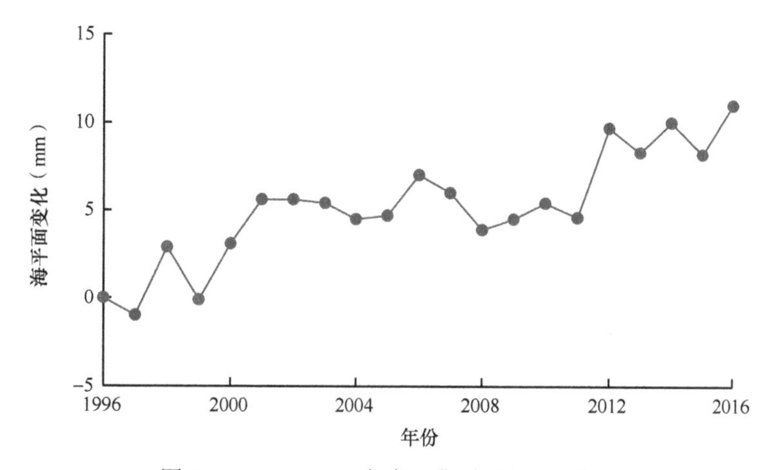

图 3.7　1996～2016 年龙口典型区海平面变化

2006年和2016年龙口典型区海平面变化（相比于1996年）对比见图3.8。相比于1996年，2016年大部分月份海平面上升明显，海平面月最低值（2月）增加约17.0mm，海平面月最高值（9月）也增加约17.0mm。

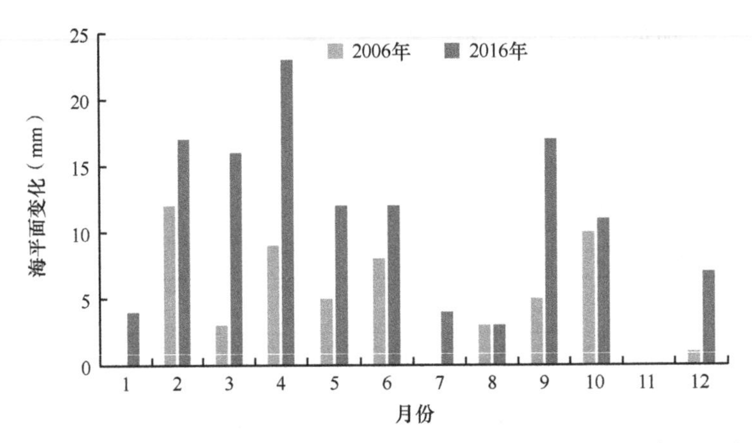

图3.8 2006年和2016年龙口典型区海平面变化（相比于1996年）对比

2. 大沽河流域典型区

根据海平面监测资料，自1996年以来，黄海海平面持续上升，1996～2016年大沽河流域典型区海平面变化见图3.9。黄海海平面的上升速率要高于渤海海平面的上升速率。大沽河流域典型区年内海平面最高值一般出现在9月，少数年份海平面最高值出现在8月；年内海平面最低值一般出现在2月。

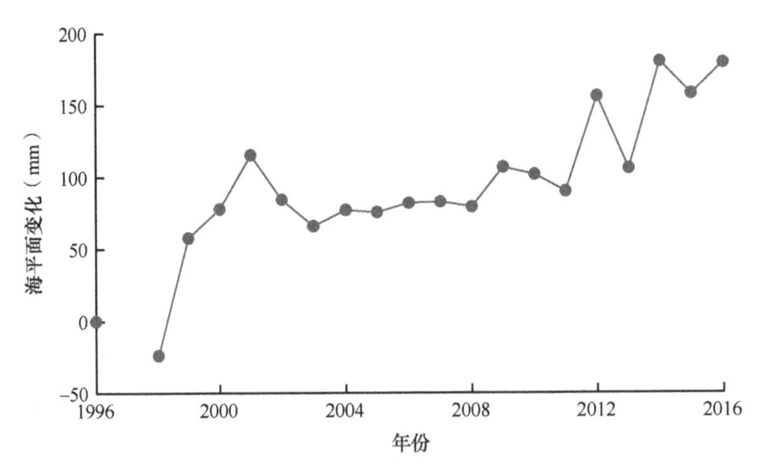

图3.9 1996～2016年大沽河流域典型区海平面变化

2006年和2016年大沽河流域典型区海平面变化（相比于1996年）对比见图3.10。相比于1996年，2016年大部分月份海平面上升明显，海平面最低值（2月）

增加约 112.0mm，海平面最高值（9 月）增加约 213.0mm。

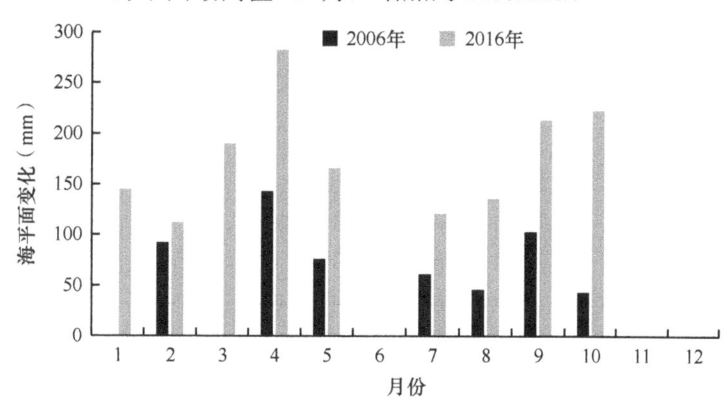

图 3.10　2006 年和 2016 年大沽河流域典型区海平面变化（相比于 1996 年）对比

3.2　海平面上升背景下黄渤海沿海地区海水入侵动态

根据《中国海洋灾害公报》和典型区海水入侵历史监测评价成果等资料，分析海平面上升背景下黄渤海沿海地区海水入侵动态。

3.2.1　黄渤海沿海地区海水入侵动态

国家海洋部门从 2008 年开始监测我国沿海地区典型剖面的海水入侵距离，2008～2018 年沿海地区海水入侵状况在《中国海洋灾害公报》发布[50]，2019 年至今沿海地区海水入侵状况在《中国海平面公报》发布[49]。国家海洋部门从 2010 年开始公布固定监测剖面的海水入侵距离，根据 2008～2018 年《中国海洋灾害公报》发布结果，黄渤海沿海地区海水入侵监测剖面见表 3.1。

表 3.1　黄渤海沿海地区海水入侵监测剖面

省份	监测剖面	剖面长度（km）
辽宁	盘锦清水乡永红村	17.81
	营口盖州团山乡西河口	3.86
	辽宁锦州小凌河西侧娘娘宫镇	5.36
	葫芦岛龙港区北港镇	1.92
河北	秦皇岛抚宁	16.20
	唐山梨树园村	29.01
	河北唐山市尖坨子村/黑沿子	29.75
	沧州黄骅南排河镇赵家堡	21.31
	沧州渤海新区冯家堡	19.00
	河北黄骅南排河镇西高头	42.52

续表

省份	监测剖面	剖面长度（km）
山东	潍坊昌邑柳疃	13.77
	潍坊寿光市	21.66
	潍坊滨海经济技术开发区	25.76
	潍坊寒亭区央子镇	25.43
	潍坊昌邑卜庄镇西峰村	15.91
	滨州沾化县	22.48
江苏	盐城大丰裕华镇	＞19.13
	连云港赣榆	＞3.3

注：固定剖面海水入侵监测由自然资源部（原国家海洋局）负责

根据《中国海洋灾害公报》发布结果，2018 年渤海滨海平原地区海水入侵依然较为严重，主要分布于辽宁锦州地区，河北秦皇岛、唐山和沧州地区，以及山东潍坊地区，海水入侵距离一般距岸 13～25km；黄海沿岸海水入侵影响范围较小，江苏盐城监测区海水入侵距离超过 10km。

2010～2020 年黄渤海沿海地区辽宁省、河北省、山东省和江苏省海水入侵距离监测结果分别见图 3.11～图 3.14，海水入侵程度分为轻度入侵和重度入侵。《海水入侵监测与评价技术规程》（HY/T 0314—2021）将海水入侵程度划分为三个等级：Cl^-浓度＜250mg/L 为无入侵，Cl^-浓度为 250～1000mg/L 为轻度入侵，Cl^-浓度＞1000mg/L 为严重入侵。

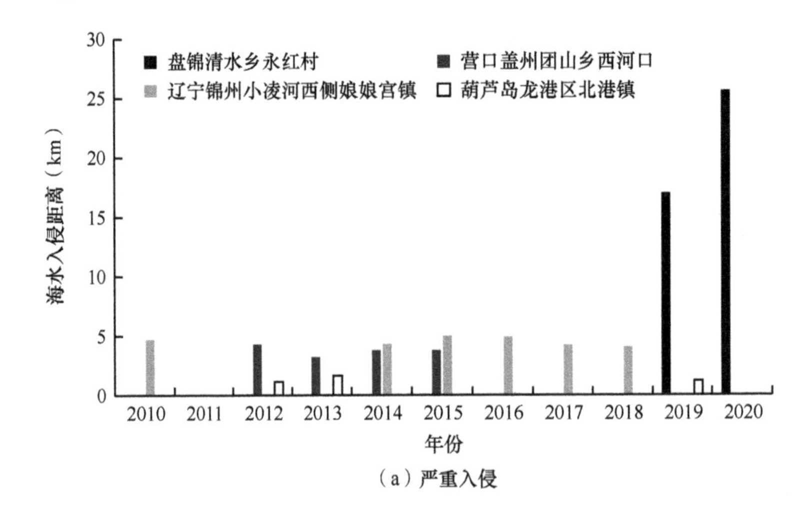

（a）严重入侵

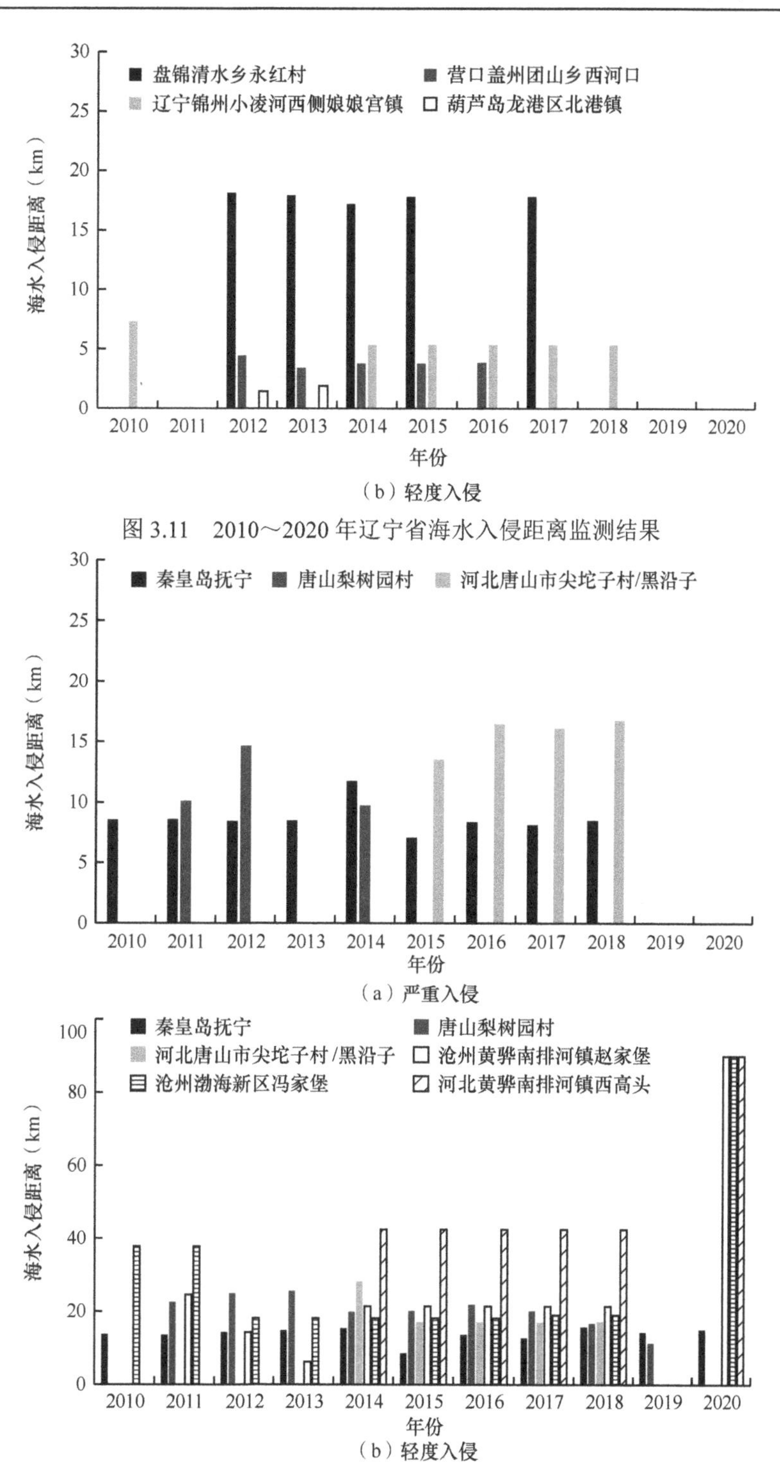

（b）轻度入侵

图 3.11　2010～2020 年辽宁省海水入侵距离监测结果

（a）严重入侵

（b）轻度入侵

图 3.12　2010～2020 年河北省海水入侵距离监测结果

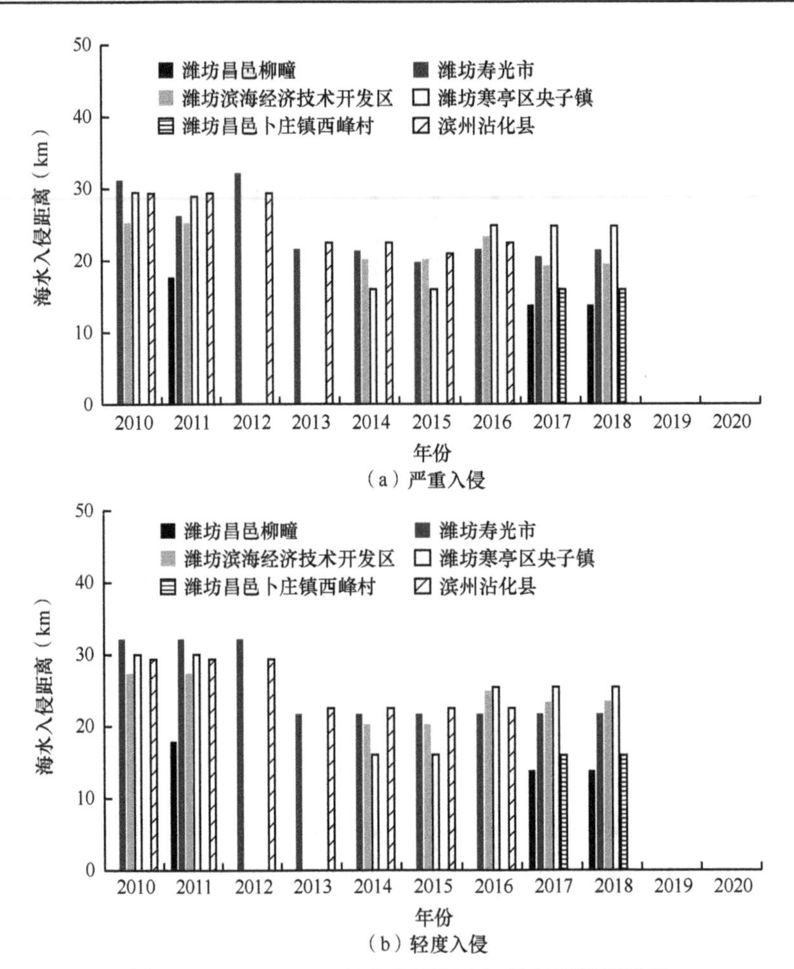

图 3.13 2010～2020 年山东省海水入侵距离监测结果

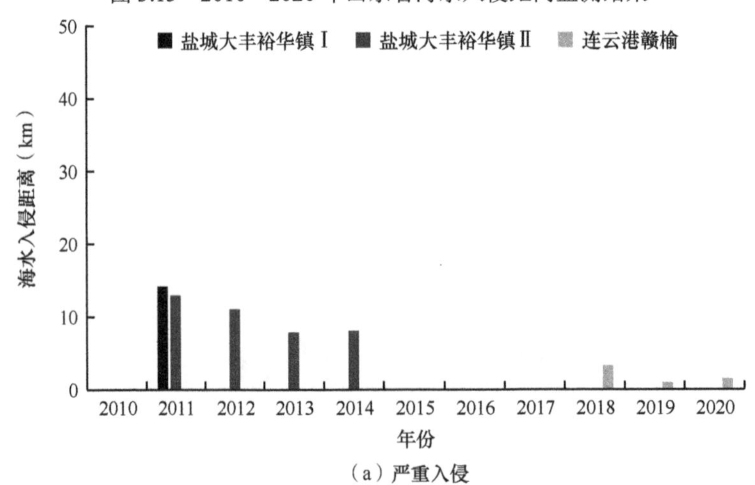

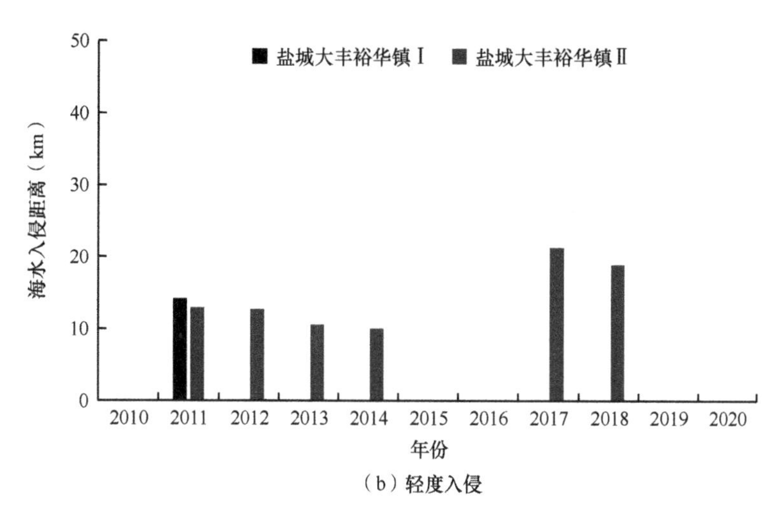

（b）轻度入侵

图 3.14　2010～2020 年江苏省海水入侵距离监测结果

图中未显示内容为无监测数据

图 3.11 表明，辽宁省盘锦重度海水入侵距离存在增加趋势，2020 年盘锦重度海水入侵距离已经超出往年监测剖面长度，达到 25.6km，营口、锦州和葫芦岛重度海水入侵距离存在年际波动趋势。辽宁省盘锦和营口轻度海水入侵距离年际波动较大，锦州轻度海水入侵距离基本保持不变。

图 3.12 表明，河北省唐山不同剖面重度海水入侵距离变化趋势存在差异，其中，2018 年唐山市尖坨子村/黑沿子剖面重度海水入侵距离达到 16.77km，秦皇岛抚宁重度海水入侵距离存在波动。2020 年沧州 3 条监测剖面轻度海水入侵距离均达到 90km，为往年入侵距离的 2～4 倍，秦皇岛抚宁轻度海水入侵距离年际波动较大，唐山部分区域轻度海水入侵距离减小。

图 3.13 表明，山东省海水入侵距离总体呈下降趋势，2018 年潍坊重度海水入侵最远距离和轻度海水入侵距离分别为 24.75km 和 25.38km。

图 3.14 表明，江苏省连云港赣榆和盐城大丰裕华镇重度海水入侵距离总体呈下降趋势，2020 年连云港赣榆重度海水入侵距离为 1.5km；盐城轻度海水入侵距离存在波动增加趋势，2018 年盐城大丰裕华镇Ⅱ入侵距离达 18.86km。

3.2.2　典型区海水入侵演变趋势

1. 龙口典型区

根据山东省水利科学研究院的相关研究成果，2000～2017 年龙口典型区海水入侵范围见图 3.15。可以看出，2000～2005 年龙口典型区海水入侵范围存在扩大趋势，尤其是黄水河下游地下截渗墙未覆盖区域；在“十二五”期间龙口典型区采取了一系列工程与非工程措施，在龙口典型区持续 3 年干旱的不利因素下，海水入侵范围仍然得到了有效控制。在国家重点研发计划“黄渤海沿海海地区地下水管理与海水入侵防治研究”项目实施期间（2016～2021 年），龙口典型区海水入侵范围进一步减小，如图 3.16 所示，2021 年龙口典型区海水入侵范围相对于 2017 年明显减小。

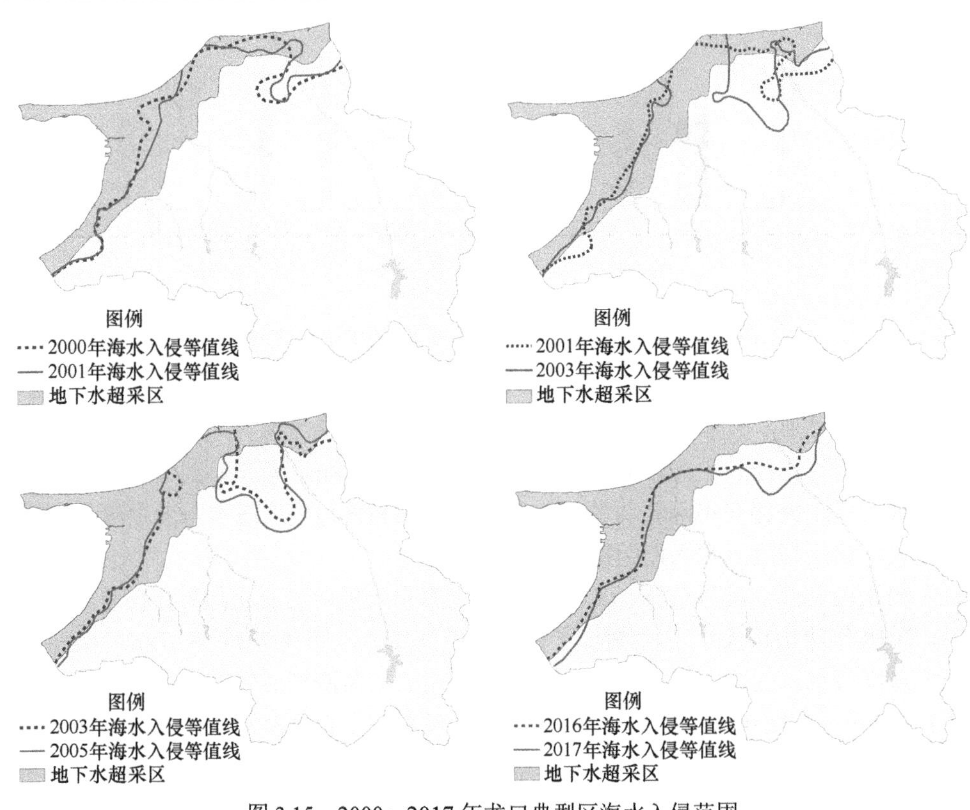

图 3.15 2000～2017 年龙口典型区海水入侵范围

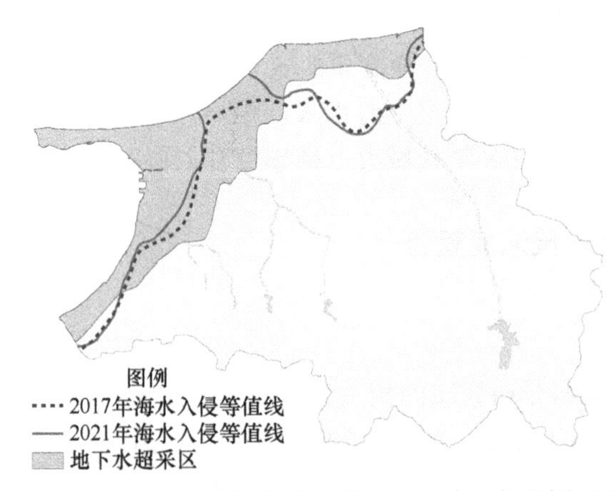

图 3.16 2017 年与 2021 年龙口典型区海水入侵范围对比图

2. 大沽河流域典型区

大沽河下游是青岛市区及周围县市重要的地下水水源地，地下水开采区的南端距离胶州湾 12km，东南端与早期形成的古地下咸水体相连，地下含水层之间相互连通。1988 年大沽河下游南部和东南部海水入侵形成的地下咸水体分布面积已经超过 50km^2，自 1998 年截渗墙修建之后的几年中，咸水体的分布范围没有发生大的改变，直到 2002 年初，咸水体的北部边界一直维持在周臣屯—黄家屯西北—李哥庄镇东南—北王家庄—南张家庄—石拉子—截渗墙这一区域。

根据中国海洋大学的相关研究成果，2017 年 4 月和 2021 年 1 月大沽河流域典型区地下水 Cl^-浓度等值线分别见图 3.17、图 3.18。对比可知，在海水入侵防治工程与非工程措施的共同作用下，2021 年 1 月大沽河流域典型区海水入侵范围相比 2017 年 4 月明显减小。

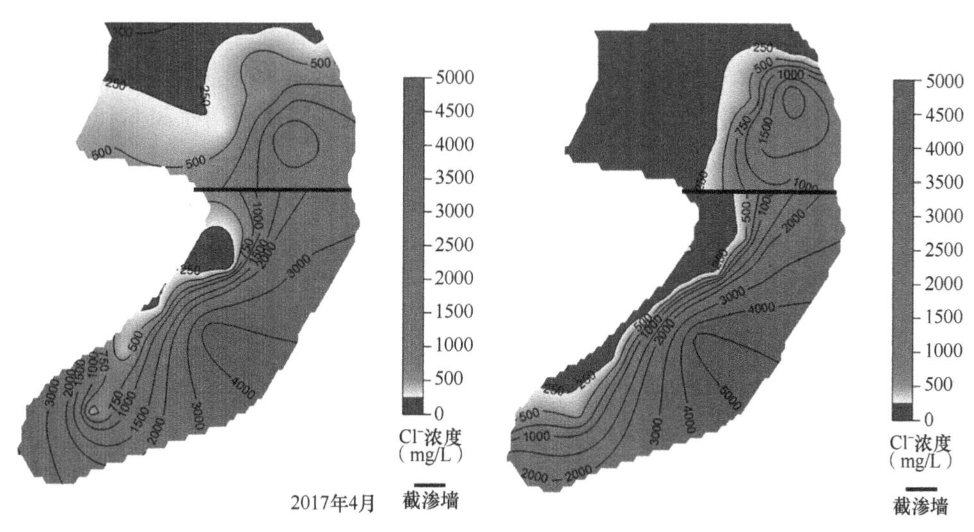

图 3.17　2017 年 4 月大沽河流域典型区地下水 Cl^-浓度等值线图

图 3.18　2021 年 1 月大沽河流域典型区地下水 Cl^-浓度等值线图

3.3　黄渤海海平面上升与海水入侵的动态关系

影响海水入侵的因素主要包括自然因素和人为因素，其中自然因素主要包括气候因素、地质与水文地质因素、地形地貌等，人为因素主要包括地下水超采、上游修建蓄水工程、发展海水养殖、扩建盐田、河道采砂和海岸带工程建设等。

3.3.1　黄渤海沿海地区海平面上升与海水入侵的关联性研究

利用黄渤海沿海地区海水入侵与地下水长序列观测资料，采用统计学方法和相关性分析，研究黄渤海海平面历史演变规律及变化趋势，基于海洋监测站近50年的监测数据和典型站点的地下水水位、水质调查数据，着重分析黄渤海沿海地区海平面上升与海水入侵之间的动态关系。

1. 数据预处理

建立外部因素（如潮汐、降水、地下水水位、海平面上升）与海水入侵程度的关联分析，通过对观测数据的分析，找出影响较大的外部因素，并且对其影响权重进行量化。此外，由于海水入侵存在着空间上的连续性，即相邻地区的海水入侵情况不会产生突变，因此对监测站点之间的数据变化进行关联分析，找出它们之间的规律。

在进行数据关联分析之前，首先对数据进行预处理，然后对数据进行周期性分析，分离周期性影响，强化影响因素之间的关联程度。数据预处理部分主要采用滑动窗口与高斯平滑相结合的方法，对缺失数据进行补全，对尖刺数据进行平滑处理，同时对采样周期不统一的数据进行采样单位转换。在周期性分析方面，首先根据时间序列的偏自相关系数，寻找内循环的周期，再采用时间序列分解算法（STL）的周期性分解法，将周期性变化从数据的波动中分离出来。在关联分析方面，采用皮尔逊（Pearson）系数来评估影响因素和目标数据之间的关联关系。海平面上升与海水入侵的关联分析流程如图3.19所示。

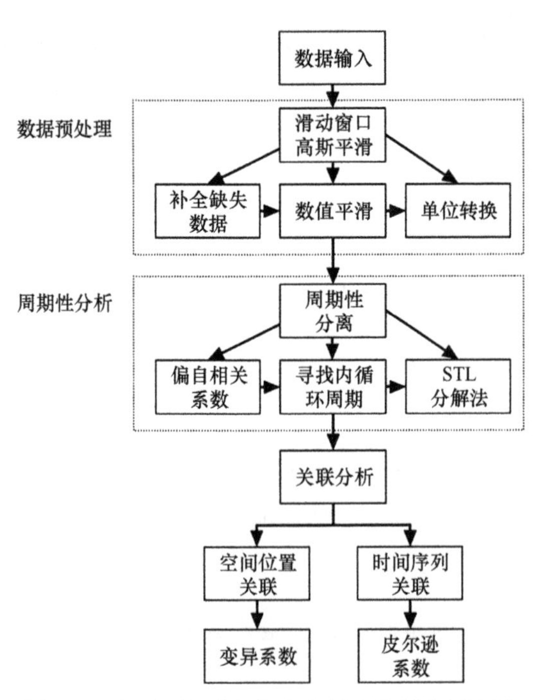

图3.19　海平面上升与海水入侵的关联分析流程

目前进行相关性分析的渤海地区莱州湾观测数据包括：①1956～2010 年降水量月平均数据；②1993～2009 年地下水水位月平均数据；③2000～2008 年居民用水量年平均数据；④1970～2000 年气温月平均数据；⑤1956～2010 年蒸发量月平均数据；⑥1976～2006 年海平面月平均数据；⑦1976～2010 年 Cl^-浓度数据和采样时的地下水水位数据。这些数据采集自莱州湾南岸潍坊地区五个站点，站点编号分别为 94、126、151、156 和 6。五个站点的采样时间不一致，有的是不同月份的数据，有的是整年数据，把所有数据都用平均法转换成年平均数据来处理。此外，五个站点的采样时间跨度不一样：94 站点为 1976～1992 年，126 站点为 1983～2000 年，151 站点为 1986～2003 年，156 站点为 1986～2007 年，6 站点为 1987～2007 年。

这里称①～⑥为外部因素数据，称⑦为目标数据。本研究的目的是发掘外部因素和目标数据之间的关系。

2. 分析方法

1）周期性分析

序列的周期性又可以称为序列的自循环性、自相关性，是时间序列的一个重要变化特征。衡量时间序列的周期性，通常使用自相关函数（autocorrelation function，ACF）和偏自相关函数（partial autocorrelation function，PACF）。自相关函数描述的是时间序列观测值与其过去的观测值之间的线性相关性，而偏自相关函数描述的是在给定中间观测值的条件下，时间序列观测值与其过去的观测值之间的线性相关性。这两者的区别在于，偏自相关函数中不考虑两个数据中间时刻数据的影响，而自相关函数会包含这一影响。考虑到数据规模并不大，而且序列随时间呈现固定的周期性变化，所以这里选用偏自相关函数来寻找序列周期，定义如下。

给定时间序列 X_t，其长度为 N，其样本自协方差 r_k 和样本自相关系数 p_k 定义如下：

$$r_k = \frac{1}{N}\sum_{t=k+1}^{N} X_t X_{t-k} \tag{3.1}$$

$$p_k = \frac{r_k}{r_0} \tag{3.2}$$

式中，$k=0, 1, 2, \cdots, N-1$，r_0 为观测值。

偏自相关系数可以通过求解下列方程得到：

$$\begin{bmatrix} 1 & p_1 & \cdots & p_{k-1} \\ p_k & 1 & \cdots & p_{k-2} \\ \vdots & \vdots & 1 & \vdots \\ p_{k-1} & p_{k-2} & \cdots & 1 \end{bmatrix} \begin{bmatrix} f_{k1} \\ f_{k2} \\ \vdots \\ f_{kk} \end{bmatrix} = \begin{bmatrix} p_1 \\ p_2 \\ \vdots \\ p_k \end{bmatrix} \tag{3.3}$$

式中，$f_{kn(n=1,\ 2,\cdots,\ k)}$就是时间序列的偏自相关系数。

2）关联分析

在对数据进行周期性分离之后，就可以进行关联分析。关联分析常用的三个系数指标分别为皮尔逊系数、斯皮尔曼（Spearman）系数和肯德尔（Kendall）系数。由于影响因素和被影响因素之间的时间戳是完全对应的，因此选用皮尔逊系数作为关联分析指标，在离散问题中，计算公式可以写为

$$r = \frac{\sum_{i=1}^{n}(X_i - \overline{X})(Y_i - \overline{Y})}{\sqrt{\sum_{i=1}^{n}(X_i - \overline{X})^2}\sqrt{\sum_{i=1}^{n}(Y_i - \overline{Y})^2}} \tag{3.4}$$

式中，X是外部因素数据；Y是目标数据；n是数据长度。

r处于–1到1之间。$r=1$代表两者完全一致，$r=-1$代表两者完全相反，$r=0$代表两者毫无关联。$0.75 \leqslant r < 1$或者$-1 < r \leqslant -0.75$，代表两者存在强关联（强负关联也是强关联的一种），$0.5 \leqslant r < 0.75$ 或者$-0.75 < r \leqslant -0.5$ 表示两者较强关联，$0.25 \leqslant r < 0.5$ 或者$-0.5 < r \leqslant -0.25$ 表示两者较弱关联，$-0.25 < r < 0.25$ 表示两者关联非常弱。以回归模型为例，相关系数的绝对值大于 0.25，就可以作为回归模型的输入参数。

3. 具体站点分析

1）94 站点

Ⅰ）周期性分析

在监测站点 Cl^-浓度变化的周期寻找这个问题中，选用偏自相关系数作为评价指标。以 94 站点的 Cl^-浓度变化作为偏自相关系数的输入，滞后系数从 1 测试到 13，得到的结果如图 3.20 所示。可以看到，当滞后系数为 2 时，偏自相关系数降低到 0 附近，表明此时数据的短暂滞后相关性消失，后续滞后项可以视作不同数据之间的拟合。当滞后系数为 7 时，偏自相关系数重新回到标准线 0.5 附近，这说明 94 站点存在自相关性，并且滞后系数为 7。也就是说，94 站点的 Cl^-浓度变化存在周期性，最小正周期为 7。得到数据的隐藏周期后，采用 STL 的周期性分解法对数据进行了周期性分离运算，分离系数为 0.2。94 站点 Cl^-浓度周期性分离前后对比如图 3.21 所示。

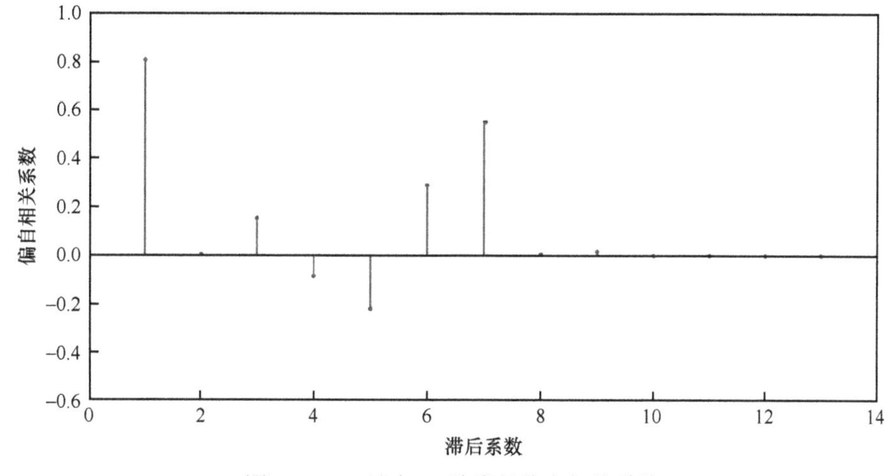

图 3.20 94 站点 Cl⁻浓度的偏自相关系数

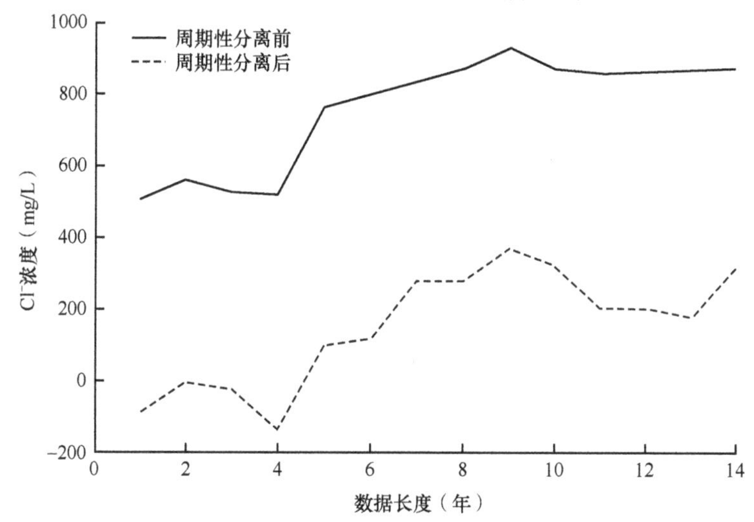

图 3.21 94 站点 Cl⁻浓度周期性分离前后对比图

Ⅱ）关联分析

在 94 站点的数据中，与采样时间段相交叉的影响因素有水位、蒸发量、降水量、海平面高度和温度。这里分别计算 94 站点 Cl⁻浓度（代表海水入侵程度）和影响因素之间的关联关系，计算结果见表 3.2。可以看到，海水入侵程度与水位呈强负关联，即地下水水位越低，海水入侵程度越重；海水入侵程度与降水量呈较弱负关联，即降水量越大，海水入侵程度越轻。海水入侵程度与其他几个影响因素的关联非常弱。

表 3.2 94 站点 Cl⁻浓度和影响因素之间的关联分析

影响因素	水位	蒸发量	降水量	海平面高度	温度
关联关系	−0.8	0.13	−0.4	0.16	0.1

2）156 站点

Ⅰ）周期性分析

以 156 站点的 Cl^-浓度变化作为偏自相关系数的输入，滞后系数从 1 测试到 13，156 站点 Cl^-浓度的偏自相关系数如图 3.22 所示。可以看到，当滞后系数为 3 时，偏自相关系数降到 0 附近；当滞后系数为 7 时，偏自相关系数接近–0.9。也就是说，Cl^-浓度数据以 7 为负循环周期。依旧采用 STL 的周期性分解法对周期性因素进行分离，分离系数为 0.2，分离结果如图 3.23 所示。

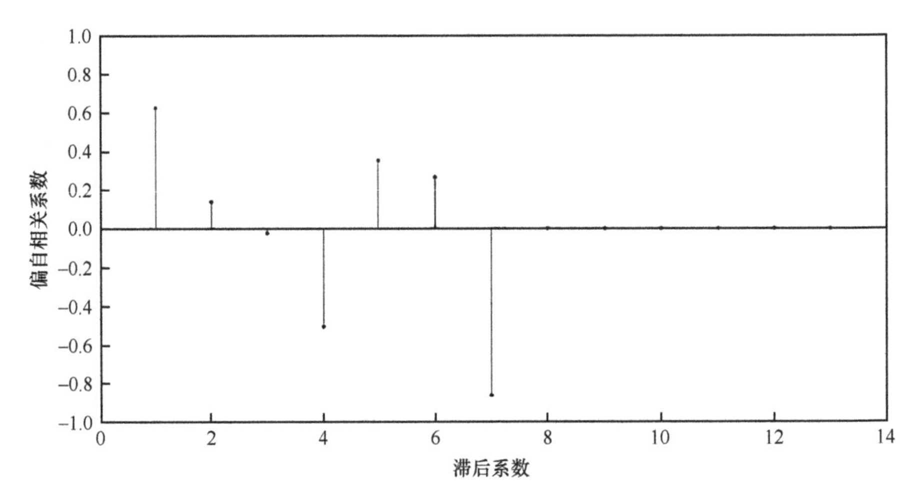

图 3.22　156 站点 Cl^-浓度的偏自相关系数

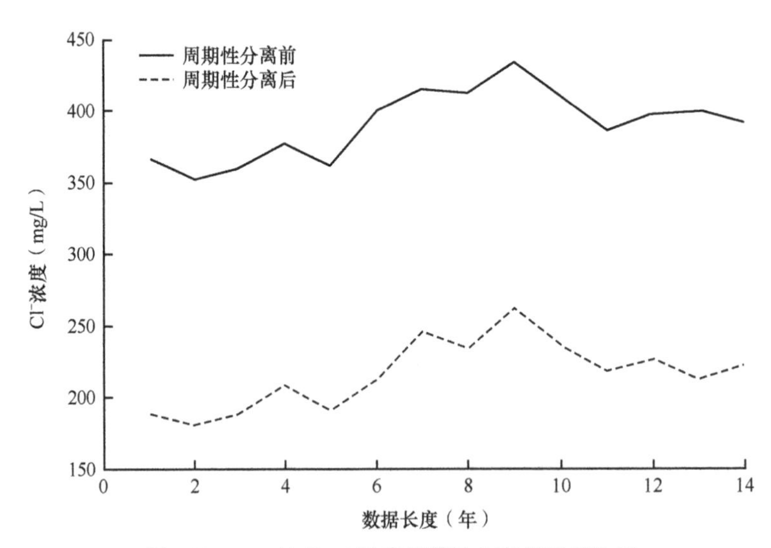

图 3.23　156 站点 Cl^-浓度周期性分离前后对比图

Ⅱ）关联分析

在周期性分离之后，对156站点的Cl⁻浓度与影响因素进行关联分析，关联关系的计算结果如表3.3所示。可以看到，可能因为离海比较近的关系，156站点的海水入侵程度与海平面高度呈较强正关联，同时其也和水位、蒸发量呈较弱负关联，但其与降水量的关联非常弱。

表3.3　156站点Cl⁻浓度和影响因素之间的关联分析

影响因素	水位	蒸发量	降水量	海平面高度
关联关系	–0.34	–0.39	–0.02	0.67

3）6站点

Ⅰ）周期性分析

以6站点的Cl⁻浓度变化作为偏自相关系数的输入，滞后系数从1测试到13，6站点Cl⁻浓度的偏自相关系数如图3.24所示。可以看到，当滞后系数为2时，偏自相关系数接近0；当滞后系数为3时，偏自相关系数上升到约0.6。也就是说，数据以3为循环周期。滞后系数为6时出现的高偏自相关系数，是因为经过了两个最小正周期3所产生的又一次数据契合。依旧采用STL的周期性分解法对周期性因素进行分离，分离系数为0.2，分离结果如图3.25所示。

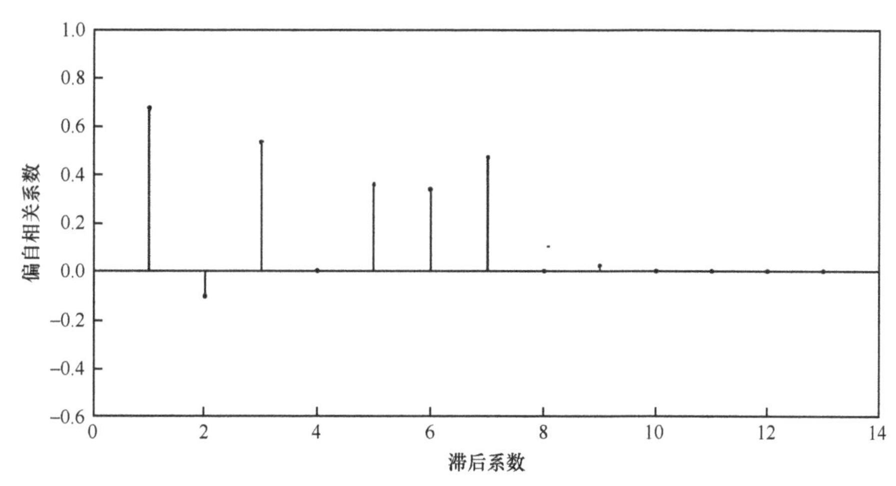

图3.24　6站点Cl⁻浓度的偏自相关系数

Ⅱ）关联分析

在周期性分离之后，对6站点的Cl⁻浓度和影响因素进行关联分析，关联关系的计算结果如表3.4所示。可以看到，可能因为离海比较近的关系，6站点的海水入侵程度与海平面高度呈较强正关联，同时其也和水位呈较弱负关联，但其与降水量、蒸发量的关联非常弱。

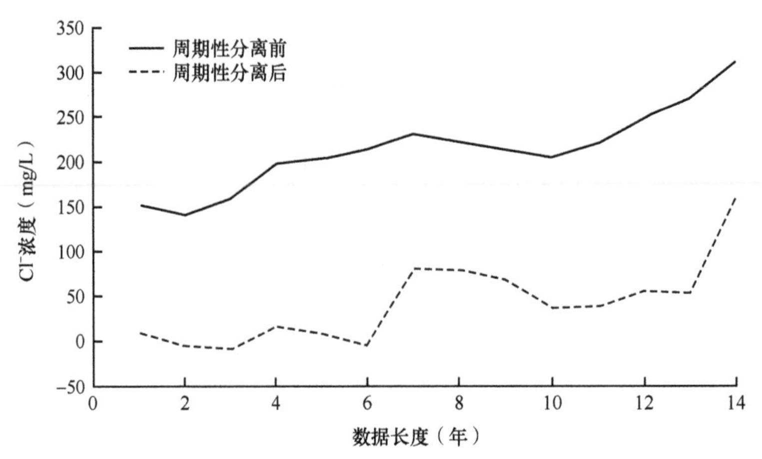

图 3.25　6 站点 Cl⁻浓度周期性分离前后对比图

表 3.4　6 站点 Cl⁻浓度和影响因素之间的关联分析

影响因素	水位	蒸发量	降水量	海平面高度
关联关系	−0.46	0.15	−0.01	0.69

4）151 站点

Ⅰ）周期性分析

以 151 站点的 Cl⁻浓度变化作为偏自相关系数的输入，滞后系数从 1 测试到 10，151 站点 Cl⁻浓度的偏自相关系数如图 3.26 所示。可以看到，当滞后系数为 3 时，偏自相关系数接近 0；当滞后系数为 5 时，偏自相关系数接近−0.9；当滞后系数为 7 时，偏自相关系数接近 0.9。也就是说，数据存在两个内循环，以 5 为循环周期的负循环以及以 7 为周期的正循环。采用 STL 的周期性分解法对周期性因素进行分离，分离系数为 0.4，分离结果如图 3.27 所示。

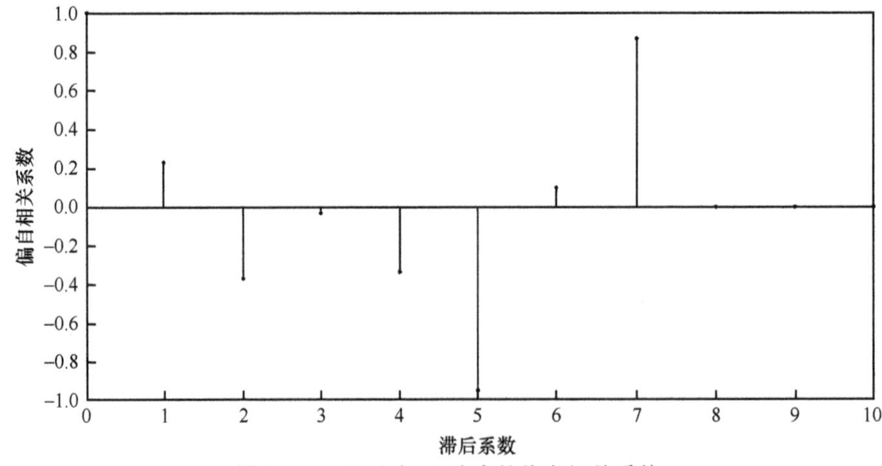

图 3.26　151 站点 Cl⁻浓度的偏自相关系数

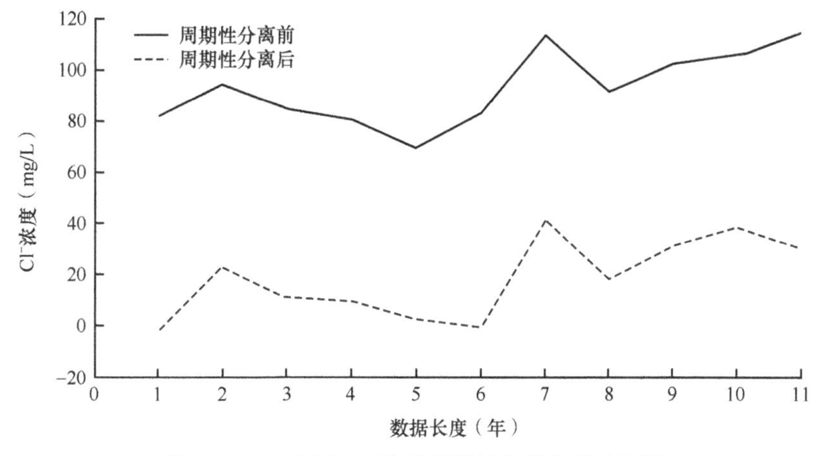

图 3.27　151 站点 Cl⁻浓度周期性分离前后对比图

Ⅱ）关联分析

在周期性分离之后，对 151 站点的 Cl⁻浓度与影响因素进行关联分析，关联关系的计算结果如表 3.5 所示。可以看到，151 站点的海水入侵程度与水位呈强负关联，其与海平面高度呈较弱正关联，但其与蒸发量、降水量的关联非常弱。

表 3.5　151 站点 Cl⁻浓度和影响因素之间的关联分析

影响因素	水位	蒸发量	降水量	海平面高度
关联关系	−0.75	−0.09	−0.13	0.48

5）126 站点

Ⅰ）周期性分析

以 126 站点的 Cl⁻浓度变化作为偏自相关系数的输入，滞后系数从 1 测试到 13，126 站点 Cl⁻浓度的偏自相关系数如图 3.28 所示。可以看到，当滞后系数为 5 时，偏自相关系数接近 0；当滞后系数为 7 时，偏自相关系数接近−0.8。也就是说，数据存在以 7 为循环周期的负循环。依旧采用 STL 的周期性分解法对周期性因素进行分离，分离系数为 0.4，分离结果如图 3.29 所示。

Ⅱ）关联分析

在周期性分离之后，对 126 站点的 Cl⁻浓度与影响因素进行关联分析，关联关系的计算结果如表 3.6 所示。可以看到，126 站点的海水入侵程度与水位呈较强负关联，其与海平面高度、温度均呈较强正关联，其与蒸发量呈较弱负关联，其与降水量呈较弱正关联。

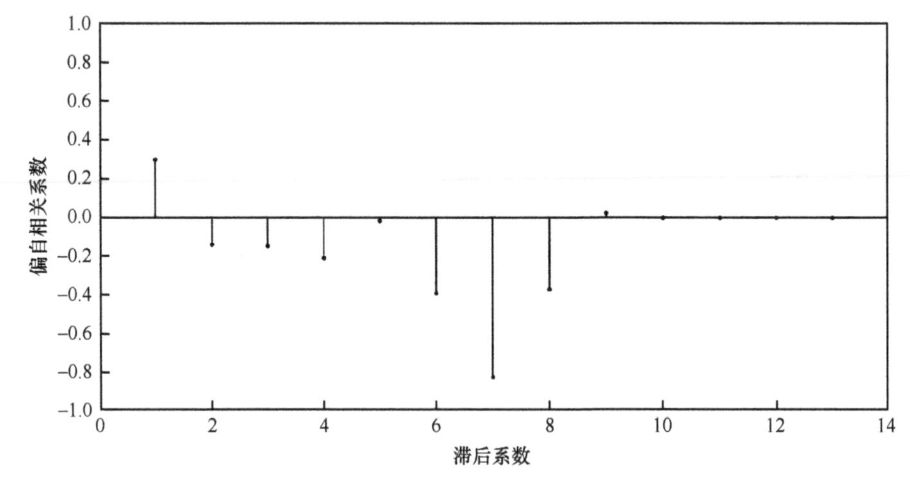

图 3.28 126 站点 Cl^-浓度的偏自相关系数

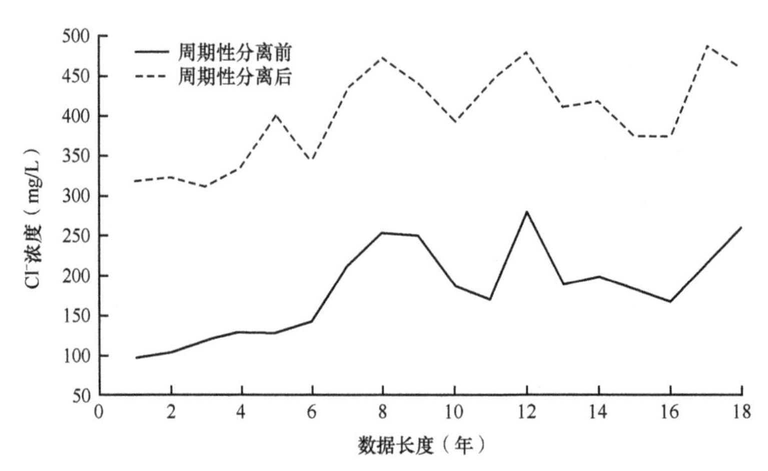

图 3.29 126 站点 Cl^-浓度周期性分离前后对比图

表 3.6 126 站点 Cl^-浓度和影响因素之间的关联分析

影响因素	水位	蒸发量	降水量	海平面高度	温度
关联关系	−0.68	−0.32	0.31	0.53	0.58

通过对黄渤海沿海地区 5 个典型站点近 50 年的长期数据进行分析发现，该区域的海水入侵程度与其位置有着密不可分的联系，在该区域除 94 站点外，其余 4 个站点的海水入侵程度均与海平面高度呈较强正关联或较弱正关联；5 个站点的海水入侵程度均与水位呈负关联，其余影响因素如降水量、蒸发量对海水入侵程度的影响相对较弱（表 3.7）。

表 3.7 莱州湾南岸地下水 Cl^- 浓度主要影响因素相关性

站点	水位	海平面高度
94	强负关联	非常弱关联
156	较弱负关联	较强正关联
6	较弱负关联	较强正关联
126	较强负关联	较强正关联
151	强负关联	较弱正关联

3.3.2 黄渤海沿海地区海水入侵距离变化分析

研究团队重点调查分析了黄渤海沿海地区辽宁省、河北省、山东省和江苏省典型监测剖面的海水入侵距离与局部地下水开采和海平面上升之间的关系。

1. 辽宁省

辽宁省 2010～2019 年全省降水量、渤海相对于 2010 年海平面变化、典型海水入侵区（盘锦市）地下水开采量和轻度海水入侵距离的调查结果见表 3.8，十年间辽宁省降水量降低，渤海海平面除了 2011 年逐年上升。依据《辽宁省水资源公报》的数据[51]，2010～2019 年盘锦市地下水开采量略有减小，在海平面上升和地下水开采量减小的共同作用下，盘锦市典型监测剖面的轻度海水入侵距离基本保持不变（图 3.30，图 3.31）。

表 3.8 辽宁省 2010～2019 年轻度海水入侵距离及影响因素的调查结果

年份	全省降水量（mm）	渤海相对于 2010 年海平面变化（mm）	盘锦市地下水开采量（亿 m^3）	盘锦市轻度海水入侵距离（km）
2010	984.2	0	1.33	17.60
2011	597.0	–0.5	1.39	—
2012	924.2	3.9	1.20	18.13
2013	751.1	2.3	1.17	17.91
2014	453.6	3.7	0.83	17.18
2015	565.0	1.8	0.85	17.81
2016	755.4	4.0	0.90	—
2017	543.6	7.2	0.95	17.81
2018	586.1	8.2	0.95	—
2019	687.2	9.5	0.93	—

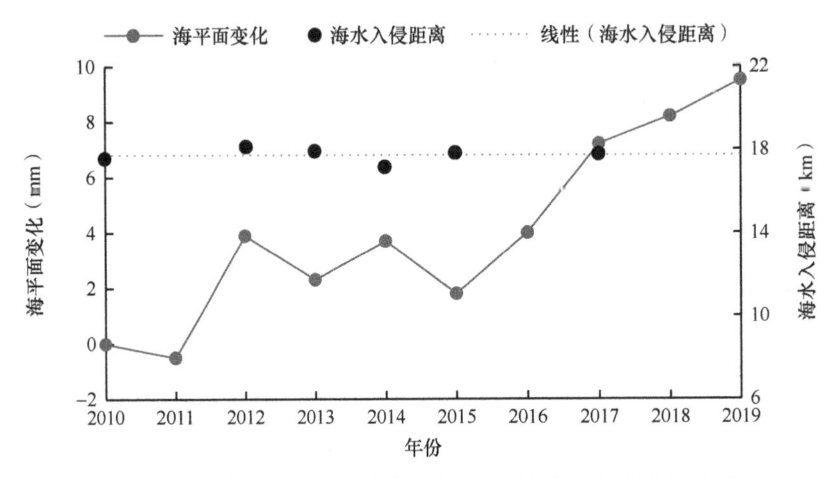

图 3.30 辽宁省盘锦市轻度海水入侵距离与海平面变化的关系

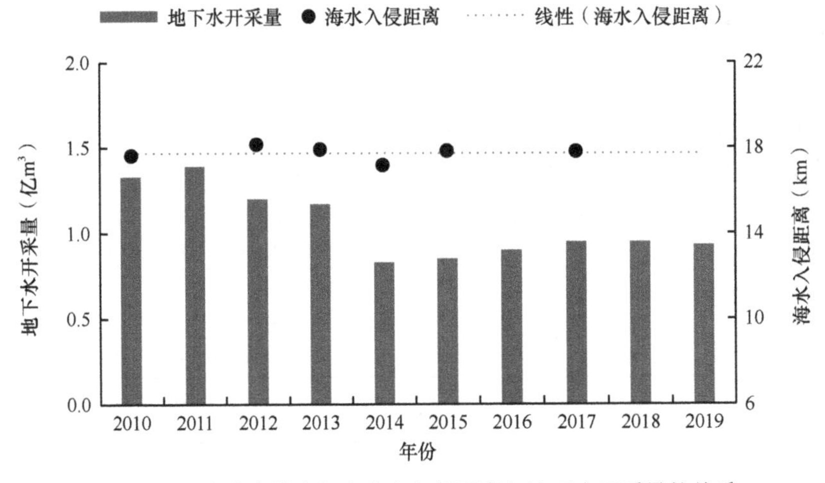

图 3.31 辽宁省盘锦市轻度海水入侵距离与地下水开采量的关系

2. 河北省

河北省 2010～2019 年全省降水量、渤海相对于 2010 年海平面变化、典型海水入侵区（秦皇岛市）地下水开采量和轻度海水入侵距离的调查结果见表 3.9，十年间河北省降水量基本持平，渤海海平面除了 2011 年逐年上升。依据《河北省水资源公报》的数据[52]，秦皇岛市地下水开采量 2017 年急剧减小，在渤海海平面上升和地下水开采量减小的共同作用下，秦皇岛市典型监测剖面的轻度海水入侵距离年际波动较大，但未见明显上升趋势（图 3.32，图 3.33）。

表 3.9　河北省 2010～2019 年轻度海水入侵距离及影响因素的调查结果

年份	全省降水量（mm）	渤海相对于 2010 年海平面变化（mm）	秦皇岛市地下水开采量（亿 m^3）	秦皇岛市轻度海水入侵距离（km）
2010	525.9	0	0.2635	13.71
2011	493.3	–0.5	0.2097	13.49
2012	606.4	3.9	0.2414	14.30
2013	531.2	2.3	0.1040	14.78
2014	408.2	3.7	0.4031	15.36
2015	510.8	1.8	2.0909	8.51
2016	595.9	4.0	1.5288	13.65
2017	478.8	7.2	0.2494	12.76
2018	507.6	8.2	0.2078	15.74
2019	442.7	9.5	0.5105	14.20

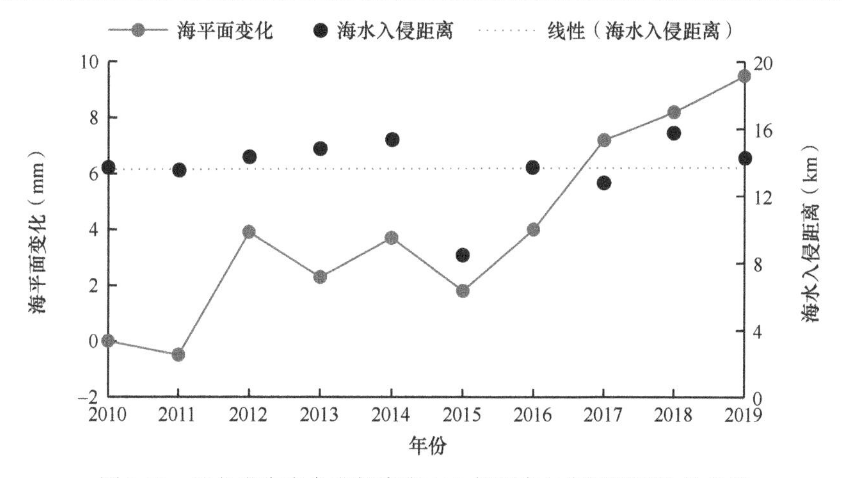

图 3.32　河北省秦皇岛市轻度海水入侵距离与海平面变化的关系

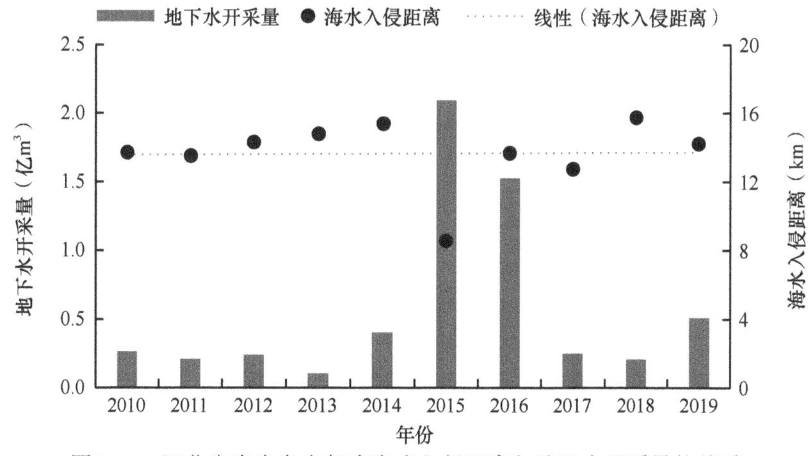

图 3.33　河北省秦皇岛市轻度海水入侵距离与地下水开采量的关系

3. 山东省

山东省 2010～2019 年全省降水量、渤海相对于 2010 年海平面变化、典型海水入侵区（潍坊市滨海开发区）地下水开采量和轻度海水入侵距离的调查结果见表 3.10，十年间山东省降水量基本持平，渤海海平面除了 2011 年逐年上升。依据《山东省水资源公报》的数据[53]，潍坊市滨海开发区地下水开采量略有减小，在渤海海平面上升和地下水开采量减小的共同作用下，潍坊市滨海开发区典型监测剖面的轻度海水入侵距离逐渐减小（图 3.34，图 3.35）。

表 3.10 山东省 2010～2019 年轻度海水入侵距离及影响因素的调查结果

年份	全省降水量（mm）	相对于 2010 年海平面变化（mm）	潍坊市滨海开发区地下水开采量（亿 m^3）	潍坊市滨海开发区轻度海水入侵距离（km）
2010	696.3	0		27.33
2011	747.9	–0.5	8.13	27.32
2012	650.8	3.9	8.45	—
2013	681.7	2.3	8.32	—
2014	518.8	3.7	7.15	20.22
2015	575.7	1.8	7.85	20.22
2016	658.3	4.0	7.83	24.84
2017	635.8	7.2	7.16	23.30
2018	789.5	8.2	6.87	23.42
2019	558.9	9.5	7.07	—

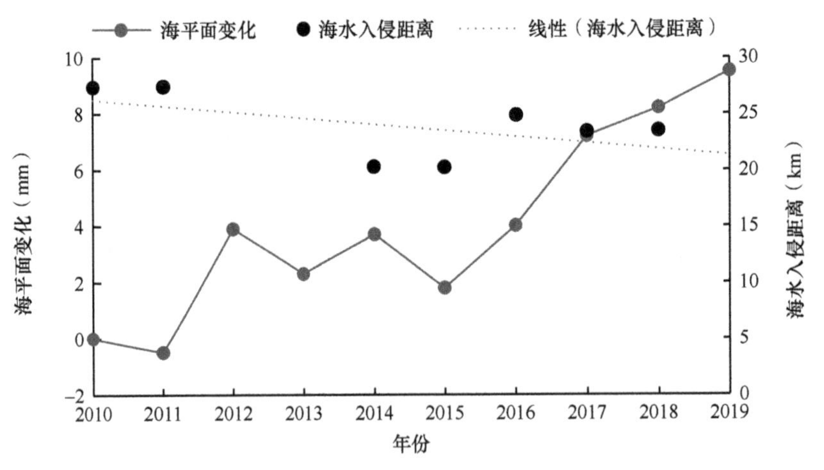

图 3.34 山东省潍坊市滨海开发区轻度海水入侵距离与海平面变化的关系

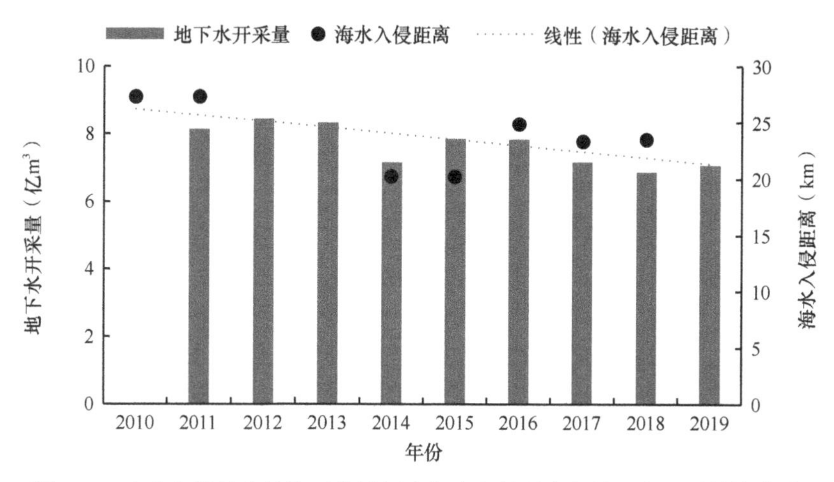

图 3.35　山东省潍坊市滨海开发区轻度海水入侵距离与地下水开采量的关系

4. 江苏省

江苏省 2010～2019 年全省降水量、黄海相对于 2010 年海平面、典型海水入侵区（盐城市）地下水开采量和轻度海水入侵距离的调查结果见表 3.11，十年间江苏省降水量波动较大，黄海海平面除了 2011 年逐年上升。依据《江苏省水资源公报》的数据[54]，盐城市地下水开采量持续减小，在海平面上升和地下水开采量减小的共同作用下，盐城市轻度海水入侵距离逐渐增加（图 3.36，图 3.37）。

表 3.11　江苏省 2010～2019 年轻度海水入侵及影响因素调查结果

年份	全省降水量（mm）	渤海相对于 2010 年海平面（mm）	盐城市地下水开采量（亿 m³）	盐城市轻度海水入侵距离（km）
2010	989.5	0	1.038	—
2011	1012.1	−11.6	1.021	12.92
2012	953.9	54.2	1.015	12.67
2013	833.4	4.2	0.835	10.56
2014	1044.5	78.4	0.715	10.01
2015	1257.1	55.9	0.629	—
2016	1410.5	77.5	0.590	—
2017	1006.8	16.7	0.581	21.3
2018	1088.1	26.7	0.357	18.86
2019	798.5	49.2	0.195	—

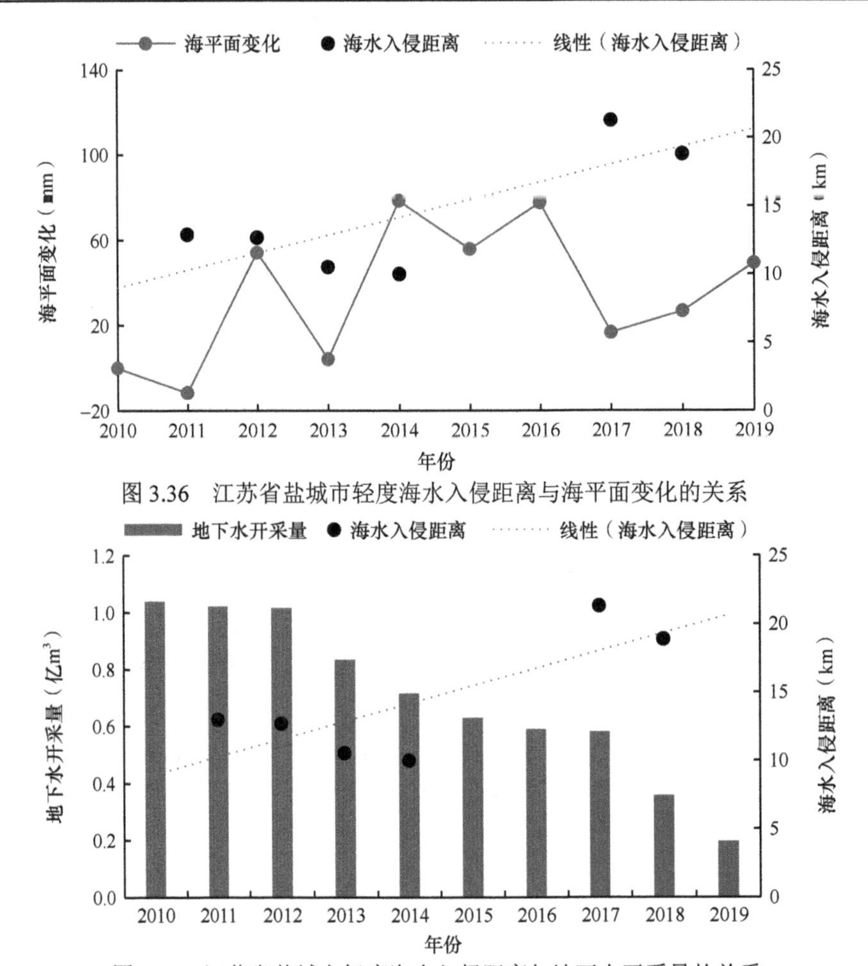

图 3.36　江苏省盐城市轻度海水入侵距离与海平面变化的关系

图 3.37　江苏省盐城市轻度海水入侵距离与地下水开采量的关系

3.3.3　典型区海水入侵面积与降水量、地下水开采量和海平面变化之间的关系分析

研究团队调查分析了龙口典型区和大沽河流域典型区海水入侵面积与降水量、海平面变化和地下水开采量之间的关系。

1. 龙口典型区

2010～2017 年龙口典型区海水入侵面积与降水量、海平面变化和地下水开采量的动态关系见图 3.38～图 3.40，结果显示，龙口典型区降水量波动较大（年平均降水量为 607.5mm），海平面除了 2011 年逐年上升，地下水开采量呈减小趋势，海水入侵面积呈平稳趋势。

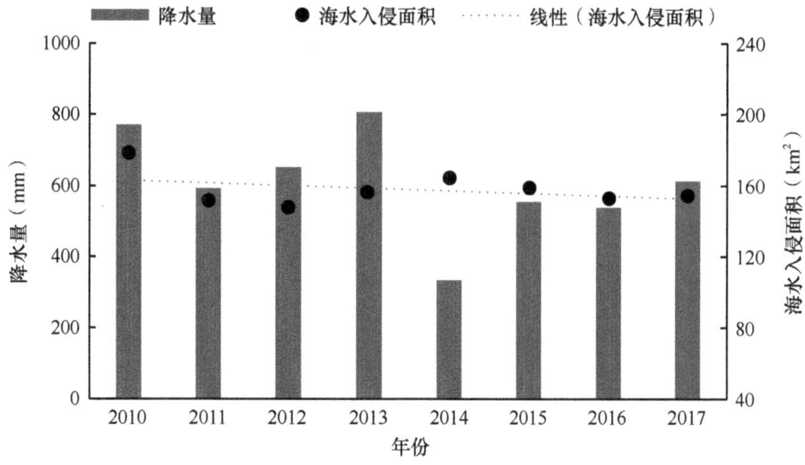

图 3.38　2010～2017 年龙口典型区海水入侵面积与降水量的动态关系

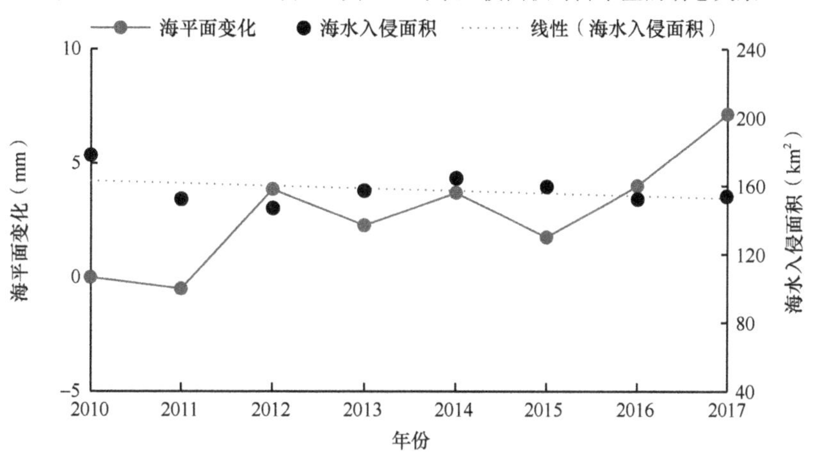

图 3.39　2010～2017 年龙口典型区海水入侵面积与海平面变化的动态关系

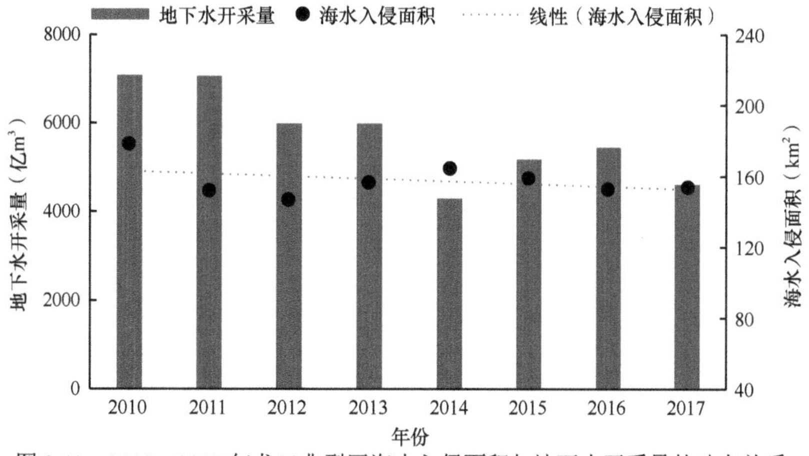

图 3.40　2010～2017 年龙口典型区海水入侵面积与地下水开采量的动态关系

地下水开采量减小但海水入侵面积未呈明显减小趋势的主要原因，一是海平面除了 2011 年逐年上升，加剧了海水入侵；二是随着地下水压采工作推进，龙口典型区西北地区工业取用地下水量持续减小，但是地下水超采的状态没有得到根本扭转，只是超采程度降低，故海水入侵的速率减缓，降水等条件影响下年际入侵面积波动较大；三是龙口典型区地下水开采量主要用于农业灌溉，用水量往往得不到精确计量，地下水开采量统计结果可能小于实际开采量。

2. 大沽河流域典型区

2010～2019 年大沽河流域典型区海水入侵面积与降水量、海平面变化和地下水开采量的动态关系见图 3.41～图 3.43，大沽河流域典型区降水量波动较大（年

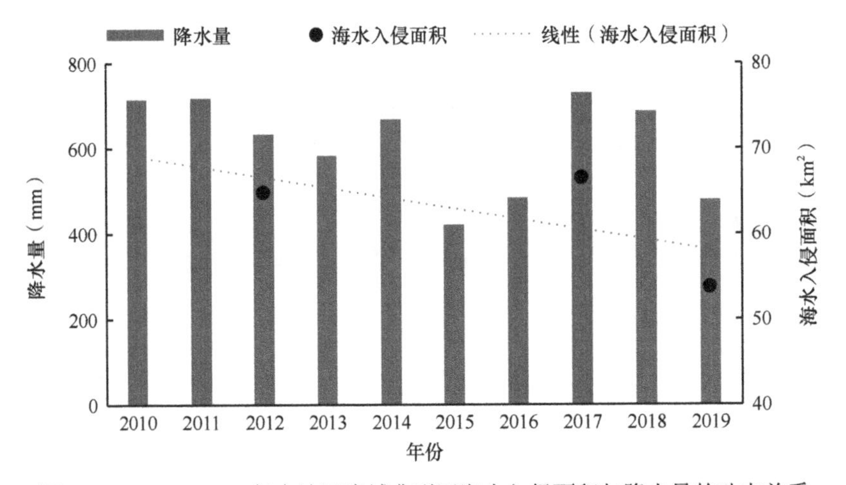

图 3.41　2010～2019 年大沽河流域典型区海水入侵面积与降水量的动态关系

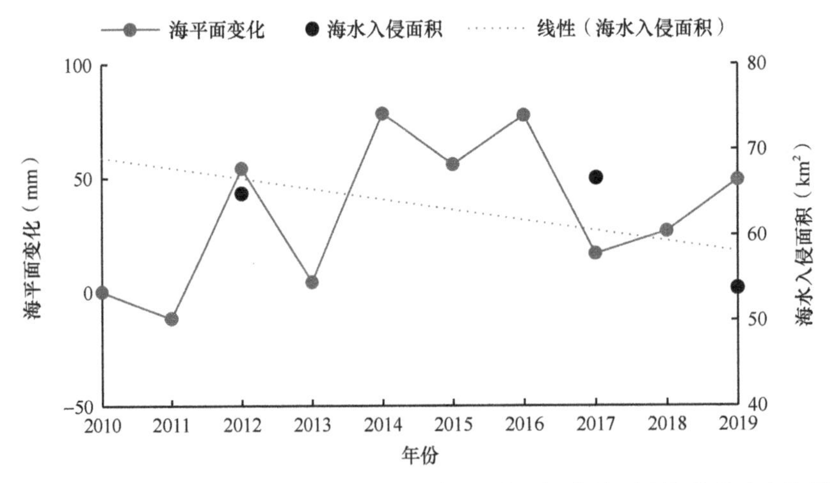

图 3.42　2010～2019 年大沽河流域典型区海水入侵面积与海平面变化的动态关系

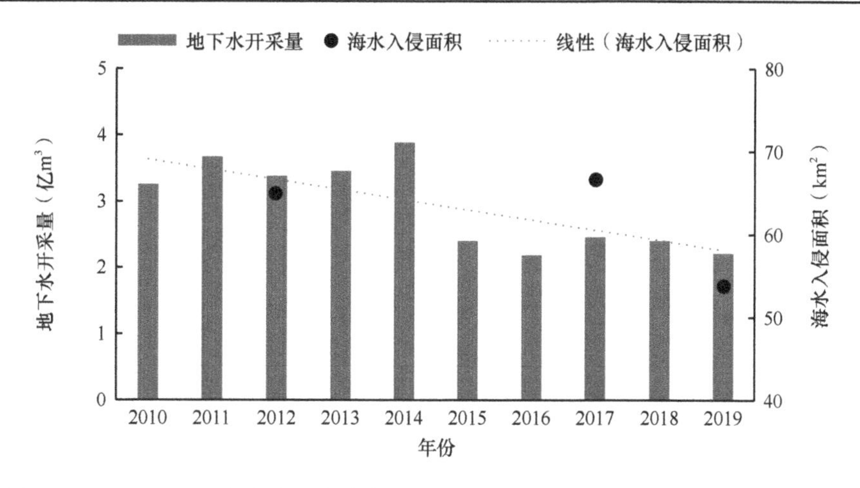

图 3.43　2010～2019 年大沽河流域典型区海水入侵面积与地下水开采量的动态关系

平均降水量为 655.3mm），海水入侵区地下水开采量呈减小趋势，海平面除了 2011 年逐年上升，近年来随着研究区海水入侵防治工作的开展，流域下游海水入侵面积呈减小趋势，分析结果表明大沽河流域典型区海水入侵主要受地下水补给的影响。

3.4　本 章 小 结

本章收集分析了黄渤海海平面观测资料，结合 IPCC 等组织关于海平面上升的研究成果，采用统计学方法，分析了黄渤海海平面的历史变化规律；利用沿海地区海水入侵与地下水长序列观测资料，研究了海平面上升背景下黄渤海沿海地区的海水入侵动态，综合分析了黄渤海海平面上升与沿海地区海水入侵动态之间的关系，取得以下成果。

（1）黄渤海海平面历史变化规律：1980～2020 年，黄海和渤海沿海海平面上升速率分别为 3.2mm/a 和 3.6mm/a，渤海沿海海平面上升速率高于全国均值和黄海；2000～2010 年，黄海沿海海平面高于渤海；2011～2020 年，渤海沿海海平面高于黄海；与常年相比，2012 年、2014 年、2016 年、2020 年黄海和渤海沿海海平面上升幅度极大，黄海沿海海平面于 2014 年达到 40 年来最高值，而渤海沿海海平面则于 2020 年达到 40 年来最高值。

（2）海平面上升背景下黄渤海沿海地区海水入侵动态：我国海水入侵严重地区主要分布在渤海、黄海沿岸，渤海沿岸海水入侵区主要分布在辽宁省营口市、盘锦市和葫芦岛市，河北省秦皇岛市、唐山市、黄骅市，以及山东省滨州市、潍坊市、烟台市等，海水入侵一般距岸 13～25km。龙口典型区 2000～2010 年海水入侵范围存在不断增大趋势；在2011～2015年采取一系列工程与非工程措施后，海水入侵范围得到有效控制。黄海沿岸海水入侵区主要分布在山东省威海市、江苏省连云港市和盐城市滨海地区，海水入侵一般距岸超过10km。其中，位于黄海沿海地区的大沽河流域典型区在海水入侵防治工程与非工程措施的共同作用下，2021年1月海水入侵面积相比于2017年4月明显减小。

（3）黄渤海海平面上升与海水入侵动态的关系：对黄渤海海平面相对变化数据的分析表明，总体上海水入侵与海平面高度呈较强正关联，与地下水水位呈负关联，与降水量和蒸发量的关联相对较弱。黄渤海沿海地区辽宁省、河北省、山东省和江苏省海水入侵距离与海平面上升的关系分析成果表明，辽宁省盘锦市和山东省潍坊市滨海开发区海水入侵受海平面上升的影响较小，河北省秦皇岛市和江苏省盐城市海水入侵受海平面上升的影响较大。

第4章

龙口典型剖面海水入侵调查评价

本章介绍在龙口市选择典型剖面（简称“龙口典型剖面”）开展的海水入侵专项综合调查，主要包括实施水文地质钻探与电测井，利用瞬变电磁法和电阻率层析成像法进行水文地质物探，开展了垂直于海岸带不同距离地下水水位和水质分层监测。

4.1 龙口典型剖面选取依据

龙口典型剖面主要基于海水入侵现状、水文地质条件、滨海地区海水入侵分层监测剖面选取原则等因素选取。

4.1.1 选取原则

滨海地区海水入侵区往往是人口密集和经济发达地区，海水入侵受地下水开采和气候变化的影响较大，现有地下水监测点往往很难在空间上准确追踪咸/淡水过渡带，故针对海水入侵严重区选择典型剖面建设针对海水入侵问题的分层监测井，典型剖面的选取原则如下。

（1）典型剖面要垂直于海岸带。

（2）典型剖面要便于建设地下水分层监测井。

（3）典型剖面长度要覆盖整个咸/淡水过渡带。

（4）典型剖面要穿过地下水水位负值区。

4.1.2 水文地质条件

龙口市在构造上位于鲁东断块胶北块隆的西北部，发育有两条主干断裂，即近东西向的黄县弧形大断裂和北东向的北沟—玲珑断裂。这两条断裂把龙口市分割为三个较大的块体，北部为断陷盆地，南部与东部皆为断块山地。

在黄县大断裂以北，中部、北部为中生代形成的断陷盆地，基底为元古界石英岩等，盖层为下白垩系碎屑岩、古近系煤系地层，厚达千余米，第四系松散沉积物广泛分布，厚度一般为30～100m，局部地段可达百米以上，呈现西厚东薄的沉积差异。含水层多为2～3层，总厚度为1～15m，平均厚度为6.2m左右。含水层岩性以粗砂、中砂为主，其次为砾卵石，大都含有少量黏土。地下水埋藏深度为6.2m左右，含水层中为孔隙潜水，但局部呈现微承压状态，透水性、富水性虽不均一，但一般较好，属于中等-强富水层，单井涌水量一般大于50m^3/h，部分地段在50m^3/h以下。东部黄水河流域地下水较为丰富，个别机井涌水量达300m^3/h以上，是龙口市工农业及城市生活用水较理想的水源地。区内地下水主要为大气降水补给，其次为河水渗漏补给及山丘区地下水侧向径流补给，地下水流向与地表水流向大致相同，总趋势是自东南向西北，沿途被大量开采用于工农业生产及人畜饮水，其余部分排入渤海。

龙口市东北部为新生界玄武岩，东部为太古界-元古界片岩、片麻岩等变质岩类，南部大部分为玲珑期及燕山期花岗岩，兼有零星分布的古老变质岩，它们共同组成南部、东部的低山丘陵。山丘区基岩含有少量构造裂隙水和风化裂隙水。区内地下水除靠大气降水补给外，同时接受蓬莱、栖霞及招远地表径流的补给，并向下游平原区排泄，成为平原区地下水的补给来源之一。

在平原区黄山馆镇政府驻地—龙港街道孟家楼一徐福街道洼西一诸由观镇王会以北，地下水由于海水入侵变咸，属于Cl·HCO_3—Ca·Na型或Cl—Ca型地下水，水的化学成分以Ca^{2+}、Na^+、Mg^{2+}、HCO_3^-、Cl^-、SO_4^{2-}为主，矿化度一般小于3g/L。在局部海水入侵严重的区域，水中Cl^-、Na^+浓度大幅度增加，矿化度达到6g/L，则成为Cl—Na型咸水。在海水入侵过渡带以南的平原区，地下水以HCO_3—Cl-Ca·Mg型为主，矿化度小于1g/L。龙口市平原区地下水呈弱碱性，大部分地下水pH为7～8。

4.1.3 地下水负值区分布

龙口典型区海水入侵已从黄水河流域发展到了整个海岸带，黄水河流域下游建设了地下截渗墙，海水入侵范围得到有效控制，但是近年来随着西海岸地下水持续超采，形成了多个地下水水位负值区，海水入侵的增加速率虽然得到了控制，但是海水入侵面积依旧较大。

4.2 水文地质钻探与电测井结果分析

4.2.1 水文地质钻探

水文地质钻探工作在龙口典型区西海岸地区垂直于海岸带采用XY-200型履

带式地质钻机实施，施工工艺采用泥浆护壁正循环回转钻进取岩芯。水文地质钻探的主要目的是调查龙口典型区西海岸海水入侵严重区域含水层的埋深、厚度、岩性，以及隔水层的岩性、厚度，为地下水分层监测井的设计与施工提供依据。2017 年 11 月 4～13 日，在龙口西海岸附近共完成水文地质钻孔 4 个(DS1～DS4)，呈近东西走向，详细参数见表 4.1。

表 4.1　水文地质钻孔的详细参数

序号	编号	孔口高程（m）	钻孔深度（m）	目标含水层埋深范围（m）
1	DS1	8.48	76.80	12.40～13.60
				29.40～32.80
				51.80～57.40
2	DS2	7.64	67.00	12.40～13.60
				26.10～27.60
				48.00～51.40
3	DS3	6.90	66.00	10.80～11.60
				28.90～34.90
				56.70～59.20
4	DS4	3.08	66.80	4.10～9.50
				39.20～42.20
				46.00～56.90

根据水文地质钻探成果绘制的龙口典型剖面地层划分见图 4.1。可见，龙口典型区西海岸含水层系统非常复杂，第四系层厚度范围为 62.3～64.4m，存在 5～6 个含水层，潜水含水层介质主要为中砂或粗砂，承压含水层介质主要为粗砂或砾砂。水文地质钻探现场施工概况见图 4.2。

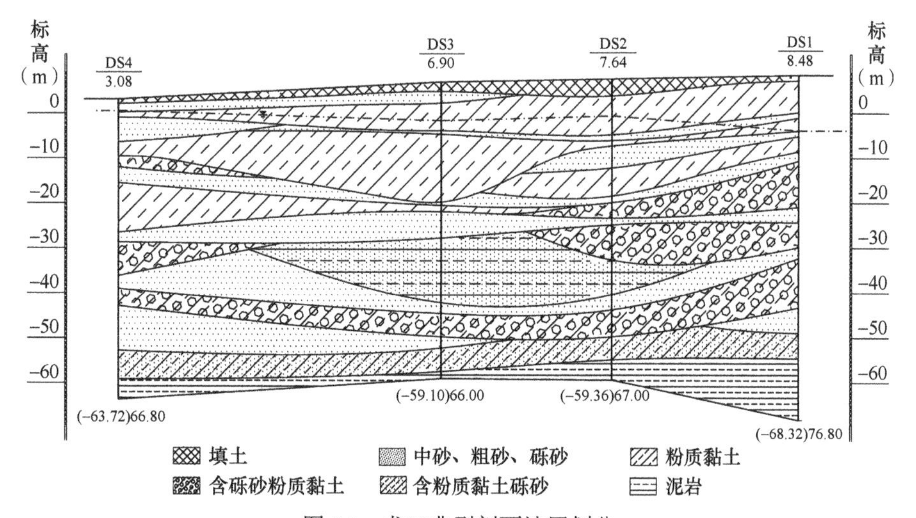

图 4.1　龙口典型剖面地层划分

（a）搭建　（b）钻进

（c）取芯　（d）编录

图 4.2　水文地质钻探现场施工概况

4.2.2　电测井结果分析

承压含水层介质为细砂或粗砂条件下，由于孔隙度较小，饱和视电阻率往往表现为高阻值，相反，隔水层（弱透水层）介质为黏土条件下，由于孔隙度非常大，饱和视电阻率往往表现为低阻值。

为验证水文地质钻孔编录数据的准确性，结合不同含水层的导电特性，对 4 个水文地质钻孔均开展直流电法测井工作。本次电测井采用的仪器是重庆奔腾数控技术研究所有限公司生产的 WGMD-9 型高密度电法测量系统，供电电极与测量电极间距为 1m，测量单位电极距为 0.2m（分辨率）。水文地质钻孔不同深度视电阻率测试结果见图 4.3。

DS1 电测井曲线表明，随着地层深度的增加，含水层视电阻率有增大的趋势，埋深 18～20m 位置视电阻率峰值达 7Ω·m，该处水文地质剖面图中为中砂；埋深 34～36m 位置视电阻率峰值达 9Ω·m，该处水文地质剖面图中为含砾砂粉质黏土；埋深 54m 位置视电阻率峰值达 13Ω·m，该处水文地质剖面图中为砾砂；隔水层对应的位置视电阻率为 1～4Ω·m。

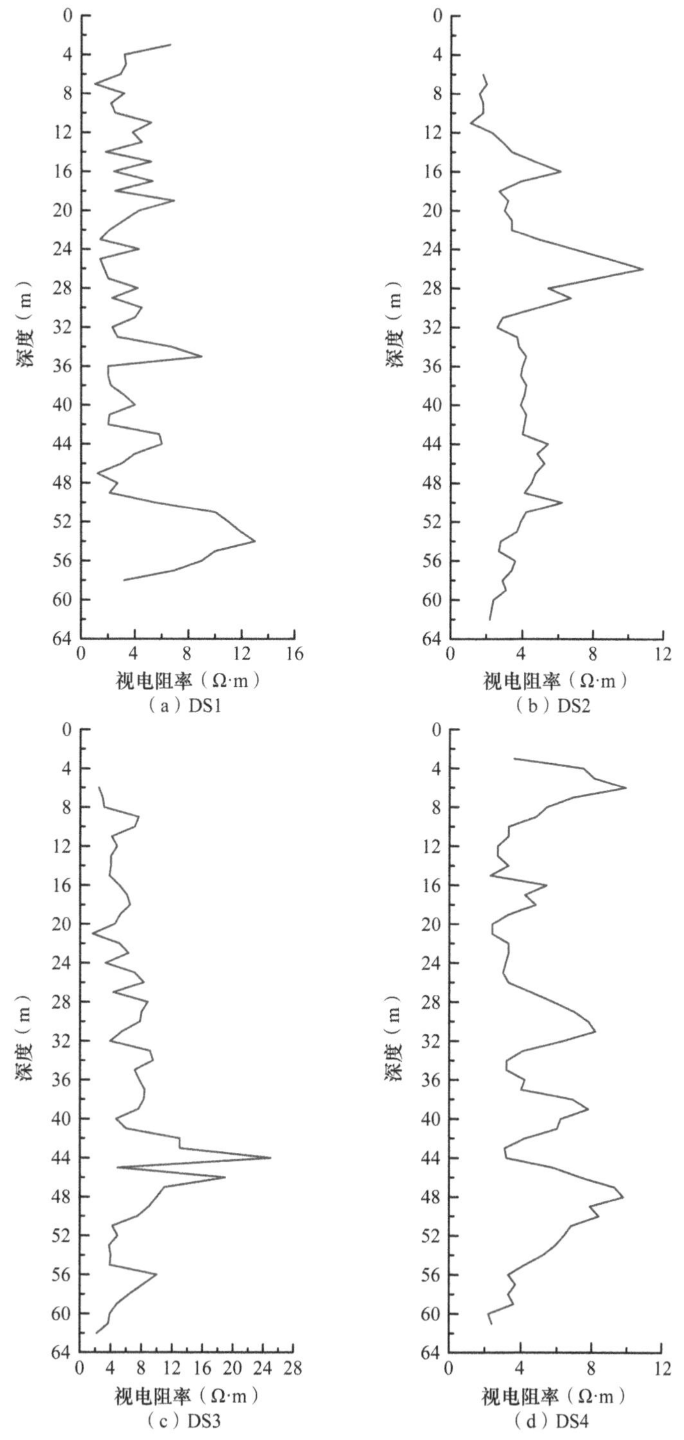

图4.3 水文地质钻孔不同深度视电阻率测试结果

DS2 电测井曲线表明，随着地层深度的增加，含水层视电阻率有先增后降的趋势，埋深 16m 位置视电阻率峰值达 6Ω·m，该处水文地质剖面图中为砾砂；埋深 26m 位置视电阻率峰值达 11Ω·m，该处水文地质剖面图中为砾砂；埋深 50m 位置视电阻率峰值达 6Ω·m，该处水文地质剖面图中为粗砂；隔水层对应的位置视电阻率为 1～4Ω·m。

DS3 电测井曲线表明，随着地层深度的增加，含水层视电阻率有增大的趋势，埋深 8～10m 位置视电阻率峰值达 7.6Ω·m，该处水文地质剖面图中为粉质黏土；埋深 34m 位置视电阻率峰值达 9.5Ω·m，该处水文地质剖面图中为砾砂；埋深 44～46m 位置视电阻率峰值达 19～25Ω·m，该处水文地质剖面图中为含粉质黏土砾砂；隔水层对应的位置视电阻率在 2～6Ω·m。

DS4 电测井曲线表明，随着地层深度的增加，含水层视电阻率呈波状变化趋势，埋深 6m 位置视电阻率峰值达 10Ω·m，该处水文地质剖面图中为粗砂；埋深 16m 位置视电阻率峰值达 5.5Ω·m，该处水文地质剖面图中为砾砂；埋深 30～32m 位置视电阻率峰值达 8.1Ω·m，埋深 38～40m 位置视电阻率峰值达 7.9Ω·m，埋深 48～50m 位置视电阻率峰值达 8.5～9.5Ω·m，该处水文地质剖面图中为粗砂；隔水层对应的位置视电阻率为 2～4Ω·m。

通过电阻率测井技术成功原位标定了第四系覆盖层不同地层埋深，验证了水文钻孔编录的准确性，而且在该典型剖面测定出了不同位置和埋深含水层的视电阻率范围。

4.3 水文地质物探

及时发现海水入侵问题，以及详细调查海水入侵的距离、范围、深度和严重程度等是沿海地区地下水管理与保护的关键性基础工作。调查评价海水入侵问题的方法主要包括两大类：第一类是利用地下水监测井对地下水水样进行水化学和导电性分析，即通过 Cl^-浓度、TDS 和电导率等指标反映海水入侵程度，属于侵入式调查方法；第二类是利用地球物理探测方法对目标地层（含水层）进行调查，即通过直流电阻率法、电磁法等方法分辨目标地层（含水层）因海水入侵形成的视电阻率异常，属于非侵入式调查方法。第一类方法的优点是可以直接测定地下水的离子成分和导电性，定量判定监测井所在位置是否属于海水入侵区，缺点是监测井分布离散，往往数量也有限，只能依靠平面插值等方法评价区域海水入侵状况；第二类方法的优点是可以快速实现剖面或区域连续监测，获取的数据量大、信息丰富，缺点是含水层饱和度不同、地层岩性变化、海水入侵等因素均会对反演地层视电阻率产生不同程度的影响。

目前，国内外应用于海水入侵调查评价的地球物理探测技术主要包括电阻率层析成像（又名高密度电阻率）、瞬变电磁、垂直电测深、电测井等技术，往往辅以其他地球物理探测技术如探地雷达、地震反射、折射等技术同步开展地层结构和岩性的调查分析。

4.3.1　海水入侵范围快速调查

电阻率法是最常用的海水入侵探测方法，其探测效果明显，但要实现较为精细的区分需要在地表或地下插入几十个探头（传感器）并连接缆线。然而，沿海城市高度城镇化使得现场施工极为困难，探测过程极为耗时。在这种情况下，瞬变电磁法由于免接地且观测装置灵活，可以弥补常用电阻率法的不足。传统的瞬变电磁法能识别海水入侵区咸水体，但目前该方法应用过程中存在两方面缺点：一是传统的瞬变电磁法采用感应线圈测量磁场的变化率，发射电流关断时接收线圈本身产生感应电动势，叠加在地下涡流场产生的感应电动势上，导致早期实测信号失真，形成探测盲区；二是随着城镇化建设，瞬变电磁设备施工空间限制越来越大，收发距离和发射回线边长变短、线圈匝数增多，加剧了收发线圈的互感现象，直接影响浅部地层的探测精度。针对前述缺点，席振铢等[55]、Xi 等[56]提出了一种新的探测地下纯二次场的方法，即等值反磁通瞬变电磁法（OCTEM），该方法采用的双回线源比传统的瞬变电磁法采用的单线圈源对地中心耦合场能量更集中，有利于减少旁侧影响、提高探测的横向分辨率，因而有利于浅部地层的探测。

1. 等值反磁通瞬变电磁法基本理论

等值反磁通瞬变电磁法是一种新的探测地下二次场的方法，该方法采用上下平行共轴的两个相同线圈，通以大小相等、方向相反的电流 I 作为发送源，接收线圈置于两发送线圈的正中间（图 4.4）[57, 58]。等值反磁通瞬变电磁装置与传统小回线装置径切面产生的一次场磁力线分布见图 4.5，图 4.5（a）为等值反磁通瞬变电磁装置的磁场分布，图 4.5（b）为传统小回线装置的磁场分布，由此可见，在等值反磁通接收线圈所处的平面，双回线源产生的一次场垂向磁场为 0，为一次场零磁通面可以接收到地下介质感应的纯二次场响应，达到了消除互感和浅层盲区的目的[59]。

2. 等值反磁通探测与解译

相较于传统的瞬变电磁法施工速度较慢、受干扰因素较多的不足，等值反磁通瞬变电磁法采用收发一体式天线，能够快速地进行单点测量，同时具备瞬变电磁不需要接地的优势，并且适应各种复杂地表。2019 年 4 月龙口典型区西海岸海

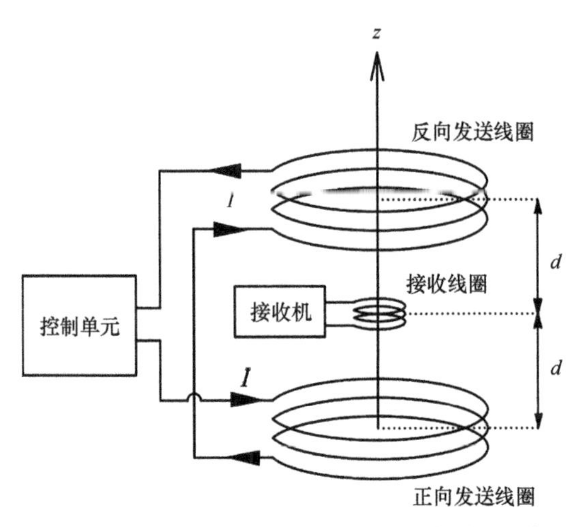

图 4.4 等值反磁通瞬变电磁法线圈工作原理示意图

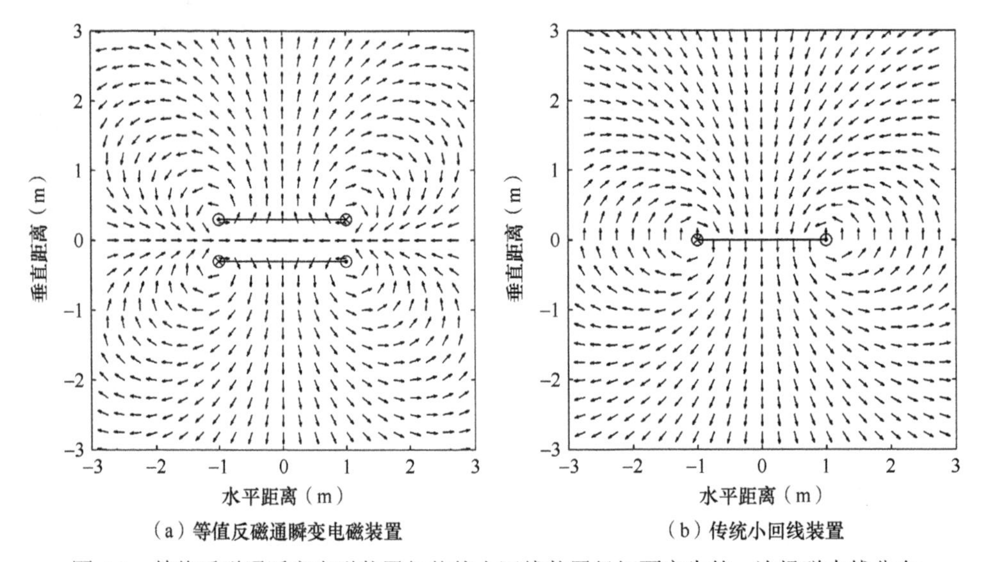

图 4.5 等值反磁通瞬变电磁装置与传统小回线装置径切面产生的一次场磁力线分布

水入侵区等值反磁通瞬变电磁法探测海水入侵试验使用仪器和现场情况见图 4.6，仪器收发线圈直径约 60cm，瞬变电磁法试验剖面的起点距离海岸线约 1.4km，向远离海岸线方向探测。研究区等值反磁通瞬变电磁试验采用 5m 点距，发送频率为 6.25Hz，叠加次数为 400 次，重复 2 次，单测点采样时间约为 2min。

龙口典型区等值反磁通瞬变电磁法的现场实测曲线见图 4.7，采用仪器配套的数据处理软件 HPTEMDataProcess 进行处理。其中，d*B*/d*t* 表示磁感应强度随时间的变化（*B* 为磁感应强度）。

图 4.6 2019年4月龙口典型区西海岸海水入侵区等值反磁通瞬变电磁法探测海水入侵试验使用仪器和现场情况图

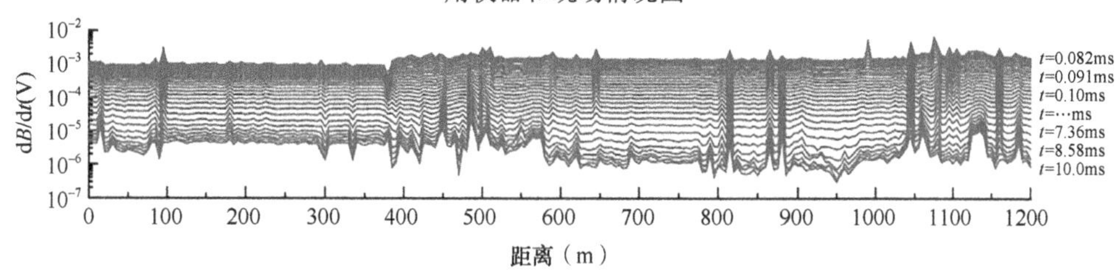

图 4.7 龙口典型区等值反磁通瞬变电磁法的现场实测曲线

利用等值反磁通瞬变电磁法反演的龙口典型剖面地层结构如图 4.8（a）所示，左侧为莱州湾方向。根据钻探成果与等值反磁通瞬变电磁法反演的视电阻率等值线剖面的分析，解译海水入侵，如图 4.8（b）所示，解译结果如下。

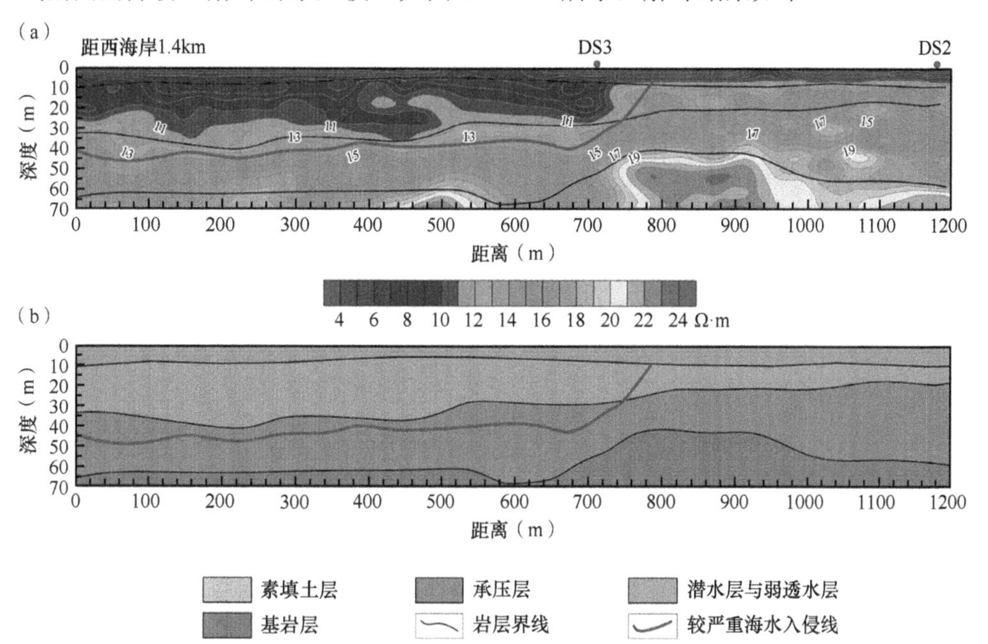

图 4.8 龙口典型剖面地层结构及海水入侵探测解译结果

（1）沿测线剖面纵向上分析：视电阻率由浅至深逐渐增加，反演视电阻率等值线梯度相对变化趋势明显，以视电阻率梯度变化方向结合研究区钻孔揭露地层，由浅至深，依据视电阻率等值线解译划分各层，分别为素填土层、潜水层与弱透水层、承压层和基岩层，说明等值反磁通瞬变电磁法能较好地反映地层岩性差异造成的电性差异，但是等值反磁通瞬变电磁法获得的视电阻率跨度不大，仅能够大致区分表层素填土层、包含潜水层和弱透水层的浅部地层、深部承压层以及起伏的基岩层，无法直接解译钻孔揭露的含水砂层与黏土层交互的复杂滨海地层。

（2）沿测线剖面横向上分析：深部含水层视电阻率明显高于浅部含水层视电阻率，底部基岩的视电阻率最大。剖面 0m 点靠近海岸线，随着远离海岸线，视电阻率剖面显示，0～740m 埋深 40m 以浅的视电阻率较低，大多为 3～8Ω·m；740～1200m 埋深 10m 以浅的视电阻率也较低，大多为 3～8Ω·m，埋深 10～30m 的视电阻率较浅部有所增大，视电阻率变化范围为 12～14Ω·m。由此可见，海岸带与 DS3 监测井组之间 40m 以浅范围内存在明显的低阻体，推测为较为严重的海水入侵区；DS3 监测井组与 DS2 监测井组之间埋深 10m 以浅推测为较为严重的海水入侵区，埋深 10～30m 推测为一般海水入侵区［《海水入侵监测与评价技术规程》（HY/T 0314—2021）］。

3. 视电阻率与其他方法结果对比

为了验证等值反磁通瞬变电磁法探测海水入侵的准确性和可靠性，将同期龙口典型剖面的地下水水化学分析结果、电导率测定结果与相同位置地层视电阻率反演结果进行对比，等值反磁通瞬变电磁法试验剖面穿过的地下水分层监测井监测层位、水化学、电导率和视电阻率见表 4.2。其中，地下水水化学为 2019 年 6 月取样测定，选取海水入侵主要判定指标，即 Cl^-浓度和 TDS；电导率为 2019 年 4 月地下水监测井中多参数水位计测定数据，电导率读取时间与瞬变电磁法现场试验时间一致。

表 4.2 龙口典型剖面地下水水化学、电导率与视电阻率对比

监测井编号	过滤器埋深（m）	水化学		电导率（μS/cm）	视电阻率（Ω·m）
		Cl^-浓度（mg/L）	TDS（mg/L）		
DS3-1	10.80～11.60	604.3	1420.9	2731.3	7.4
DS3-2	28.90～34.90	526.9	1297.0	2276.0	14.5
DS3-3	56.70～59.20	351.0	1229.8	1917.0	19.1
DS2-1	12.40～13.60	312.1	931.2	1601.6	15.5
DS2-2	26.10～27.60	264.7	717.5	1342.1	15.2
DS2-3	48.00～51.40	113.4	350.8	692.4	22.7

DS3 监测井组，同一位置不同监测深度的监测井 DS3-1、DS3-2 与 DS3-3，距离西海岸 2.1km，DS2 监测井组（同一位置不同监测深度的监测井 DS2-1、DS2-2 与 DS2-3）距离西海岸 2.6km，以 Cl^-浓度 250mg/L、TDS 1000mg/L 和电导率 1000μS/cm 作为海水入侵判定指标，DS3 监测井组浅部、中部和深部含水层与 DS2 监测井组浅部、中部含水层位置均受到海水入侵，DS2 监测井组深部含水层未受到海水入侵。从海岸带至 DS3 监测井组 34.90m 以浅范围为海水入侵较为严重区域，Cl^-浓度大于 500mg/L、TDS 大于 1200mg/L、电导率大于 2000μS/cm。近海浅部含水层受海水入侵影响最为严重，随着含水层埋深增加和远离海岸带，地下水 Cl^-浓度和 TDS 逐渐减小，电导率也存在同样的变化趋势（图 4.9）。也可发现，DS3 监测井组的视电阻率随海水入侵程度的加剧而减小，与井水电导率刚好相反，DS2 监测井组也基本符合这种态势，与预想的结果一致，DS2 监测井组埋深 12.40～13.60m 视电阻率相对偏大，可能是因为该处岩层视电阻率相对较高。

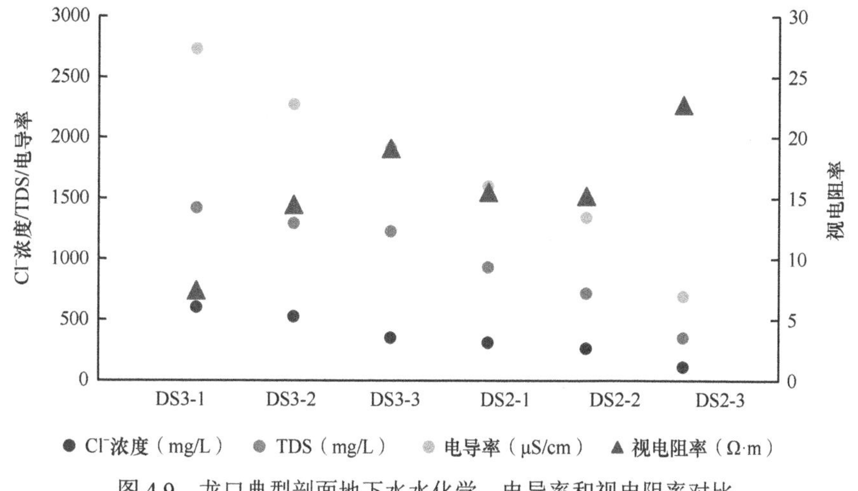

图 4.9　龙口典型剖面地下水水化学、电导率和视电阻率对比

4.3.2　咸/淡水过渡带识别

在龙口典型剖面开展了中尺度电阻率层析成像法识别咸/淡水过渡带试验，2017 年 9 月 10～13 日共进行了 14 组温纳装置或偶极装置的电阻率层析成像法试验，单位电极距为 2.00～3.00m，测线布设现场见图 4.10，测线的布设受场地限制影响较大。地下水水化学分析结果表明，西海岸海水入侵面积较大，为了监测西海岸海水入侵的分布范围，测线 1 和测线 2 垂直于西海岸布设，测线 3 和测线 4 垂直于北海岸布设。

测线 1 电阻率层析成像法试验反演见图 4.11。温纳装置和偶极装置的结果均表明，在地层浅部存在明显高阻体，根据现场踏勘结果，推估为混凝土材质管道；

受降水入渗和较高矿化度地下水开采等的影响，地层浅部存在视电阻率较小的介质；高阻与低阻分界明显，揭示了海水入侵区地下水水位埋深，由于该区含水层遭受海水入侵，高矿化度的地下水导致地层下部介质电阻率非常小。

图 4.10 龙口典型区电阻率层析成像法测线布设现场图

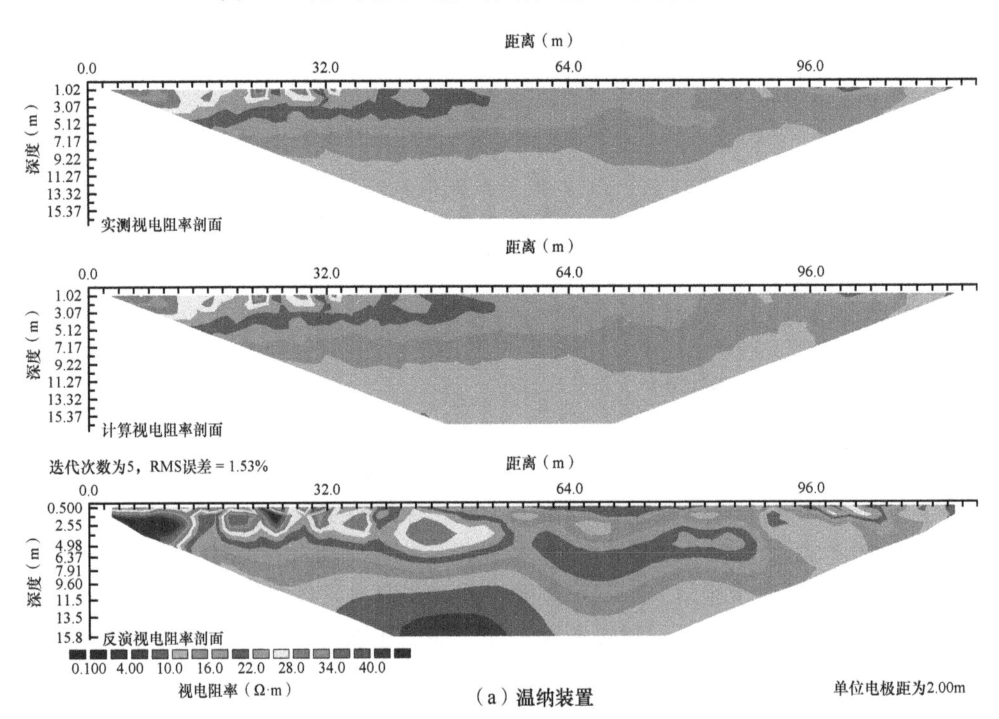

（a）温纳装置

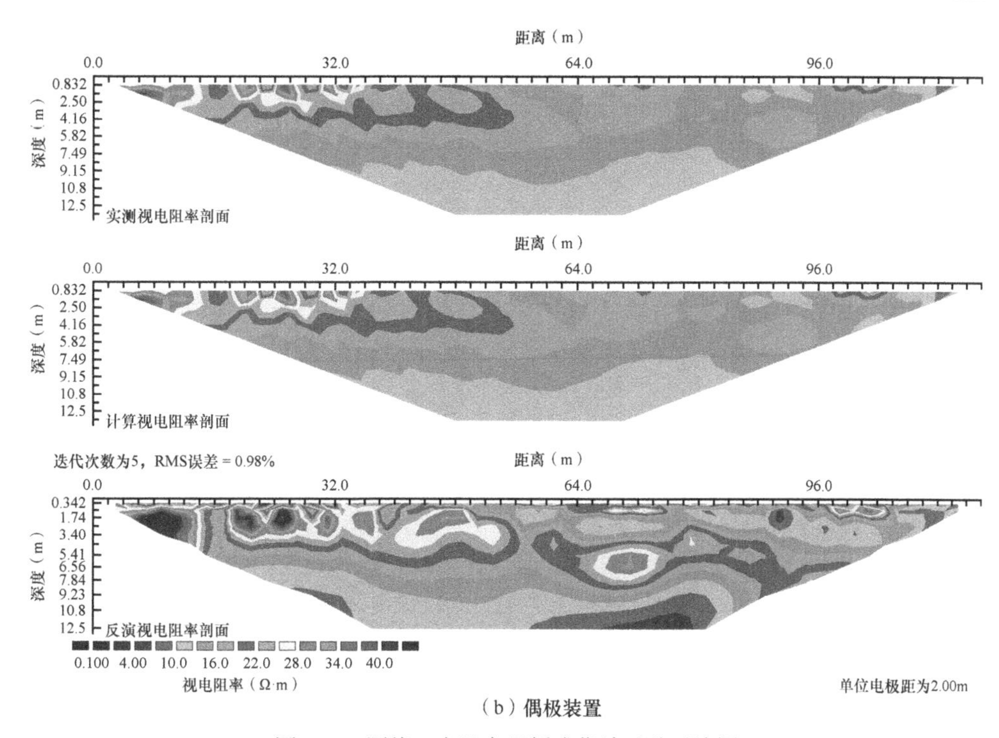

（b）偶极装置

图 4.11　测线 1 电阻率层析成像法试验反演图

测线 1 单位电极距为 2.00m，温纳装置反演最大深度为 15.8m，推估地下水水位埋深约 4.98m，地层视电阻率由非饱和区的 31Ω·m 下降到饱和区的 19Ω·m，在埋深 11.5m 以下，地层视电阻率小于 10Ω·m，解译为海水入侵区；偶极装置反演最大深度为 12.5m，推估地下水水位埋深约 5.41m，地层视电阻率由非饱和区的 34Ω·m 下降到饱和区的 22Ω·m，在埋深 10.8m 以下，地层视电阻率小于 10Ω·m，解译为海水入侵区。两种装置试验的反演结果表明，在海水入侵区偶极装置对地层水平方向上物性差异的分辨率较高，但是测量深度较小，温纳装置对垂直方向上物性差异的分辨率较高，测量深度大于偶极装置。

测线 2 电阻率层析成像法试验反演见图 4.12～图 4.15，测线 2 单位电极距为 3.00m。图 4.12 中温纳装置和偶极装置的结果均清晰地揭示了视电阻率为高阻体的位置，推估为表层回填土或混凝土材质管道。温纳装置反演最大深度为 23.6m，推估地下水水位埋深约 9.56m，地层视电阻率由非饱和区的大于 34Ω·m 下降到饱和区的 7Ω·m，在埋深 9.56m 以下，地层视电阻率小于 7Ω·m，解译为海水入侵区；偶极装置反演最大深度为 18.7m，推估地下水水位埋深约 9.85m，地层视电阻率由非饱和区的大于 34Ω·m 下降到饱和区的 7Ω·m，在埋深 9.85m 以下，地层视电阻率小于 7Ω·m，解译为海水入侵区。

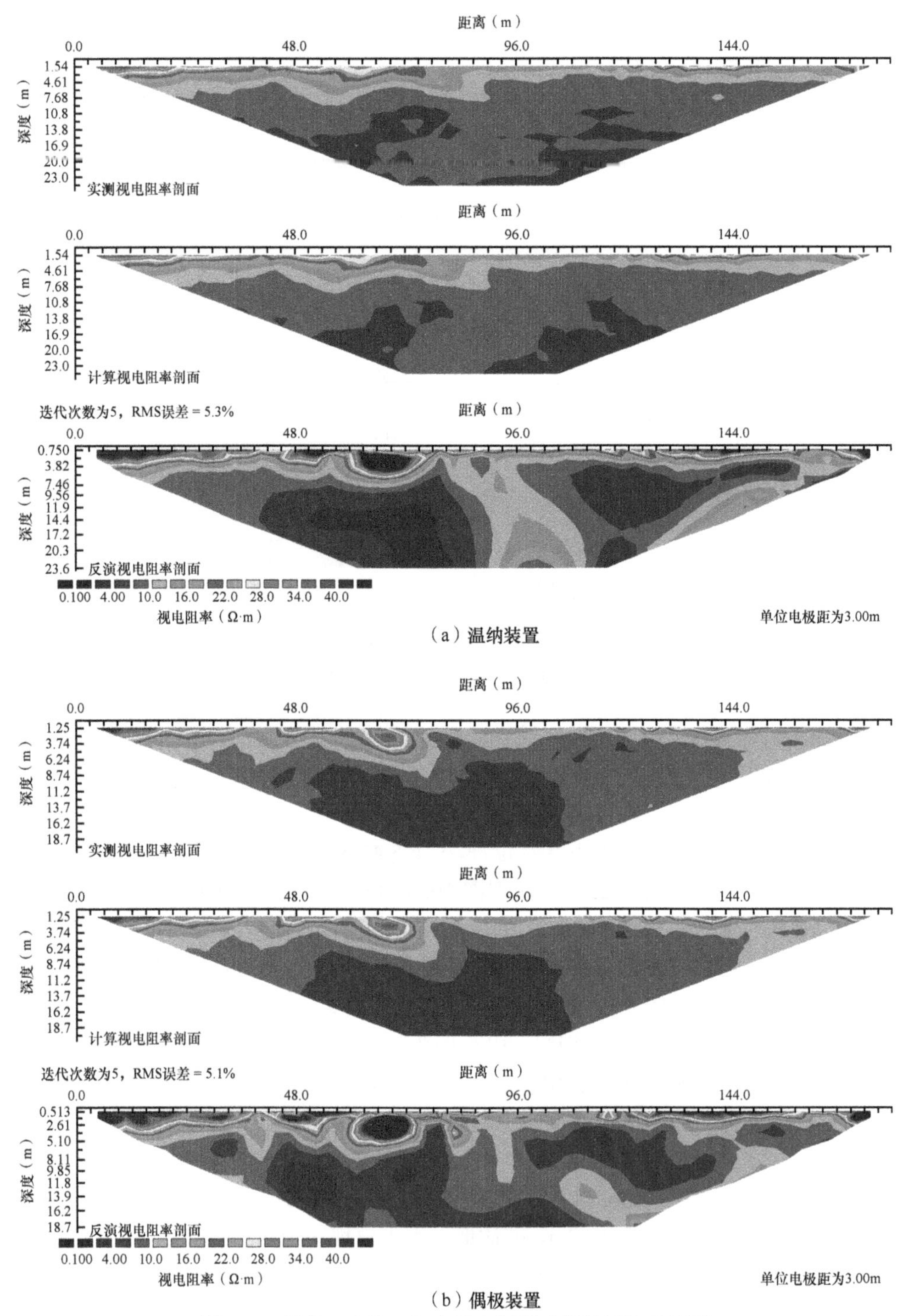

（a）温纳装置

（b）偶极装置

图 4.12 测线 2 中第一组电阻率层析成像法试验反演图

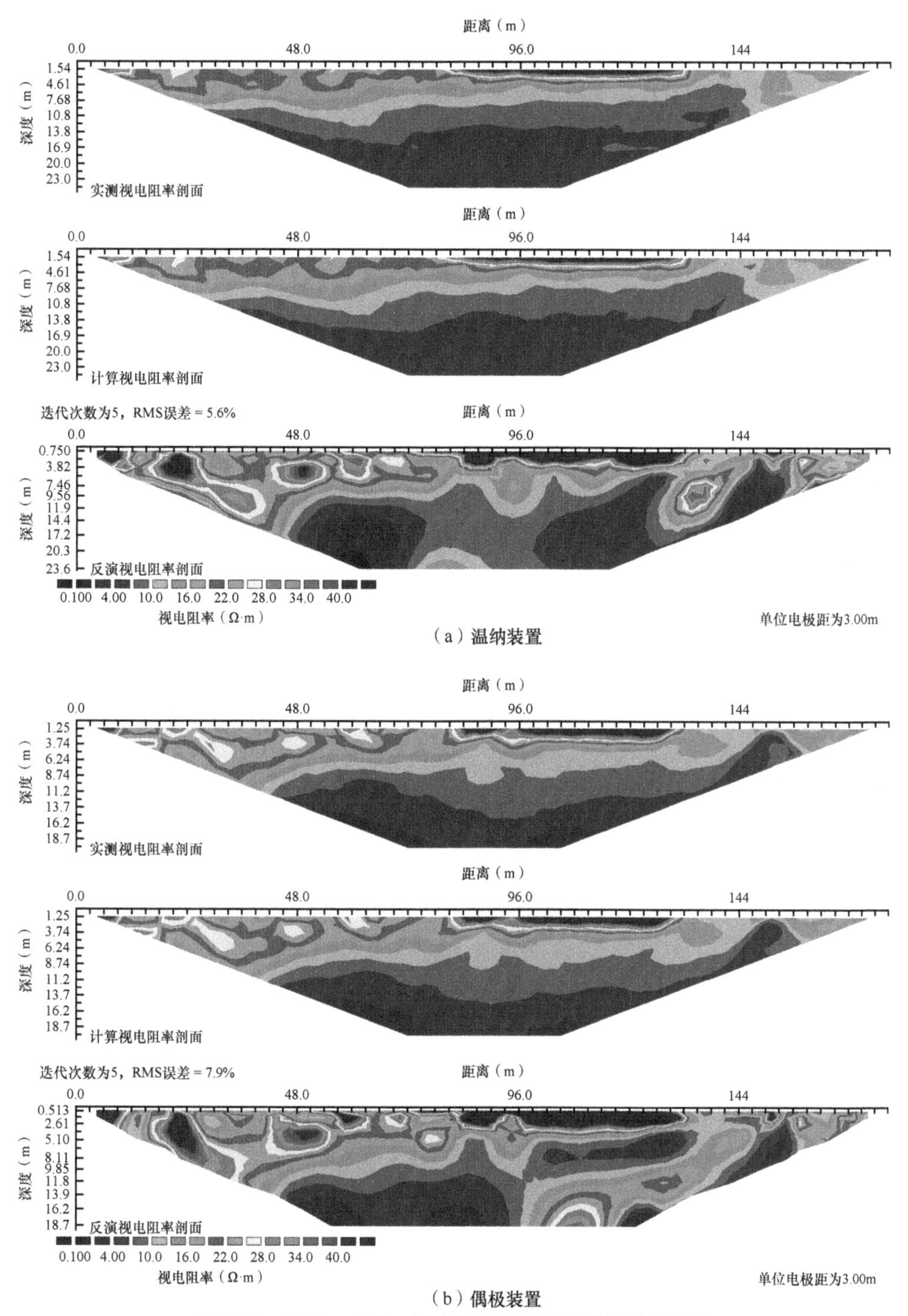

（a）温纳装置

（b）偶极装置

图 4.13　测线 2 中第二组电阻率层析成像法试验反演图

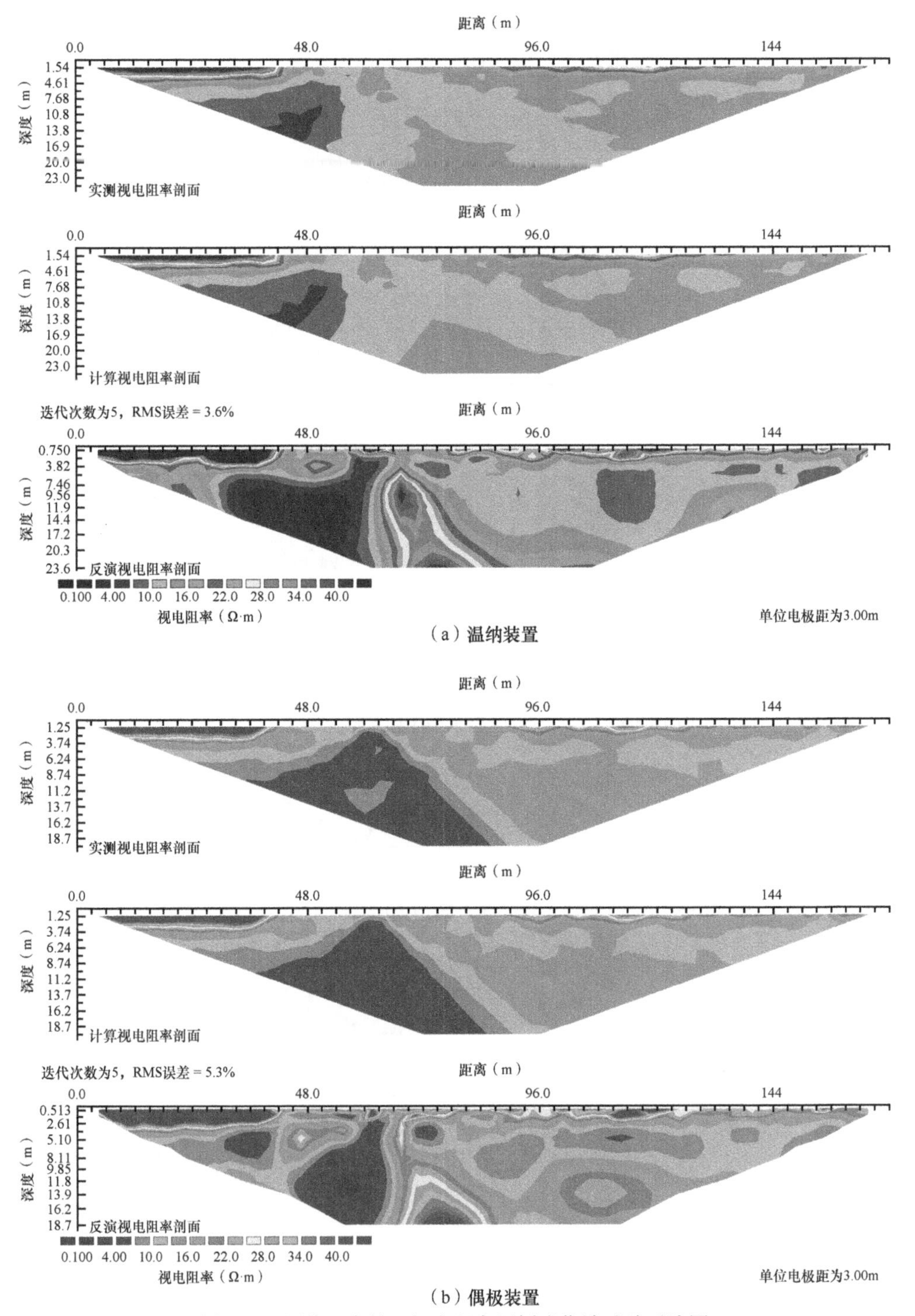

（a）温纳装置

（b）偶极装置

图 4.14 测线 2 中第三组电阻率层析成像法试验反演图

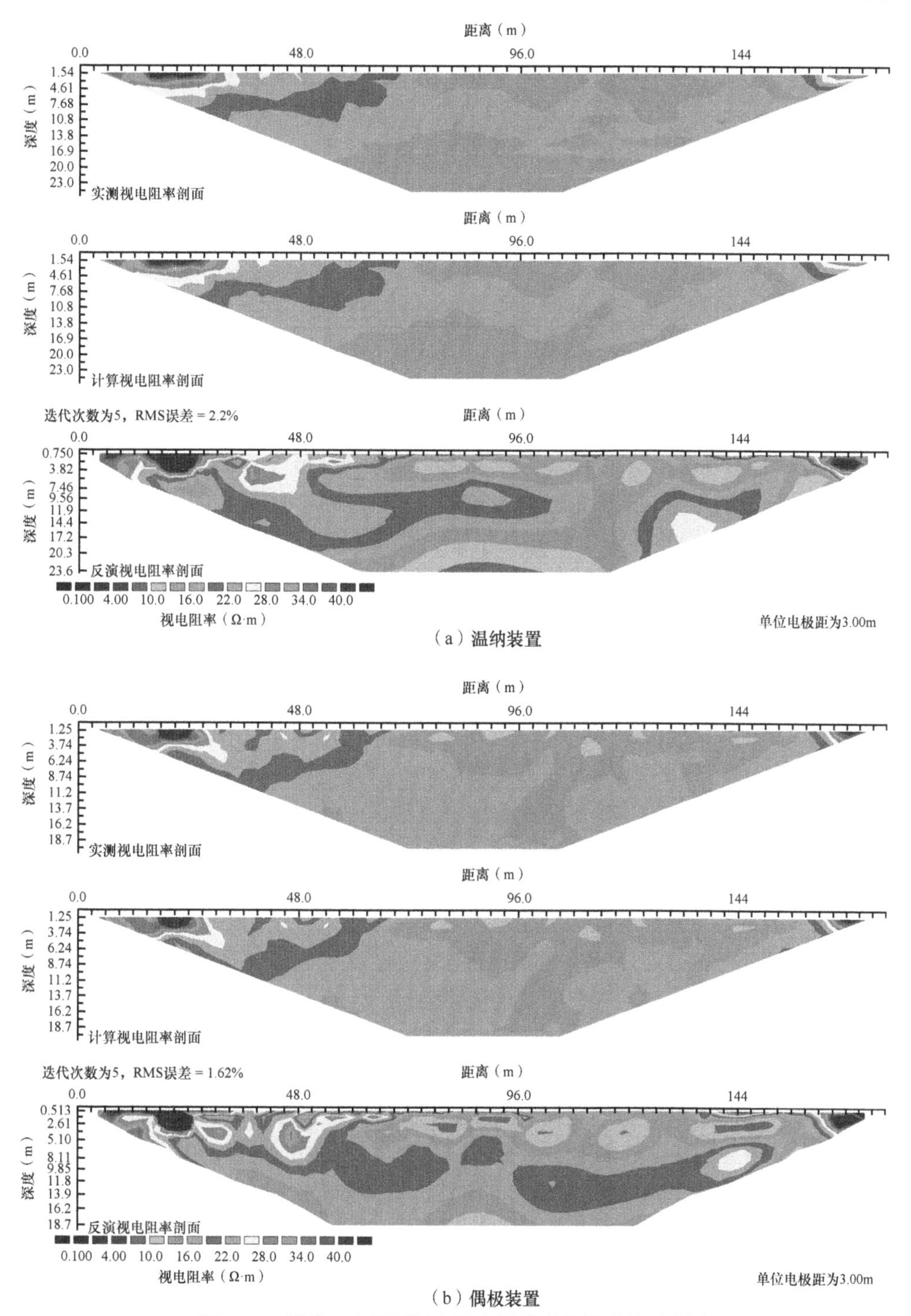

（a）温纳装置

（b）偶极装置

图4.15　测线2中第四组电阻率层析成像法试验反演图

图4.13中温纳装置和偶极装置的结果均清晰地揭示了视电阻率为高阻体的位置，推估为表层回填土或混凝土材质管道。温纳装置反演最大深度为 23.6m，推估地下水水位埋深约 9.56m，地层视电阻率由非饱和区的大于 40Ω·m 下降到饱和区上边界的 22Ω·m，在埋深 9.56m 以下，地层视电阻率小于 10Ω·m，解译为海水入侵区；偶极装置反演最大深度为 18.7m，推估地下水水位埋深约 9.85m，地层视电阻率由非饱和区的大于 40Ω·m 下降到饱和区上边界的 19Ω·m，在埋深 9.85m 以下，地层视电阻率小于 10Ω·m，解译为海水入侵区。

根据龙口典型区地下水水样水化学分析结果推测，在测线 2 覆盖范围内存在咸/淡水过渡带，但是由于采样点过于分散，无法准确判定过渡带的位置及形状。图 4.14 中温纳装置和偶极装置的结果均清晰地揭示了视电阻率骤变的高阻与低阻过渡带，该过渡带距离西海岸 2.6km。根据温纳装置的结果，推估地下水水位埋深约 11.9m，地层视电阻率由非饱和区的 34Ω·m 下降到饱和区的 10Ω·m；根据偶极装置的结果，推估地下水水位埋深约 11.8m，地层视电阻率由非饱和区的 34Ω·m 下降到饱和区的 10Ω·m。相比于温纳装置，偶极装置实测数据已直接表明该区存在明显的咸/淡水过渡带，反演结果也更精细地揭露了咸/淡水过渡带楔形体的形状和位置，弥补了追踪咸/淡水过渡带方面地下水取样分析点位分散导致的精度不足。

图 4.15 中温纳装置和偶极装置的结果均表明，该区地下水水位埋深较浅，除了浅部地层存在部分高阻体，不存在明显的咸/淡水过渡带。温纳装置与偶极装置的结果表明，该区视电阻率总体大于 10Ω·m，均高于测线 2 其他试验组中存在海水入侵的含水层的最低视电阻率，说明该区遭受海水入侵的影响程度较低，附近监测井中地下水 Cl^-浓度低于 250mg/L 也验证了这一结果。

测线 3 电阻率层析成像法试验（偶极装置）反演见图 4.16。在埋深 8.11～16.2m 存在明显的高阻异常，表明该区受地表高程及地下水开采的影响，地下水水位埋深较大，埋深 18.7m 以下视电阻率接近 11Ω·m；5.10m 以浅地层由于受降水入渗和果园灌溉入渗的影响，存在明显的低阻地层。

测线 4 电阻率层析成像法试验反演见图 4.17、图 4.18。图 4.17 中偶极装置的结果表明，在埋深 8.11～16.2m 存在明显的高阻异常，表明该区受地下水开采的影响，地下水水位埋深较大，埋深 18.7m 以下视电阻率接近 11Ω·m；地层浅部 2.61～5.10m 存在明显的连续低阻地层，推估为黏土含量较高的地层。

图 4.18 中地层浅部存在明显的高阻体，推估地表土壤含砂量高且含水率低。根据温纳装置的结果，推估地下水水位埋深约 20.3m，地层视电阻率由非饱和区的 59Ω·m 下降到饱和区的 19Ω·m，该区地下水未遭受海水入侵；根据偶极装置的结果，推估地下水水位埋深大于 18.7m，地层视电阻率大于 19Ω·m，该区地下水未遭受海水入侵。

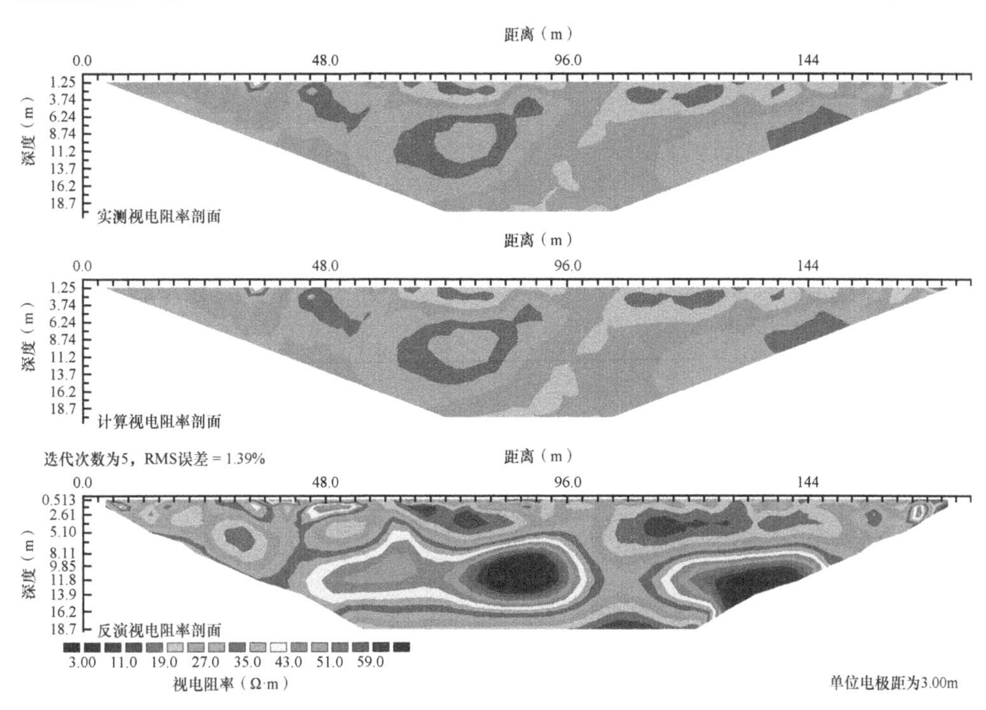

图 4.16　测线 3 电阻率层析成像法试验（偶极装置）反演图

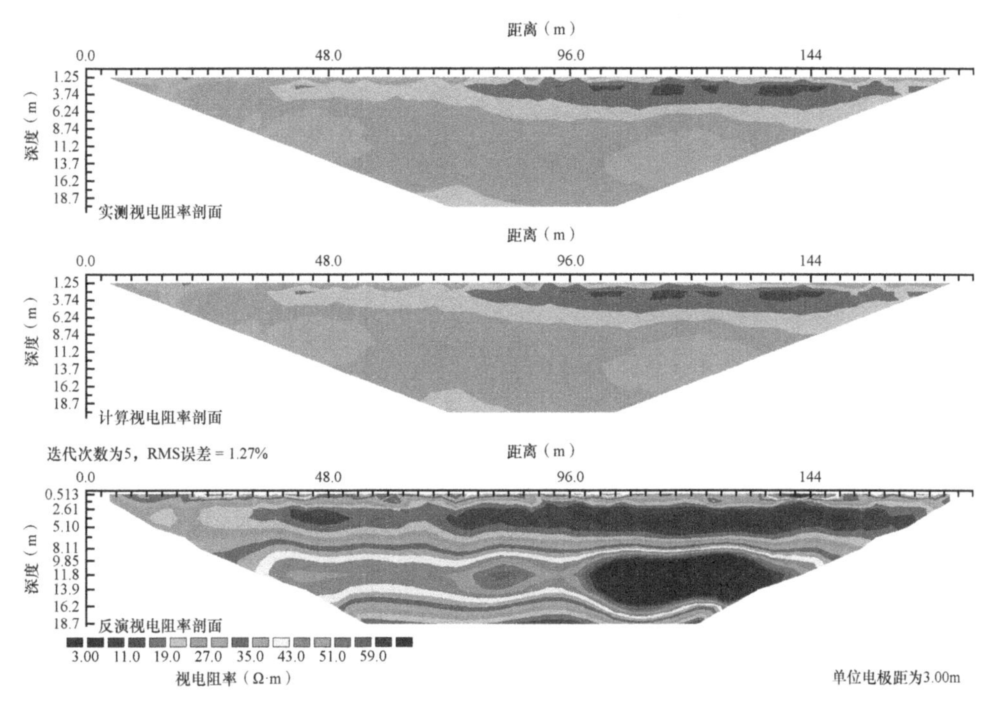

图 4.17　测线 4 中第一组电阻率层析成像法试验（偶极装置）反演图

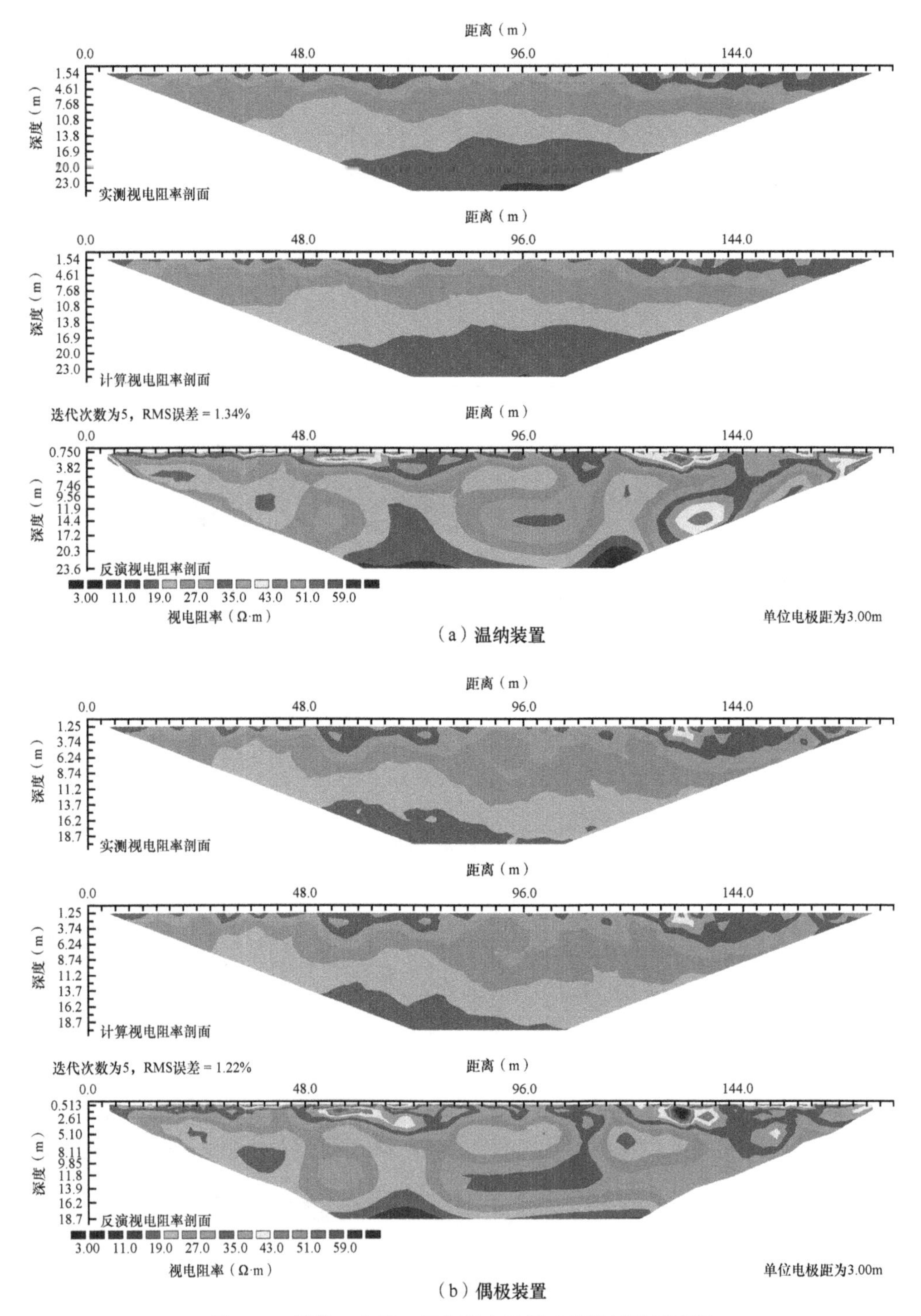

（a）温纳装置

（b）偶极装置

图 4.18 测线 4 中第二组电阻率层析成像法试验反演图

4.4　地下水监测分析

4.4.1　分层监测位置

为了精细化调查龙口典型区西海岸含水层系统海水入侵状况，长期监测地下水开采和海平面上升条件下咸/淡水过渡带的变化，依据前述原则、水文地质条件、水文地质钻探和测井成果，在龙口典型区西海岸选择了垂直于西海岸的典型剖面，建设地下水分层监测井，开展地下水水位、水质分层监测工作。

4.4.2　监测井基本情况

在典型剖面距离西海岸不同距离的位置建设地下水分层监测站 4 组，每组均分为 3 层对地下水水位和水质进行长期监测，其中最靠近海边的监测井组因场地条件限制使用一孔多层监测技术，其他 3 组使用异孔多层监测技术（图 4.19）。异孔多层井壁管管材采用 180mm×8.6mm PVC-U 管，一孔多层井壁管管材采用 110mm×5.3mm PVC-U 管，地下水分层监测井设计参数见表 4.3。

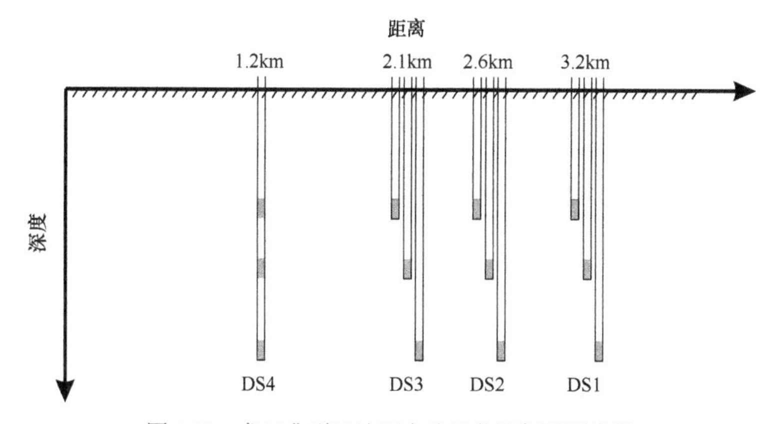

图 4.19　龙口典型区地下水分层监测剖面示意图

表 4.3　地下水分层监测井设计参数

序号	监测井编号	设计井深（m）	花管设计埋深（m）
1	DS1-1	16	12.75～13.25
2	DS1-2	35	30.85～31.35
3	DS1-3	60	54.35～54.85
4	DS2-1	14	12.75～13.25
5	DS2-2	30	26.60～27.10
6	DS2-3	52	49.45～49.95

续表

序号	监测井编号	设计井深（m）	花管设计埋深（m）
7	DS3-1	14	10.95～11.45
8	DS3-2	36	31.65～32.15
9	DS3-3	62	57.70～58.20
10	DS4	57	6.55～7.05
11			30.55～31.05
12			50.70～51.20

4.4.3 含水层渗透性评价

为了评价龙口海水入侵监测典型剖面的地层渗透性，在地下水分层监测井建成之后，实施抽水试验、提水式和注水式振荡试验以确定含水层渗透系数，并初步分析含水层水化学类型及水质类型。

1. 分层抽水试验

抽水试验采用稳定流方法，抽水设备为潜水泵，水位测量采用万用表，水位测量精度为厘米级，出水量采用水表进行观测，读数精度为毫升。由于地层及监测井规格等原因，DS2-1、DS4（一孔多层）两处4眼监测井未能进行抽水试验。

抽水试验前对所有监测井进行了静止水位观测，同时测量了水温、井深、井口高程等信息，详细参数见表4.4。

表 4.4 地下水分层监测井参数统计表

监测井编号	井深（m）	井口高程（m）	静水位埋深（m）	静水位高程(m)	水温（℃）
DS1-1	16.41	8.752	11.415	−2.663	15.1
DS1-2	35.35	8.653	11.59	−2.937	14.8
DS1-3	60.6	8.582	12.046	−3.464	15.0
DS2-1	14.37	7.93	11.07	−3.14	14.7
DS2-2	30.43	7.799	9.76	−1.961	14.8
DS2-3	52.26	7.717	10.21	−2.493	15.1
DS3-1	14.59	7.107	8.5	−1.393	16.4
DS3-2	36.26	7.092	9.054	−1.962	15.2
DS3-3	62.21	7.137	9.906	−2.769	15.4
DS4-1	10.00	3.273	4.0	−0.727	15.1
DS4-2	36.00	3.273	4.4	−1.127	15.1
DS4-3	57.00	3.273	6.2	−2.927	15.1

8眼监测井抽水试验历时11d，试验结束时取水样一组，送实验室进行水化学分析，抽水试验分层确定含水层渗透系数及水化学类型分析结果统计见表4.5。

表4.5　抽水试验分层确定含水层渗透系数及水化学类型分析结果统计表

监测井编号	DS1-1	DS1-2	DS1-3	DS2-2	DS2-3	DS3-1	DS3-2	DS3-3
含水层类型	孔隙水	孔隙水	孔隙水	孔隙水	孔隙水	孔隙水	孔隙水	孔隙水
含水层岩性	粗砂	砾砂	砾砂	砾砂	砾砂	砾砂	砾砂	砾砂
含水层埋深（m）	12.40～13.60	29.40～32.80	51.80～57.40	26.10～27.60	48.00～51.40	10.80～11.60	28.90～34.90	56.70～59.20
井径（mm）	180	180	180	180	180	180	180	180
静水位（m）	−2.47	−2.82	−3.51	−1.88	−2.43	−1.44	−1.93	−2.72
渗透系数（m/d）	109.0～237.0	9.5～71.0	3.03～40.12	71.95～231.00	6.13～48.61	40.71～88.14	15.68～225.00	10.41～57.00
水化学类型	NO_3·Cl—Ca	Cl—Ca	Cl·HCO_3—Ca·Na	Cl—Ca	HCO_3·Cl—Ca·Na	Cl—Ca	Cl—Ca	Cl—Ca·Mg

综合地层岩性与分层抽水试验成果，含水层岩性主要为中砂、粗砂或砾砂，厚度范围为 0.80～10.90m。井组浅部含水层顶板埋深 4.10～12.40m，底板埋深 9.50～13.60m；井组中部含水层顶板埋深 26.10～29.70m，底板埋深 27.60～34.90m；井组深部含水层顶板埋深 46.00～56.70m，底板埋深 51.40～59.20m。单井涌水量一般为 100～500m^3/d，个别监测井小于 100m^3/d；单井单位涌水量一般为 0.17～0.99L/(s·m)，DS1-1、DS3-2 单位涌水量分别为 1.08L/(s·m)、1.03L/(s·m)。地下水水化学类型主要为 Cl—Ca 或 Cl·HCO_3—Ca·Na 型，其次为 NO_3·Cl—Ca 型。

根据地下水分层监测井的 Cl^-浓度分析结果，DS2-2、DS3-1、DS3-2、DS3-3、DS4-1 和 DS4-2 监测井 Cl^-浓度均高于 250mg/L，其他 6 个监测井 Cl^-浓度均低于 250mg/L，推估在 DS2 监测井组附近存在咸/淡水过渡带，与电阻率层析成像法在此剖面上发现的咸/淡水过渡带位置一致。相比于 2018 年 3 月，2019 年 6 月不同位置和深度的地下水 Cl^-浓度均存在升高趋势，表明该剖面海水入侵有加剧趋势，主要原因为：靠近咸/淡水过渡带内陆一侧的地下水仍在持续开采，造成地下水水位持续下降；2019 年胶东地区降水量非常低，造成地下水补给量减小。

2. 分层振荡试验

利用龙口典型区地下水分层监测井，现场实施提水式和注水式振荡试验，见图 4.20。20 组振荡试验关键参数统计见表 4.6，振荡试验配线结果和目标含水层渗透系数计算结果分别见图 4.21 和表 4.7[60]。

图 4.20 龙口典型区地下水分层监测井振荡试验

表 4.6 20 组振荡试验关键参数统计

监测井编号	目标含水层埋深（m）	含水层介质	监测井花管埋深（m）	激发类型	试验编号	水位恢复时长（s）
DS1-1	12.40～13.60	中砂	12.75～13.25	提水式	DS1-1T	37.500
DS1-2	29.40～32.80	砾砂	30.85～31.35	提水式	DS1-2T	106.625
				注水式	DS1-2Z	111.375

续表

监测井编号	目标含水层埋深（m）	含水层介质	监测井花管埋深（m）	激发类型	试验编号	水位恢复时长（s）
DS1-3	51.80～57.40	砾砂	54.35～54.85	提水式	DS1-3T	138.250
				注水式	DS1-3Z	74.875
DS2-1	12.40～13.60	粗砂	12.75～13.25	提水式	DS2-1T	250.000
				注水式	DS2-1Z	258.375
DS2-2	26.10～27.60	砾砂	26.60～27.10	提水式	DS2-2T	77.500
				注水式	DS2-2Z	98.375
DS2-3	48.00～51.40	粗砂	49.45～49.95	提水式	DS2-3T	107.875
				注水式	DS2-3Z	167.250
DS3-1	10.80～11.60	砾砂	10.95～11.45	提水式	DS3-1T	196.375
				注水式	DS3-1Z	190.875
DS3-2	28.90～34.90	砾砂	31.65～32.15	提水式	DS3-2T	58.750
				注水式	DS3-2Z	101.625
DS3-3	56.70～59.20	砾砂	57.70～58.20	提水式	DS3-3T	64.000
				注水式	DS3-3Z	105.625
DS4-1	4.10～9.50	粗砂	6.55～7.05	注水式	DS4-1Z	44.000
DS4-2	29.70～31.90	砾砂	30.55～31.05	注水式	DS4-2Z	1153.625
DS4-3	46.00～55.90	粗砂	50.70～51.20	注水式	DS4-3Z	78.000

表 4.7 目标含水层渗透系数计算结果

试验编号	测试井类型	使用模型	渗透系数（m/d）	抽水试验渗透系数结果（m/d）
DS1-1T	非完整	Cooper	127.22	109.0～237.0
DS1-2T	非完整	Butler	45.43	9.50～71.0
DS1-2Z	非完整	Butler	24.98	
DS1-3T	非完整	Butler	31.23	3.03～40.12
DS1-3Z	非完整	Butler	26.30	
DS2-1T	非完整	Bouwer & Rice	15.65	未能进行试验
DS2-1Z	非完整	Butler	11.43	
DS2-2T	非完整	Butler	111.04	71.95～231.00
DS2-2Z	非完整	Butler	60.57	
DS2-3T	非完整	KGS	57.25	6.13～48.61
DS2-3Z	非完整	Butler	52.04	
DS3-1T	非完整	Bouwer & Rice	31.50	40.71～88.14
DS3-1Z	非完整	Butler	45.43	
DS3-2T	非完整	Butler	41.64	15.68～225.00
DS3-2Z	非完整	Butler	66.63	
DS3-3T	非完整	Butler	41.64	10.41～57.00
DS3-3Z	非完整	Butler	44.42	
DS4-1Z	非完整	Butler	118.40	未能进行试验
DS4-2Z	非完整	Butler	0.16	
DS4-3Z	非完整	Butler	125.29	

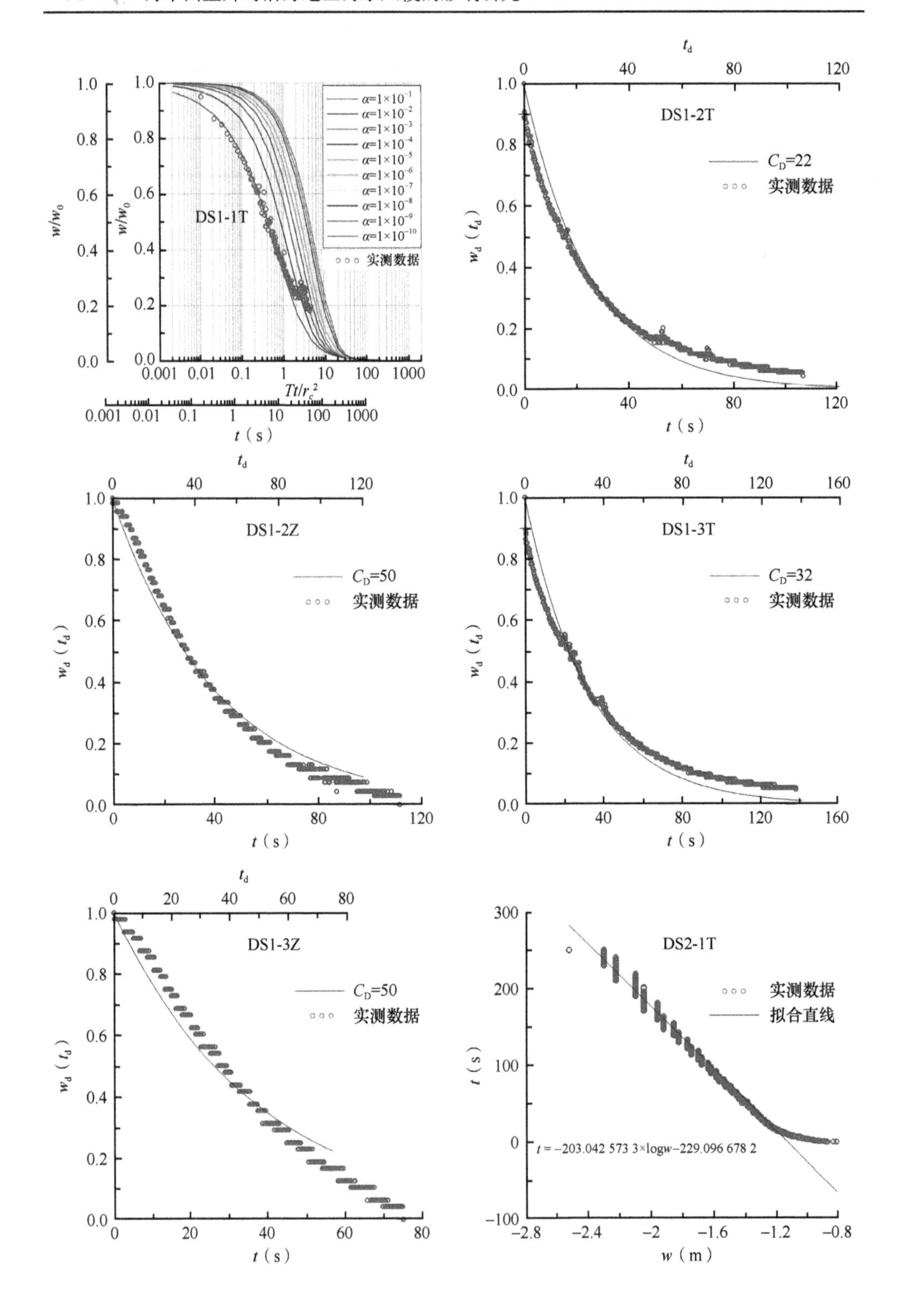
DS1-1T
α=1×10⁻¹
实测数据
w/w_0
Tt/r_c^2
t（s）
DS1-2T
C_D=22
实测数据
w_d（t_d）
t_d
DS1-2Z
C_D=50
DS1-3T
C_D=32
DS1-3Z
DS2-1T
拟合直线
t = −203.042 573 3×log$w$−229.096 678 2
w（m）

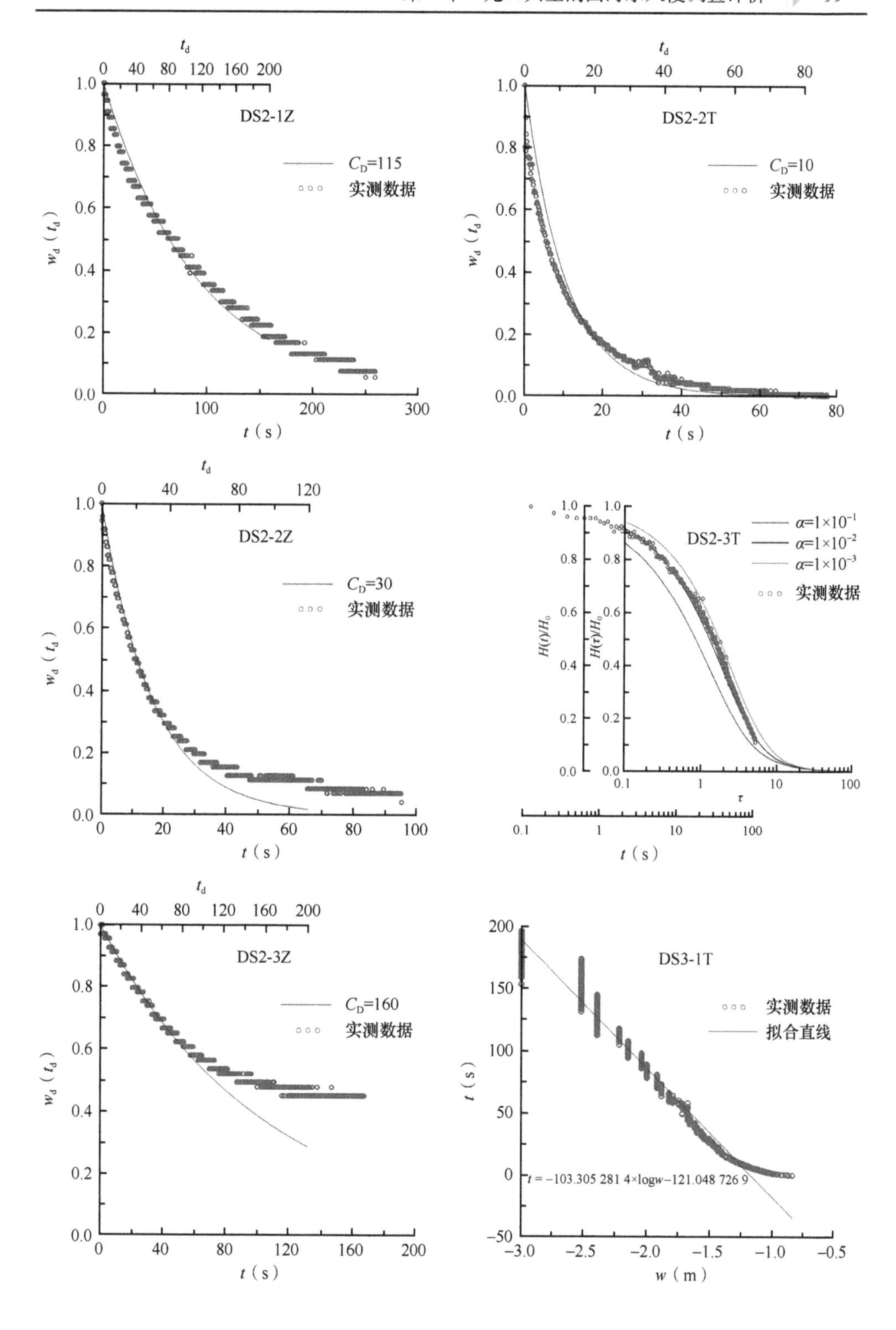
DS2-1Z
C_D=115
实测数据
$w_d(t_d)$
t_d
t（s）
DS2-2T
C_D=10
实测数据
DS2-2Z
C_D=30
实测数据
DS2-3T
$\alpha=1\times10^{-1}$
$\alpha=1\times10^{-2}$
$\alpha=1\times10^{-3}$
实测数据
$H(t)/H_0$
$H(\tau)/H_0$
τ
DS2-3Z
C_D=160
实测数据
DS3-1T
实测数据
拟合直线
$t=-103.305\ 281\ 4\times\log w-121.048\ 726\ 9$
w（m）

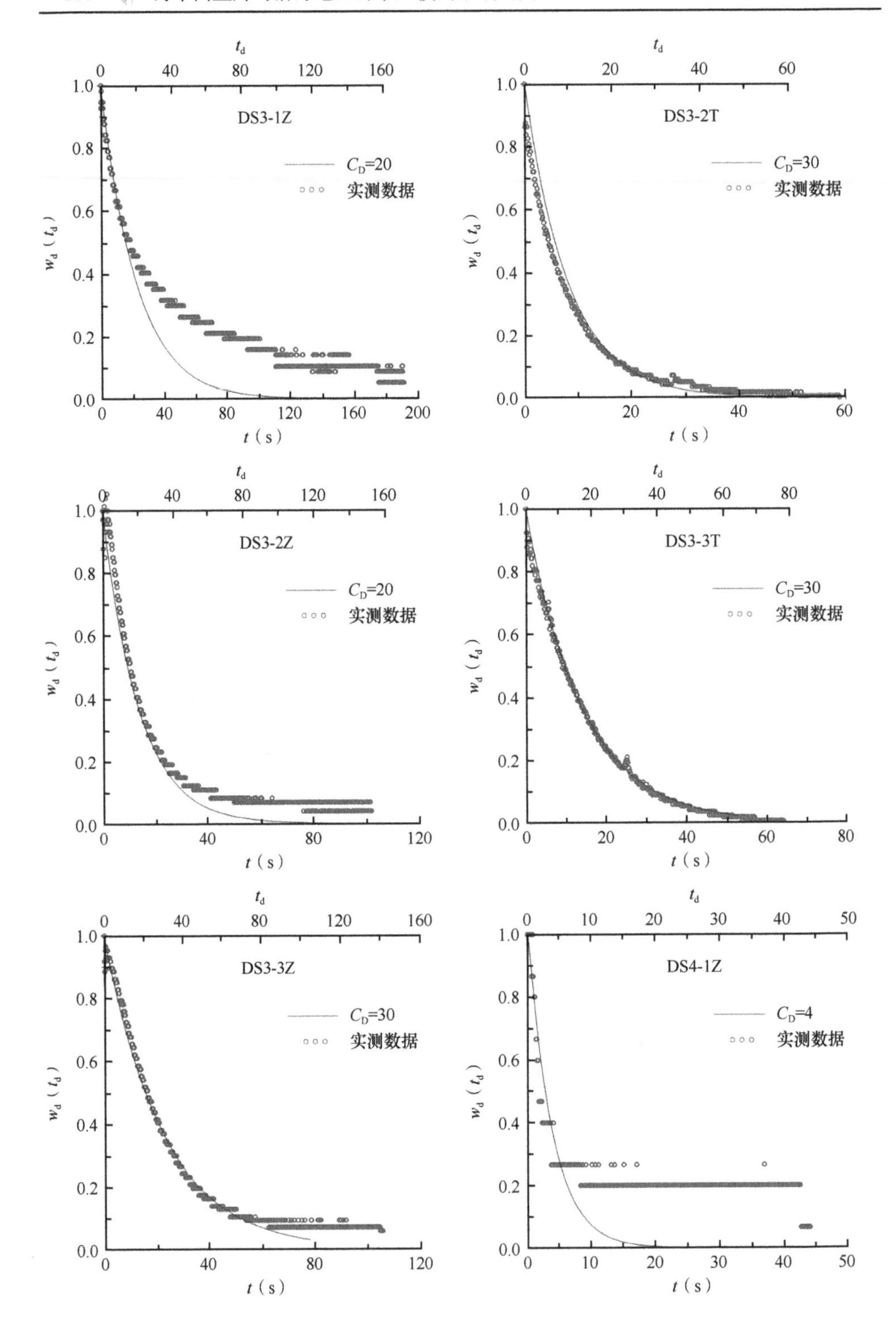
DS3-1Z
C_D=20
实测数据
DS3-2T
C_D=30
实测数据
DS3-2Z
C_D=20
实测数据
DS3-3T
C_D=30
实测数据
DS3-3Z
C_D=30
实测数据
DS4-1Z
C_D=4
实测数据
t_d
$w_d(t_d)$
t(s)

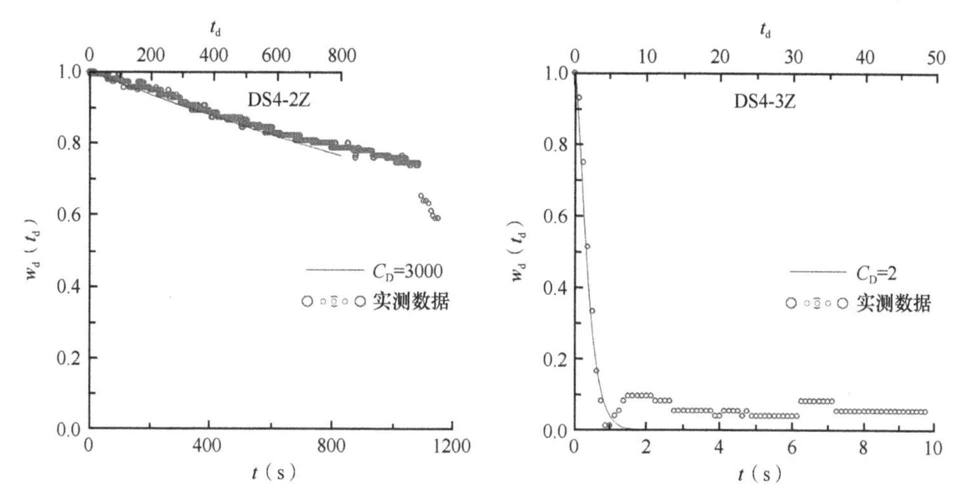

图 4.21　龙口典型区振荡试验配线结果

w 为测试井中水位变化，单位为 m；w_0 为 Cooper 模型无量纲水位变化；w_d 为 Butler 模型无量纲水位变化；t_d 为无量纲时间；C_D 为无量纲阻尼参数

地质勘查资料显示，龙口典型区西海岸海水入侵区属于滨海平原区，出露地层为新生界第四系，岩性主要为砂、黏土及少量砾石，监测剖面水文地质钻探结果显示，第四系覆盖层厚度范围为 61.0～64.0m。通过现场实施不同层位振荡试验，快速获取了该监测剖面不同含水层的渗透系数。

浅部含水层顶板埋深 4.10～12.40m，底板埋深 9.50～13.60m，利用振荡试验确定的渗透系数范围为 13.54～127.22m/d（同一试验井中提水式和注水式振荡试验结果取平均值）。浅层地下水监测井中振荡试验实测曲线未满足承压非完整井试验特性，主要原因有两方面：①地下水监测井按照浅层含水层埋深和过滤器设计埋深相对位置属于承压含水层非完整井，但监测井过滤器与含水层上顶板和下顶板过于接近（DS1-1 监测井现场试验实测曲线与 Cooper 模型的标准曲线拟合较好）；②地下水水位埋深接近含水层上顶板，测试井提水后水位瞬时下降，试验影响半径范围内含水层因释水而失去承压特性，相反注水式振荡试验不会造成含水层释水（DS2-1 和 DS3-1 监测井中提水式振荡试验满足 Bouwer & Rice 模型）。

中部含水层顶板埋深 26.10～29.70m，底板埋深 27.60～34.90m，该地层是龙口典型区西海岸海水入侵的主要层位，利用振荡试验确定的含水层渗透系数范围为 35.21～85.81m/d。其中，DS4-2 监测井水位很长时间都没有恢复到初始状态，渗透系数计算值仅为 0.16m/d，明显不符合地层勘查揭示的含水层介质为砾砂的渗透特征，推测是前期水质采样过程中洗井造成分层止水的黏土下移，从而堵塞了监测井滤水管（花管）。

深部含水层顶板埋深 46.00～56.70m，底板埋深 51.40～59.20m，利用振荡试验确定的含水层渗透系数范围为 28.77～125.29m/d。其中，DS4-3 监测井水位恢复曲线出现了明显的欠阻尼振荡，计算的渗透系数为125.29m/d，接近粗砂渗透系数参考值的上限。

4.4.4 地下水水位分层监测

在垂直于龙口典型区西海岸的4组分层监测井建设完工之后，每个监测井都加装了地下水多参数（水压力、温度、电导率）自动记录仪，连续监测典型剖面不同层位地下水水位和电导率变化过程，并且定期取样分析地下水中 Cl⁻浓度和部分理化指标。2018年3月至2020年12月龙口典型区地下水分层监测水位变化见图4.22。

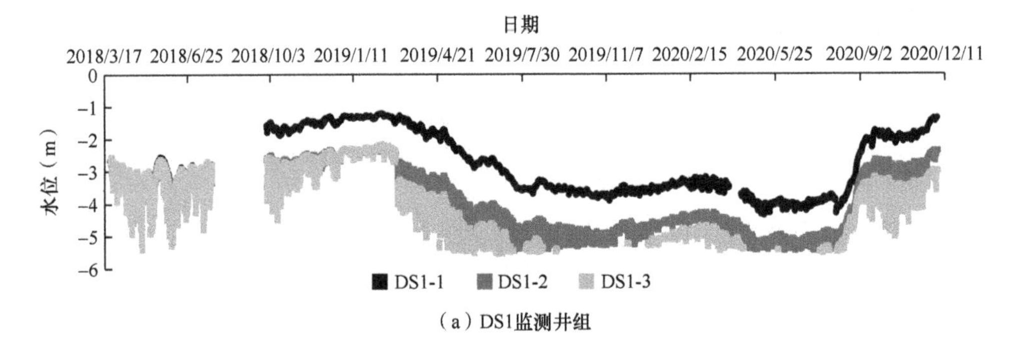

（a）DS1监测井组

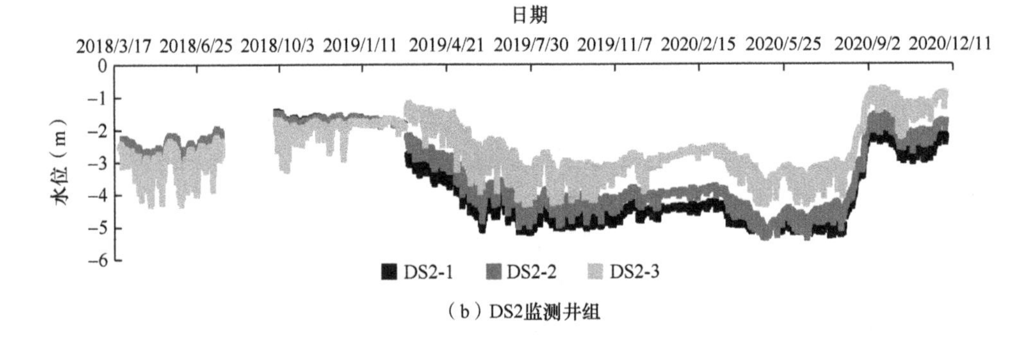

（b）DS2监测井组

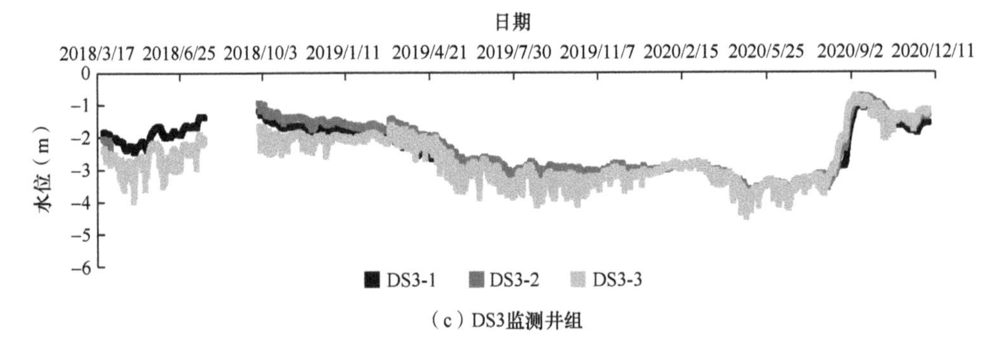

（c）DS3监测井组

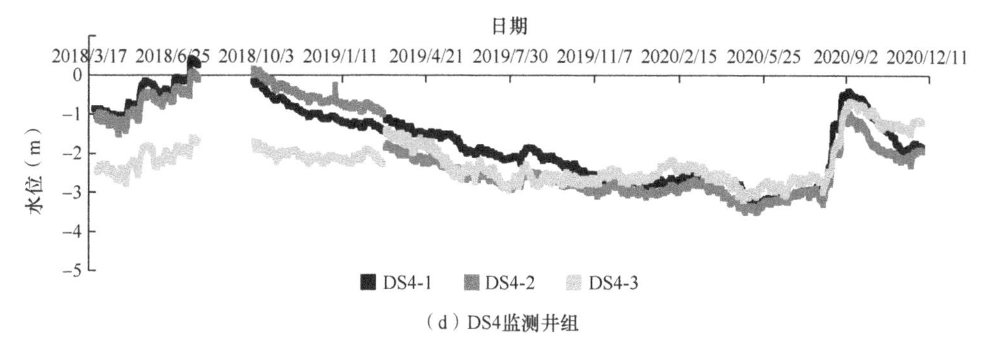

（d）DS4监测井组

图4.22 2018年3月至2020年12月龙口典型区地下水分层监测水位变化

1. 地下水水位变化总体特征

1）DS1监测井组

DS1监测井组距离西海岸3.2km，监测结果显示：浅部、中部和深部含水层地下水水位均低于海平面高程，说明该区域存在地下水超采问题，地下水水位负值区为该剖面海水入侵提供了水力条件；浅部、中部、深部含水层地下水水位随时间的变化趋势基本一致，但深部含水层（埋深51.80～57.40m）水位变幅最大，说明该层位受地下水开采的影响最大；停止开采后水位均能恢复，说明该剖面地下水补给条件较好。

2018年年内不同含水层地下水水位均有回升趋势，浅部含水层地下水水位升高幅度大于中部和深部，下半年浅部含水层地下水水位高于承压含水层地下水水位；2019年年内不同含水层地下水水位持续下降，且下降趋势一致，浅部含水层地下水水位明显高于承压含水层地下水水位，深层承压含水层地下水水位年内长时间低于多参数自记录仪探头位置；2020年上半年不同含水层地下水水位仍然存在持续下降趋势，8月受降水的影响，地下水水位持续回升约2.0m。

2）DS2监测井组

DS2监测井组距离西海岸2.6km，监测结果显示：浅部、中部和深部含水层地下水水位均低于海平面高程，说明该区域存在地下水超采问题，地下水水位负值区为该剖面海水入侵提供了水力条件；DS2-3监测井埋深49.45～49.95m的承压含水层地下水水位变化剧烈，说明该层位受地下水开采的影响较大，浅部含水层和中部含水层均出现不同程度的变化，变化趋势基本和深部含水层一致；深部含水层地下水水位明显高于浅部和中部，表明分层监测效果明显；停止开采后水位均能恢复，说明该剖面地下水补给条件较好。

2018年年内不同含水层地下水水位均有回升趋势，浅部含水层地下水水位升高幅度与中部和深部基本一致，下半年浅部含水层地下水水位与承压含水层地下水水位也基本相同；2019年年内不同含水层地下水水位持续下降，且下降趋势一致，深部含水层地下水水位明显高于浅部和中部，浅部含水层地下水水位年内短时间低于多参数自动记录仪探头位置；2020 年上半年不同含水层地下水水位仍然存在持续下降趋势，8 月受降水补给的影响，地下水水位持续回升约 3.0m。

3）DS3 监测井组

DS3 监测井组距离西海岸 2.1km，监测结果显示：浅部、中部和深部含水层地下水水位均低于海平面高程，说明该区域存在地下水超采问题，地下水水位负值区为该剖面海水入侵提供了水力条件；DS3-3 监测井埋深 57.70～58.20m 的承压含水层地下水水位变化剧烈，说明该层位受地下水开采的影响较大，浅部含水层地下水水位受下部承压含水层地下水开采的影响不明显；停止开采后水位均能恢复，说明该剖面地下水补给条件较好。

2018 年上半年不同含水层地下水水位均有回升趋势，浅部含水层地下水水位升高幅度与中部和深部基本一致，下半年浅部含水层地下水水位与承压含水层地下水水位相差不到 1.0m；2019 年年内不同含水层地下水水位持续下降，且下降趋势一致，深部含水层地下水水位明显与浅部、中部接近，浅部含水层地下水水位在 2019 年 5 月至 2020 年 9 月低于多参数自动记录仪探头位置（实际地下水水位低于–3.0m）；2020 年上半年不同含水层地下水水位仍然存在持续下降趋势，8 月受降水的影响，地下水水位持续回升约 2.0m。

4）DS4 监测井组

DS4 监测井组距离西海岸 1.2km，监测结果显示：浅部、中部和深部含水层地下水水位均低于海平面高程，说明该区域存在地下水超采问题，地下水水位负值区为该剖面海水入侵提供了水力条件；DS4-3 监测井埋深 50.70～51.20m 的承压含水层地下水水位未出现剧烈波动，浅部、中部和深部含水层地下水水位均出现一致的上升趋势，表明深部含水层接受浅部含水层补给作用明显。

2018 年上半年不同含水层地下水水位均有回升趋势，浅部和中部含水层地下水水位高于深部，浅部含水层地下水水位升高幅度与中部基本一致，下半年地下水水位持续下降；2019 年年内不同含水层地下水水位持续下降，且下降趋势一致，深部含水层地下水水位明显与中部接近；2020 年上半年不同含水层地下水水位仍然存在持续下降趋势，8 月受降水的影响，地下水水位持续回升约 2.5m。

2. 地下水水位变化原因分析

龙口典型区西海岸典型剖面不同层位地下水水位监测数据显示，海岸线向内陆方向地下水水位逐渐降低，导致目前海水入侵有进一步加剧的风险。

2018 年龙口典型区降水量为 660.9mm，地下水开采量为 4825 万 m^3，2019 年龙口典型区降水量为 388.2mm，地下水开采量为 6829 万 m^3，受气候变化和人类活动的共同影响，2019 年龙口典型区西海岸典型剖面监测到不同层位地下水水位较 2018 年持续下降，地下水水位负值区由海向陆方向水力梯度的增大将会导致海水入侵加剧。

4.4.5 地下水水质分层监测

1. 长期电导率监测

2018 年 3 月至 2020 年 12 月龙口典型区地下水分层监测电导率变化见图 4.23。

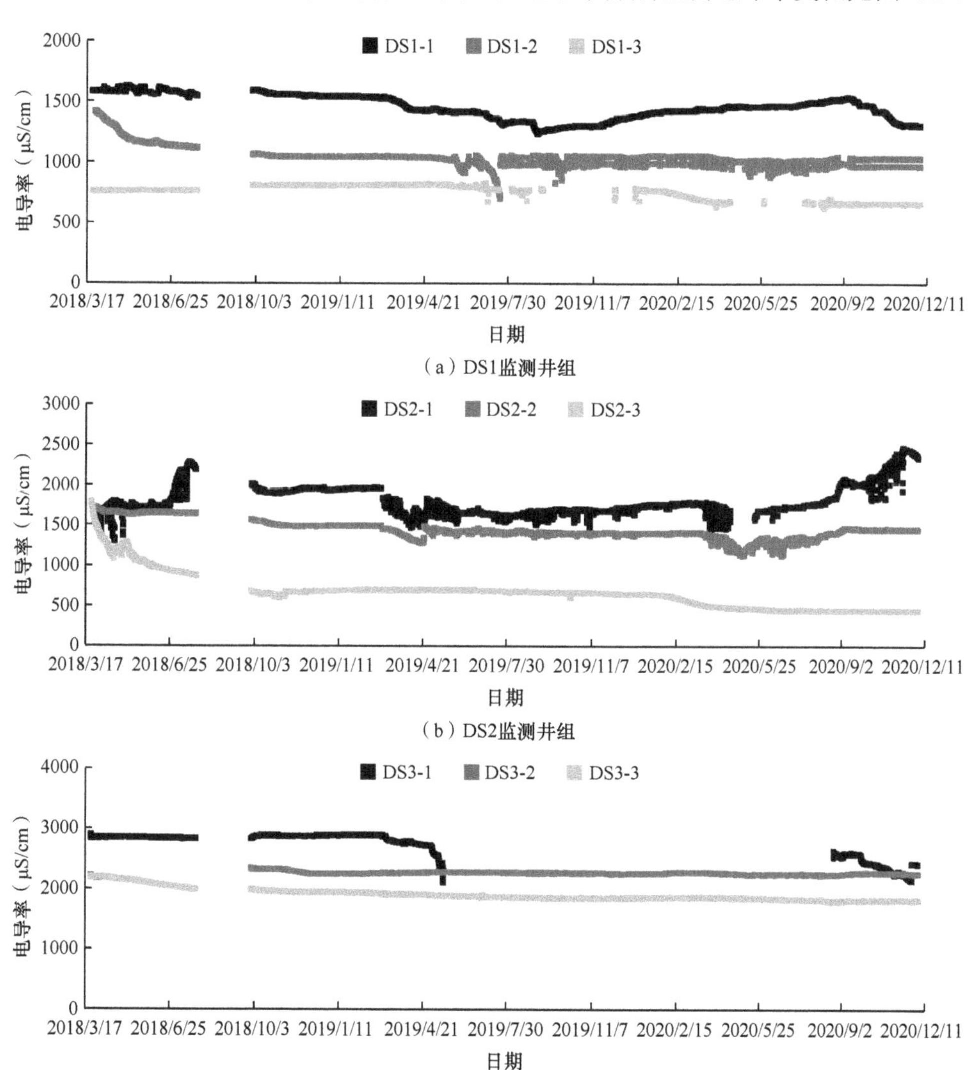

（a）DS1监测井组

（b）DS2监测井组

（c）DS3监测井组

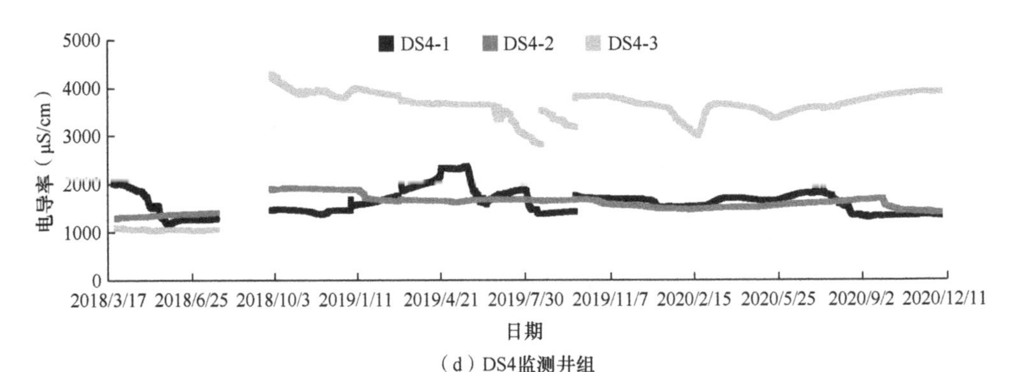

（d）DS4监测井组

图 4.23　2018 年 3 月至 2020 年 12 月龙口典型区地下水分层监测电导率变化

1）DS1 监测井组

2018 年 3 月至 2020 年 12 月深部含水层地下水电导率略有下降，从监测初期的 760.6μS/cm 下降到 665.6μS/cm（2020 年下降速率最大），深层承压水开采导致监测井水位下降幅度很大，监测井中地下水多参数自动记录仪部分时间悬空，未监测到地下水电导率；中部含水层地下水电导率明显下降，从监测初期的 1416.4μS/cm 下降到 1035.3μS/cm；浅部含水层地下水电导率受降水和海水入侵的影响，出现了小幅度波动（监测初期为 1584μS/cm），2019 年浅部地下水电导率先降后升，2020 年下半年浅层地下水电导率明显下降到 1305μS/cm。

2）DS2 监测井组

2018 年 3 月至 2020 年 12 月深部含水层地下水电导率急剧降低，之后降低速率减小，从监测初期的 1778.8μS/cm 下降到 445.2μS/cm；中部含水层地下水电导率在 4 月波动较大，年际变化幅度较小，从监测初期的 1724.8μS/cm 下降到 1449.4μS/cm；浅部含水层地下水电导率受降水和海水入侵的影响，在 4 月波动明显（监测初期为 1556.7μS/cm），2019 年浅部地下水电导率总体稳定，2020 年下半年浅部地下水受海水入侵影响电导率增加到 2346μS/cm。

3）DS3 监测井组

2018 年 3 月至 2020 年 12 月深部含水层地下水电导率持续下降，从监测初期的 2193.3μS/cm 下降到 1828.4μS/cm；中部含水层地下水电导率年际变化幅度较小，从监测初期 2215.9μS/cm 增加到 2259.3μS/cm；浅部含水层地下水电导率受降水和海水入侵的影响（监测初期为 2898.8μS/cm），监测井中地下水多参数自动记录仪部分时间悬空，未监测到地下水电导率。

4）DS4 监测井组

2018 年 3 月至 2020 年 12 月深部含水层地下水电导率总体较大且呈波动趋势，最大值超过 4000μS/cm；中部含水层地下水电导率年际变化幅度较小，从监测初期 1286.5μS/cm 增加到 1406.9μS/cm；浅部含水层地下水电导率受降水和海水入侵的影响（监测初期为 2013.9μS/cm），2020 年下半年浅部地下水电导率下降后趋于稳定。

2. 地下水水化学分析

龙口典型区西海岸典型监测剖面在研究期间共采集地下水监测井中水样 5 批次，分析结果见表 4.8～表 4.10。2018 年 3 月 14 日，三个监测层位 TDS、Cl^-浓度与电导率从浅部到深部含水层的变化趋势基本一致，对于 DS1 监测井组，电导率随着深度的增加由 1584.0μS/cm 下降到约 760.6μS/cm，TDS 由 1251.05mg/L 下降到 587.75mg/L，Cl^-浓度由 228.92mg/L 下降到 126.79mg/L；对于 DS2 监测井组，电导率随着深度的增加由 1556.7μS/cm 增加到 1778.8μS/cm，TDS 由 949.63mg/L 下降到 313.97mg/L，Cl^-浓度由 232.45mg/L 下降到 56.35mg/L；对于 DS3 监测井组，电导率随着深度的增加由 2898.8μS/cm 下降到 2193.3μS/cm，TDS 由 2063.99mg/L 下降到 1750.12mg/L，Cl^-浓度由 795.95mg/L 下降到 443.76mg/L；对于 DS4 监测井组，电导率随着深度的增加由 2013.9μS/cm 下降到 1084.0μS/cm，TDS 由 1551.25mg/L 下降到 775.52mg/L，Cl^-浓度由 383.89mg/L 下降到 214.84mg/L。

表 4.8　2018 年 3 月 14 日地下水分层监测 Cl^-浓度、TDS 和电导率分析结果

监测井编号	Cl^-浓度（mg/L）	TDS（mg/L）	电导率（μS/cm）
DS1-1	228.92	1251.05	1584.0
DS1-2	211.31	816.18	1416.4
DS1-3	126.79	587.75	760.6
DS2-1	232.45	949.63	1556.7
DS2-2	359.23	1190.74	1724.8
DS2-3	56.35	313.97	1778.8
DS3-1	795.95	2063.99	2898.8
DS3-2	683.25	1946.80	2215.9
DS3-3	443.76	1750.12	2193.3
DS4-1	383.89	1551.25	2013.9
DS4-2	253.58	864.45	1286.5
DS4-3	214.84	775.52	1084.0

表 4.9　2018 年 8 月 29 日和 2019 年 6 月 23 日地下水分层监测 Cl^-浓度分析结果　（单位：mg/L）

监测井编号	Cl^-浓度	
	2018 年 8 月 29 日	2019 年 6 月 23 日
DS1-1	201.5	172.8
DS1-2	202.0	165.5
DS1-3	140.5	120.3
DS2-1	328.5	312.1

续表

监测井编号	Cl⁻浓度	
	2018年8月29日	2019年6月23日
DS2-2	314.5	264.7
DS2-3	128.0	113.4
DS3-1	785.7	604.3
DS3-2	616.0	526.9
DS3-3	422.1	351.0
DS4-1	62.3	271.8
DS4-2	736.6	253.9
DS4-3	1102.9	805.4

表4.10　2020年地下水分层监测Cl⁻浓度、TDS和电导率分析结果

监测井编号	4月15日		7月17日		
	Cl⁻浓度（mg/L）	TDS（mg/L）	Cl⁻浓度（mg/L）	TDS（mg/L）	电导率（μS/cm）
DS1-1	208.71	831	199.18	811	1486.0
DS1-2	169.12	545	157.31	525	1013.6
DS1-3	127.38	429	98.24	369	672.9
DS2-1	345.36	1096	330.18	1074	1729.4
DS2-2	272.63	757	252.26	702	1331.1
DS2-3	112.13	392	61.06	243	447.6
DS3-1	784.58	2249	693.64	1559	2541.8
DS3-2	597.51	1419	560.35	1292	2254.9
DS3-3	379.23	1191	362.69	1103	1836.9
DS4-1	371.41	1094	352.59	1045	1810.5
DS4-2	310.69	849	253.71	812	1613.7
DS4-3	705.83	2188	696.31	2070	3597.0

2020年7月17日，三个监测层位TDS、Cl⁻浓度与电导率从浅部到深部含水层的变化趋势基本一致，对于DS1监测井组，电导率随着深度的增加由1486.0μS/cm下降到672.9μS/cm，TDS由811mg/L下降到369mg/L，Cl⁻浓度由199.18mg/L下降到98.24mg/L；对于DS2监测井组，电导率随着深度的增加由1729.4μS/cm下降到447.6μS/cm，TDS由1074mg/L下降到243mg/L，Cl⁻浓度由330.18mg/L下降到61.06mg/L；对于DS3监测井组，电导率随着深度的增加由2541.8μS/cm降低到1836.9μS/cm，TDS由1559mg/L下降到1103mg/L，Cl⁻浓度由693.64mg/L下降到362.69mg/L；对于DS4监测井组，电导率随着深度的增加由1810.5μS/cm增加到3597.0μS/cm，TDS由1045mg/L增加到2070mg/L，Cl⁻浓

度由 352.59mg/L 增加到 696.31mg/L。

2018 年 4 月至 2020 年 9 月龙口典型区地下水分层监测 Cl^-浓度变化见图 4.24。以 Cl^-浓度大于等于 250mg/L 为海水入侵标准，距离西海岸 3.2km 处（DS1 监测井组位置）不同埋深含水层均未受到海水入侵，2020 年 Cl^-浓度存在降低趋势，由浅部到深部含水层 Cl^-浓度存在降低趋势；距离西海岸 2.6km 处（DS2 监测井组位置）浅部和中部含水层均受到海水入侵，深部未受到海水入侵，由浅部到深部含水层 Cl^-浓度存在降低趋势，再次反映该位置处于海水入侵咸/淡水过渡带；距离西海岸 2.1km 处（DS3 监测井组位置）不同埋深含水层均受到海水入侵，由浅部到深部含水层 Cl^-浓度存在降低趋势；距离西海岸 1.2km 处（DS4 监测井组位置）不同埋深含水层均受到海水入侵，中部与深部含水层 Cl^-浓度变化较大，受 2018 年 7 月取样之前洗井抽水的影响，中部和深部含水层监测井接受了严重海水入侵区地下水补给，Cl^-浓度明显上升后逐渐下降，但是深部含水层 Cl^-浓度最高，与深部地下水监测井的电导率监测结果一致。

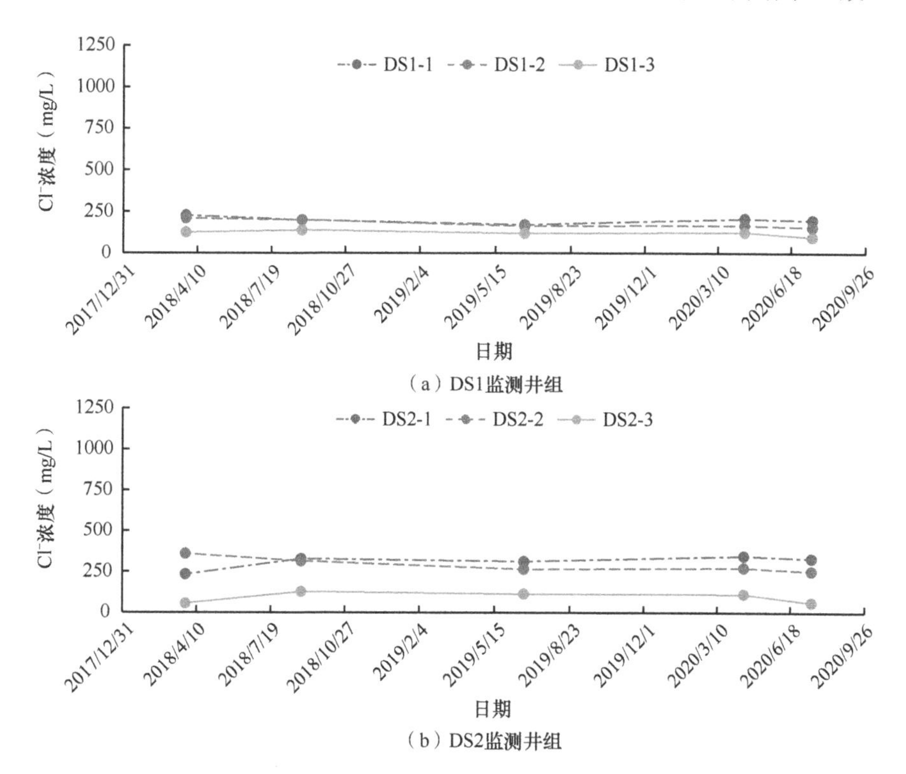

（a）DS1监测井组

（b）DS2监测井组

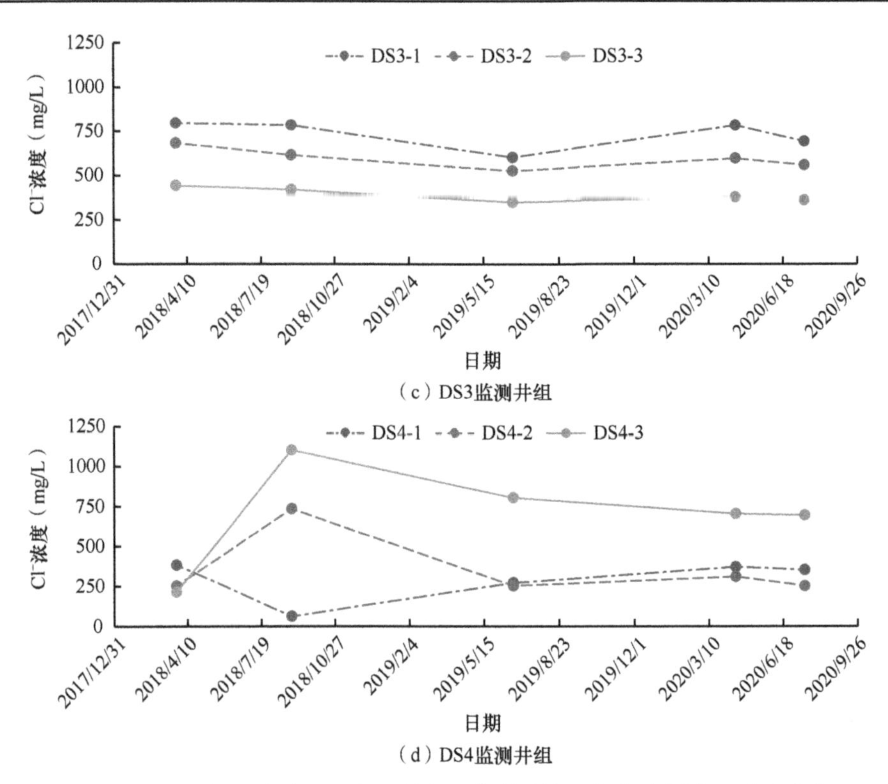

（c）DS3监测井组

（d）DS4监测井组

图 4.24 2018 年 4 月至 2020 年 9 月龙口典型区地下水分层监测 Cl$^-$浓度变化

4.5 本 章 小 结

本章根据海水入侵区典型监测剖面的确定原则，结合区域水文地质条件，在龙口典型区海水入侵严重的西海岸选择典型剖面对地下水水位和水质进行分层监测。为了克服地下水化学分析数据离散的缺点，在海水入侵较严重的西海岸区域运用水文地质钻探、电测井技术、电阻率层析成像法等综合手段对垂直于海岸的典型剖面进行详细调查评价。

1. 水文地质钻探与测井成果

水文地质钻孔直接揭露出龙口典型区西海岸第四系覆盖层厚度范围为 62.3～64.4m、含水层构造的复杂特征（5～6 个含水层）以及不同含水层的介质特性，利用抽水试验确定了浅部、中部及深部含水层渗透系数，利用振荡试验在非常短的时间内（单井水位恢复时长大部分在 5min 之内）确定了龙口海水入侵区重要监测断面上不同埋深含水层的渗透系数，尤其是在抽水试验无法顺利实施的地下水监测井中实施了注水式振荡试验。现场振荡试验结果表明，龙口典型区西海岸第四系覆盖层中海水入侵主要层位的渗透系数为35.21～85.81m/d，滨海含水层地下水高强度开采条件下渗透性好的含水层更易遭受海水入侵。利用电测井技术原位验证了水文地质钻探揭露的地层，并且获得该典型剖面含水层视电阻率范围为5～25Ω·m，隔水层（弱透水层）视电阻率范围为1～4Ω·m。

2. 水文地质物探成果

采用等值反磁通瞬变电磁法在龙口典型区西海岸海水入侵区现场连续快速探测了典型剖面的海水入侵，反演结果表明，在距离海岸线2.1km范围内海水入侵较为严重，入侵深度达40m，地层视电阻率为3～8Ω·m；在2.1～2.6km埋深10m以浅海水入侵较为严重，地层视电阻率为3～8Ω·m，埋深10～30m海水入侵程度降低，地层视电阻率为12～14Ω·m，该位置存在咸/淡水过渡带；利用电阻率层析成像法在典型剖面距离西海岸2.6km的位置追踪到咸/淡水过渡带，并且成功反演出楔形体形状；在垂直于北海岸的剖面上通过电阻率层析成像法对含水层地层进行了调查，反演出剖面不同深度的视电阻率。

3. 地下水分层监测分析成果

结合前述综合调查成果，在典型剖面水文地质钻探位置完成了4组分层监测井的施工，通过一孔多层和异孔多层的监测技术实现了对典型剖面第四系覆盖层潜水层、中部含水层和深部含水层的水位、水质（电导率）的监测。同一监测点位不同深度的水位监测结果表明，实施分层监测的效果明显；整个剖面均位于地下水负值区，随着远离西海岸不同层位的地下水水位均持续下降，加之含水层良好的渗透性，给海水入侵提供了优势通道和水力坡度。水质监测的结果表明，典型剖面受海水入侵明显，地下水样TDS、Cl^-浓度和电导率监测分析的结果一致，总体上浅部含水层的海水入侵最为严重，深部含水层入侵程度相对较低，距离西海岸2.6km处确定的海水入侵过渡带范围内深部含水层未发现海水入侵，距离西海岸3.2km处不同层位含水层在研究期内均未发现海水入侵现象。

第 5 章

海水入侵对海平面上升的响应机制

鉴于海平面变化缓慢，难以通过野外短期观测开展海平面上升与海水入侵关系的定量研究，本章通过构建两种砂槽物理模型，开展一系列室内实验，构建了滨海层状非均质多层含水层砂槽物理模型，模拟分析海平面上升对海水入侵的影响机制；通过构建龙口典型区典型剖面的数值模型，研究揭示海水入侵对海平面上升的响应机制；构建了滨海单个非均质含水层砂槽物理模型，模拟分析潮汐对海水入侵的影响机制；进一步，通过龙口典型区典型剖面的现场监测，研究揭示海水入侵对潮汐的响应机制。

5.1 海水入侵对海平面上升响应的物理模拟与分析

本节通过构建滨海层状非均质多层含水层砂槽物理模型，模拟分析不同海平面上升速率对海水入侵的影响机制，并开展了海水入侵修复实验。

5.1.1 实验目的与设计

实验目的是揭示不同海平面上升速率条件下海岸带含水层不同层位中海水入侵规律，以及抬升淡水地下水水位条件下含水层中海水入侵回退演化规律。物理模拟共开展 3 组实验，分别如下。

第一组是海平面上升速率较慢情景下海水入侵对海平面上升的响应机制实验（见 5.1.3 小节），为求模型与野外实际相似，模型尺寸为大尺度，砂槽主体是由强化有机玻璃制成的长×宽×高为 660cm×60cm×150cm 的矩形槽。初始时刻砂槽两侧水位均控制在 75cm，在左侧定水头水箱中配置 NaCl 溶液与亮蓝的混合溶液模拟海水边界，将左侧海水水位在 10min 之内提升到 85cm 并稳定约 150min，然后再将其提升到 95cm 并稳定约 18h，其间右侧淡水水位保持定水头 75cm。

第二组是海平面上升速率较快情景下海水入侵对海平面上升的响应机制实验（见 5.1.3 小节），为求模型与野外实际相似，模型尺寸为大尺度，砂槽主体是由强化有机玻璃制成的长×宽×高为 660cm×60cm×150cm 的矩形槽。初始时刻砂槽两侧水位均控制在 75cm，在左侧定水头水箱中配置 NaCl 溶液与亮蓝的混合溶液模拟海水边界，将左侧海水水位在 10min 之内提升到 95cm 并稳定至实验结束，其间右侧淡水水位保持定水头 75cm。

第三组是淡水地下水水位回升对海水入侵防治的作用实验（见 5.1.4 小节）。在第二组实验结束之后，将淡水水位从 75cm 提升到 95cm，同时将海水水位从 95cm 下降到 60cm，之后海水水位和淡水水位均保持稳定至实验结束。

5.1.2　多个含水层砂槽物理模型构建

1. 模型结构

为揭示海水入侵对海平面上升的响应机制和淡水地下水水位回升对海水入侵防治的作用，在室内搭建了大型滨海含水层海水入侵砂槽物理模型。砂槽由三部分组成，分别为槽首（海水箱）、槽体（砂槽主体）和槽尾（淡水箱），见图 5.1。为使模型与野外实际相似，砂槽尺度较大，砂槽主体是由强化有机玻璃制成的长×宽×高为 600cm×60cm× 150cm 的矩形槽，置于长×宽×高为 600cm×60cm×50cm 的金

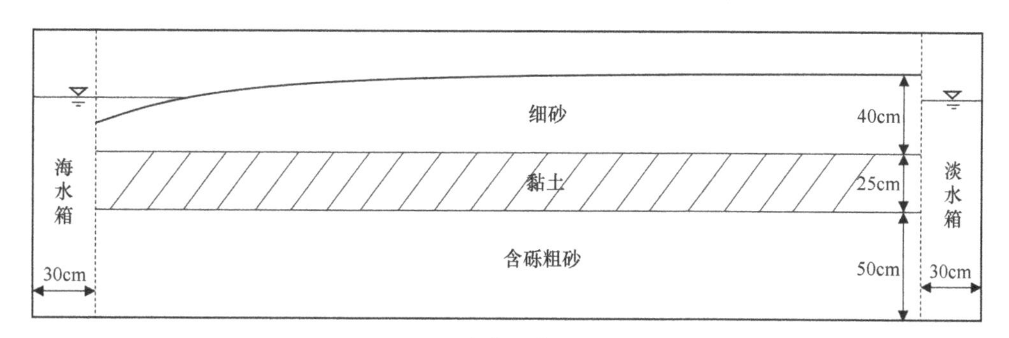

（a）设计图

（b）实物图

图 5.1　海水入侵砂槽物理模型

属架上。砂槽主体内从上往下依次填入细砂、黏土和含砾粗砂三种含水介质，厚度分别为40cm、25cm、50cm，且在细砂中海岸处设置坡度为6°的岸坡。砂槽左侧为海水箱，以模拟向海边界，海水箱和砂槽主体用布满孔的PVC板隔开，海水箱长×宽×高为30cm×60cm×150cm，且在砂槽主体两侧布设土工布（300g/m²），以起到透水隔砂的作用。砂槽右侧为淡水箱，用来模拟向陆边界，淡水箱和砂槽主体也用布满孔的PVC板隔开，淡水箱长×宽×高为30cm×60cm×150cm。海水箱与淡水箱通过水泵分别与一个蓄水池接通，蓄水池用长×宽×高为280cm×120cm×60cm的PVC板制作而成，置于地面上。

2. 室内监测方法

1）染色剂示踪海水

在实验过程中，以NaCl溶液代表海水，为直观且方便地观测海水楔的动态与平衡，选择用染色剂来示踪海水。该方法成功和准确的关键条件是染色剂的运动能够准确地反映溶质的运动，颜色强度的变化能够代表溶质浓度的变化。具体来说，染色剂必须满足三个基本条件：①它在砂槽中要与NaCl溶液以相同的运移速率移动，以确保染色剂颜色强度的变化能充分反映溶质浓度的变化；②染色剂溶液不吸附在砂样上，以确保流动的溶质和染色剂的质量保持在相同的比例；③染色剂所含成分不与NaCl溶液产生化学反应，以确保配制的海水溶液成分不会因染色剂而发生改变。按照以上三个基本条件，本次实验中选择使用亮蓝作为海水示踪剂。亮蓝呈粉末状，可作为食品色素，具有环境污染性小、着色迅速、易溶于水的特点。

砂槽前后使用强化有机玻璃，在亮蓝示踪剂的指示下，可以肉眼观察海水入侵过程，同时使用高分辨率相机连续拍摄亮蓝在砂槽中指示的海水入侵楔形体。

2）利用电阻率层析成像法监测砂槽视电阻率分布及变化

电阻率层析成像法采用密集和改变的单位电极距，可以在短时间内获得大量的观测数据，具有电剖面法和电测深法的优点。该方法是广泛应用于滨海地区海水入侵调查的一种地球物理方法，能够分辨地层（含水层）因海水入侵而形成的视电阻率异常，通过测定不同埋深地层的视电阻率，判定海水入侵距离、范围、深度和严重程度，并揭示咸/淡水界面。

为了提高海水入侵室内物理模拟中电阻率层析成像法的监测精度，监测过程中做了三方面改进：一是鉴于砂槽模型相对于野外场地尺度较小，使用小型不锈钢探针代替尺寸较大的铜电极，以减小电极的尺度效应；二是在电阻率层析成像法连续监测过程中增加外部供电电源，以通过增大外部电压的方式，增大探针间的实测电流，提高视电阻率的测量精度；三是针对表层干燥细砂的接地电阻较大的特点，在不锈钢探针附近细砂中浇洒少量盐水，减小不锈钢探针的接地电阻。

5.1.3　海水入侵对海平面上升响应的模拟

构建多个含水层砂槽模型并装填完细砂、黏土和含砾粗砂三种人工含水层，实验未开始之前位于两侧的海水箱和淡水箱尚不注水，细砂、黏土和含砾粗砂组成的地层均为不饱和状况。在正式开展海水入侵对海平面上升响应的模拟和淡水水位回升对海水入侵修复实验之前，使用电阻率层析成像法测量了尚未注水的砂槽内地层视电阻率。

1. 砂槽模型含水层饱和过程中视电阻率变化分析

在正式开展海水入侵实验之前，使用电阻率层析成像法对砂槽填埋好的不同地层进行划分，并与实际填埋介质尺寸进行比对，以掌握砂槽人工含水层视电阻率特性。此时，保持海水箱与淡水箱关闭不进水，细砂、黏土和含砾粗砂组成的人工地层均为不饱和状况。电阻率层析成像实验装置采用温纳装置，单位电极距为 0.100m，共 53 个电极（剖面长 5.2m）。注水前砂槽地层视电阻率反演结果见图 5.2。细砂层视电阻率大于 1000Ω·m，反演厚度约为 0.396m，与实际厚度 0.4m 相近；黏土层视电阻率为 100～200Ω·m，反演厚度约为 0.279m，与黏土层设计填埋的真实厚度 0.25m 接近。受砂槽长度限制，温纳装置反演的剖面最深处为 0.788m，不能完全覆盖下部含砾粗砂层，因而不对其进行比对分析。总体上，利用电阻率层析成像法推断的地层厚度与真实填埋厚度相近，说明该方法可用于实验中进一步观测追踪海水入侵动态发展过程。

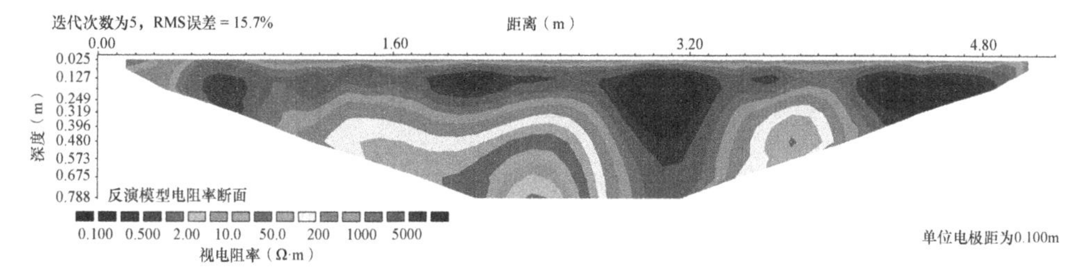

图 5.2　注水前砂槽地层视电阻率反演结果

上述监测结束后，海水箱一侧保持关闭，打开淡水箱缓慢进水，使砂槽地层逐渐饱和。在此过程中，利用电阻率层析成像法连续监测地层随着含水量增加的变化，砂槽模型地层饱和过程中视电阻率监测结果如图 5.3 所示，将最终稳定的地层视电阻率作为海水入侵发生之前地层的视电阻率背景值。可以看出，随着注入时间持续增加，全部地层从右向左逐渐饱和，视电阻率也随之持续下降；在 660min，淡水水位以下地层完全饱和，细砂层视电阻率从饱和前的 1000Ω·m 左右下降到 200Ω·m 左右，黏土层视电阻率从 100～200Ω·m 下降到 20～50Ω·m。

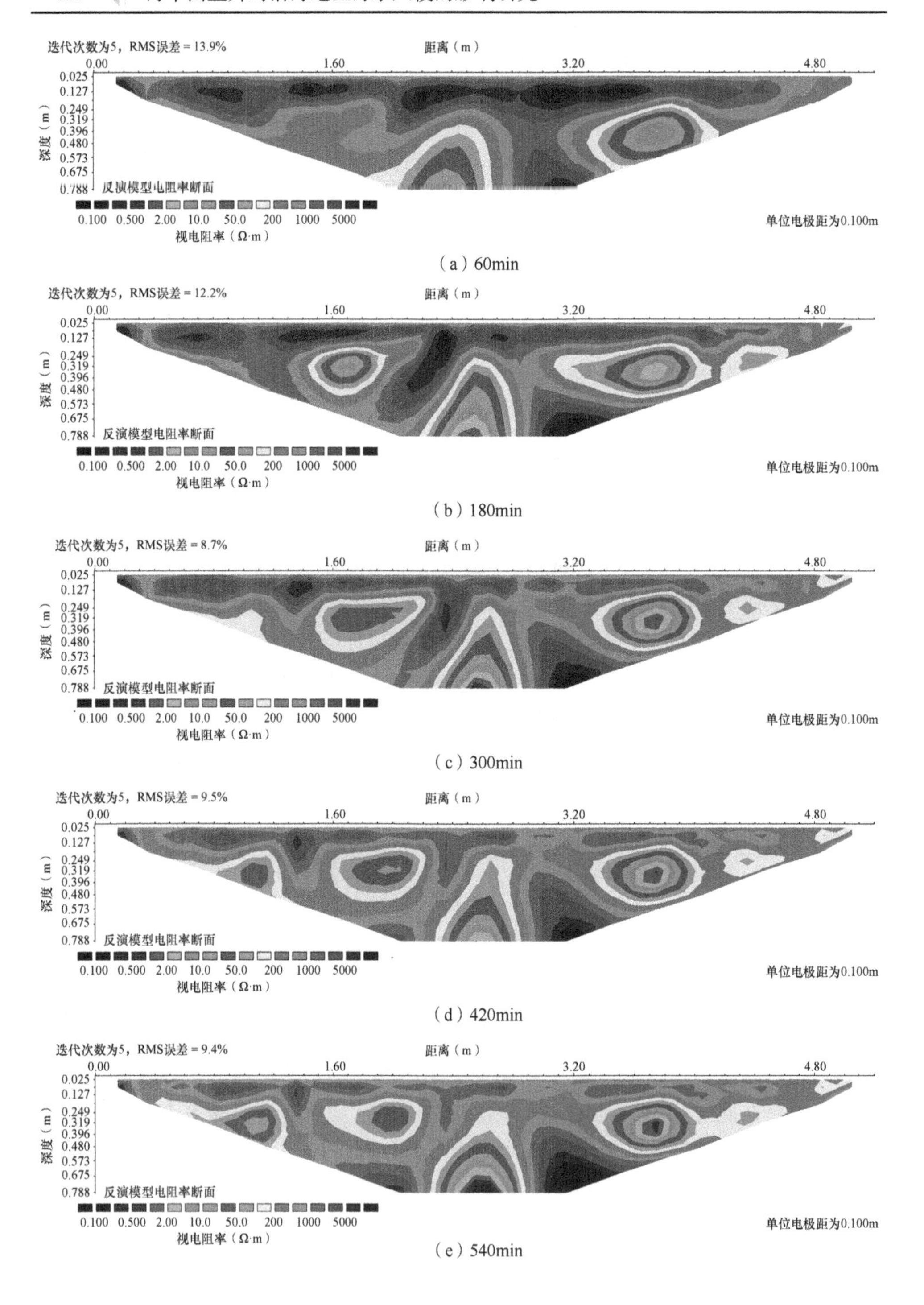

（a）60min

（b）180min

（c）300min

（d）420min

（e）540min

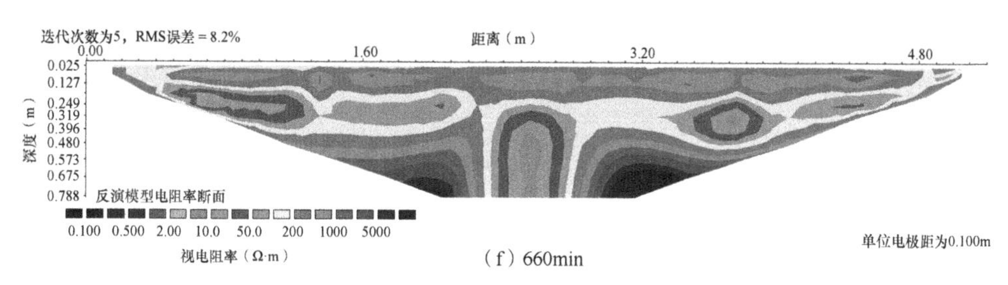

（f）660min

图 5.3　砂槽模型地层饱和过程中视电阻率监测结果

2. 海平面上升速率较慢情景

正式试验开始后，砂槽两侧水位均控制在 75cm，在左侧定水头水箱中配置 NaCl 溶液与亮蓝的混合溶液以模拟海水边界，打开海水箱，海水中盐分在分子扩散作用下向地层运移(通过亮蓝显示)，将左侧海水水位在 10min 之内提升到 85cm 并稳定约 150min，然后再将其提升到 95cm 并稳定约 18h，其间右侧淡水水位保持定水头 75cm，海水水位慢速上升条件下承压含水层水头监测结果见图 5.4（1 号测压管靠近淡水边界）。随着海水水位上升，靠近海水箱一侧含砾粗砂地层中水位也持续上升，并且在海水和淡水边界处形成水力梯度，为海水入侵提供了水力条件。利用电阻率层析成像法和亮蓝图像位置拍摄法间接和直接观测不同时刻砂槽地层中咸/淡水界面对不同时刻海水水位上升的动态响应过程。

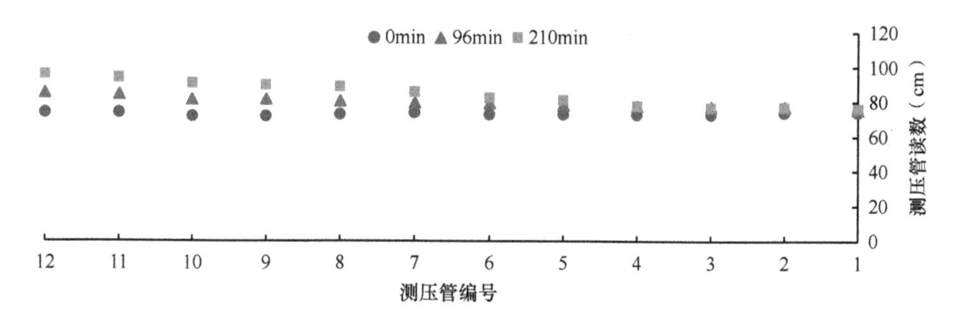

图 5.4　海水水位慢速上升条件下承压含水层水头监测结果

在实验过程中，利用相机拍摄砂槽模型地层剖面不同时刻的照片，通过记录追踪含砾粗砂地层中咸/淡水界面（以亮蓝标记）的发展，来反映海水入侵的发展过程（图 5.5）。可见，初始时刻海水水位和淡水水位持平（75cm），但在海水密度差作用下，左侧底部出现了轻微的海水入侵现象（亮蓝覆盖区域），最远入侵距离约为 0.5m。10min 后，左侧海水水位从 75cm 上升到 85cm，右侧淡水水位保持不变，在水力梯度驱使下，海水加快入侵含砾粗砂地层。在 95min，受地层介质非均质性的影响，在厚度为 0.5m 的含砾粗砂地层中，不同位置海水入侵的距离差异较大，底部入侵距离达 2m，中部和顶板的入侵距离为 0.6～1.5m，形成了新的海水楔，同时细砂地层中也出现了海水入侵。在 159min，海水入侵咸/淡水界面基本稳定。当海水水位从 85cm 上升到 95cm 后，咸/淡水界面的平衡条件再次被打破，海水继续入侵含砾粗砂地层。在 210min，海水在含砾粗砂地层中的入侵距离达到 2m；海水入侵咸/淡水界面再次稳定后（1215min），结束该组实验，此时含砾粗砂地层中海水入侵距离为 2.7～4m，细砂地层中海水入侵距离达 1m。

（a）0min海水水位75cm

（b）95min海水水位85cm

（c）159min海水水位85cm

（d）210min海水水位95cm

（e）1215min海水水位95cm

图 5.5　海水水位慢速上升条件下亮蓝示踪海水入侵过程

在利用亮蓝对海水入侵过程进行示踪的同时，还通过电阻率层析成像法持续监测了海水水位上升过程中地层视电阻率的变化，监测结果见图 5.6。当海水水位为初始的 75cm 时，视电阻率相对较大，表明细砂地层海水入侵的范围非常小；当海水水位上升到 85cm 后[图 5.6（a）、（b）]，细砂地层中埋深 0.249～0.396m 视电阻率下降明显，形成视电阻率低阻区，低阻区范围随时间增加向淡水方向（陆地边界）发展扩大；当海水水位上升到 95cm 时[图 5.6（c）]，低阻区范围持续向淡水方向扩张，最终低阻区的范围扩展到距离左侧海水边界 2.3m 处。电阻率层析成像法反演结果展示了海水入侵过程中砂槽地层视电阻率随时间的变化过程，可能由于表层细砂受咸水反复浸泡后视电阻率非常小，因此实验测得的视电阻率异常小，实测值与反演值的均方根误差也表明该组实验测量值整体存在较大误差。

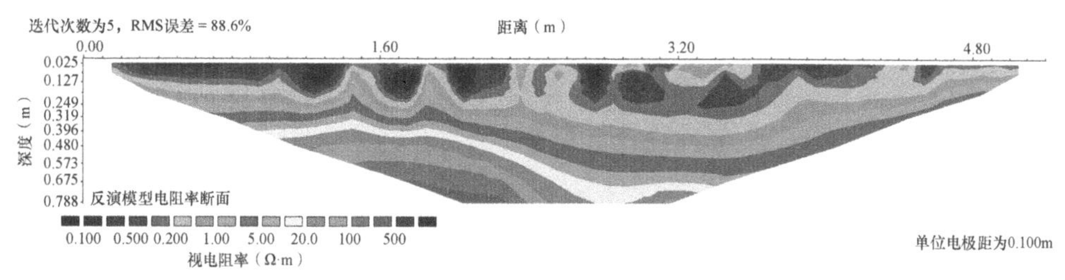

（a）60min

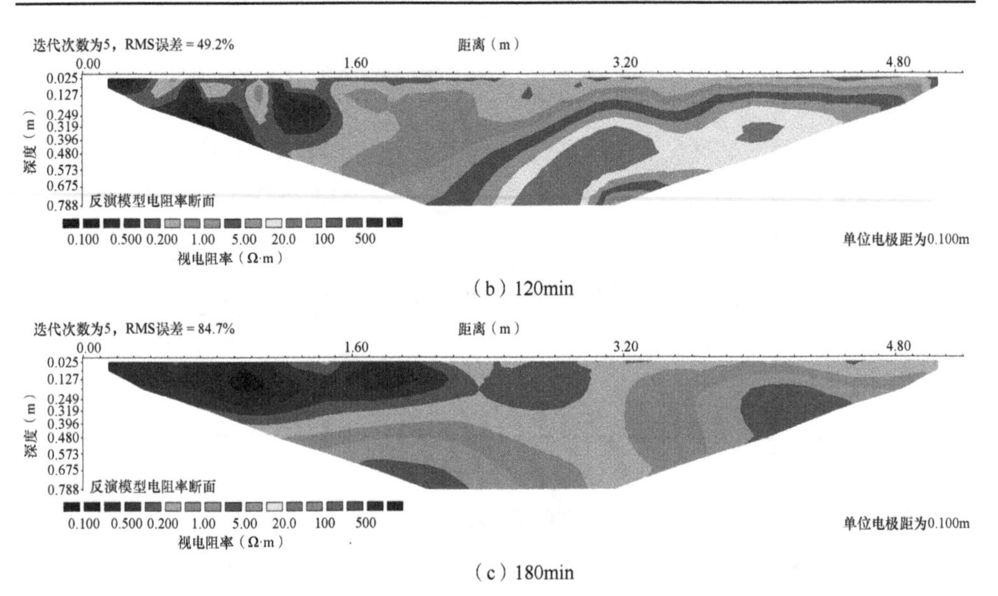

（b）120min

（c）180min

图 5.6 海水水位慢速上升条件下电阻率层析成像法监测海水入侵过程

3. 海平面上升速率较快情景

初始时刻砂槽两侧水位均控制在 75cm，在左侧定水头水箱中配置 NaCl 溶液与亮蓝的混合溶液以模拟海水边界，将左侧海水水位在 10min 之内提升到 95cm 并稳定至实验结束，海水水位快速上升 150min 后承压含水层中水头监测结果见图 5.7。由于海水水位（95cm）与淡水水位（75cm）存在水头差，驱动着左侧海水向淡水一侧运动，亮蓝随着海水运动也同时向淡水一侧运移，海水入侵过程见图 5.8。可以看出，在 15min，海水在含砾粗砂地层中入侵距离为 0.6～1.5m，在细砂地层中入侵距离约为 0.5m；在 60min，含砾粗砂地层和细砂地层中海水入侵的距离与海水水位慢速上升条件下 210min 的入侵距离接近；在 150min，含砾粗砂层中咸/淡水界面基本稳定，入侵距离接近海水水位慢速上升条件下 1215min 的入侵距离，但在细砂地层中入侵距离超过 1m，远大于海水水位慢速上升条件下细砂地层中的海水入侵距离。

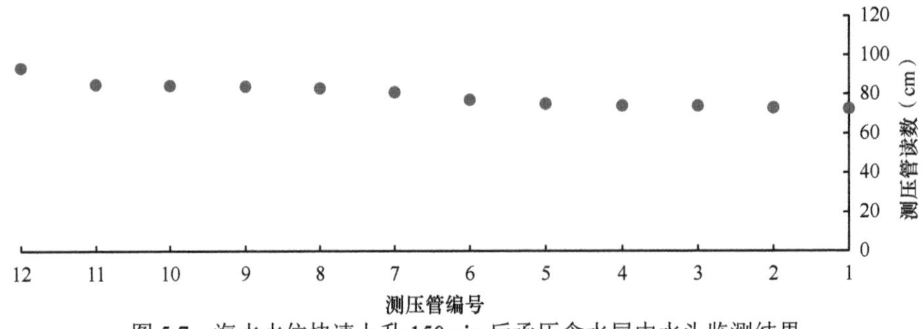

图 5.7 海水水位快速上升 150min 后承压含水层中水头监测结果

（a）0min海水水位75cm

（b）15min海水水位95cm

（c）60min海水水位95cm

（d）120min海水水位95cm

（e）150min海水水位95cm

图 5.8　海水水位快速上升条件下亮蓝示踪海水入侵过程

实验结果表明，海平面上升会破坏滨海含水层中咸/淡水界面的平衡，导致海水持续侵入滨海不同含水层，直到新的咸/淡水界面平衡状态形成；海平面快速上升会引起海水入侵响应速度的加快，潜水含水层中海水入侵范围扩大较快。

在利用亮蓝对海水入侵过程进行示踪的同时，利用电阻率层析成像法持续监测了海水入侵发生时地层视电阻率的变化，监测结果见图 5.9。初始时刻，当海水水位为 75cm 时，细砂地层未发现海水入侵造成的视电阻率下降现象。当海水水位上升后（70min），视电阻率反演结果表明，细砂地层中埋深 0.025～0.396m、平面 0.00～0.50m 视电阻率下降明显，从 500Ω·m 下降到 5Ω·m，埋深 0.025～0.396m、平面 0.50～1.40m 视电阻率下降明显，从 500Ω·m 下降到 20Ω·m，与 60min 亮蓝指示的海水入侵范围接近。

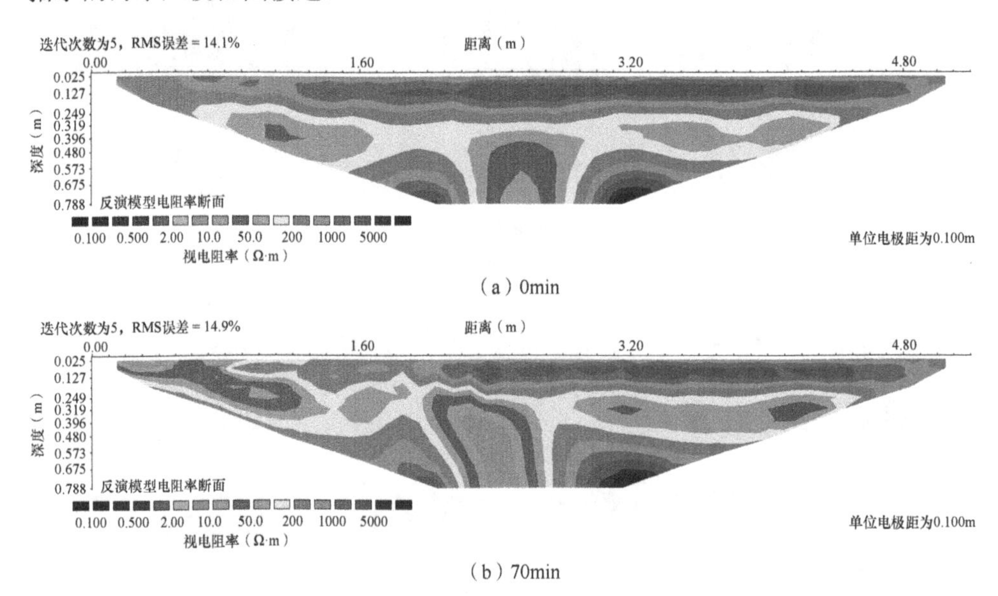

（a）0min

（b）70min

图 5.9　海水水位快速上升条件下电阻率层析成像法监测海水入侵过程

5.1.4　淡水水位回升对海水入侵修复实验

前述海平面快速上升实验中海水入侵咸/淡水界面稳定后，将淡水水位从 75cm 提升到 95cm，同时将海水水位从 95cm 下降到 60cm，此时形成了由淡水水位指向海水水位的水力坡度，淡水开始驱替下部含砾粗砂地层和上部细砂地层中的海水，亮蓝示踪海水入侵修复过程见图 5.10。结果表明，淡水水位的提高有效减少了地层中因海水入侵而积累的盐分，实验 335min 后根据亮蓝指示结果，含砾粗砂地层和细砂地层浅部存在盐分残留，同期含砾粗砂地层和细砂地层中视电阻率反演结果也验证了修复结果（图 5.11）。

（a）0min淡水水位95cm

（b）73min淡水水位95cm

（c）106min淡水水位95cm

（d）145min淡水水位95cm

（e）231min淡水水位95cm

（f）335min淡水水位95cm

图 5.10 亮蓝示踪海水入侵修复过程

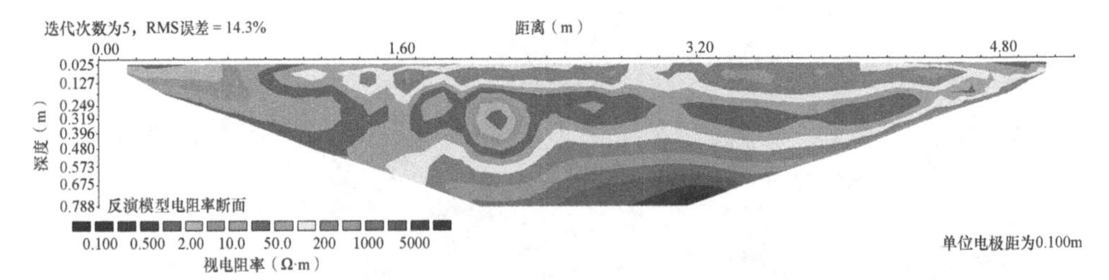

图 5.11 海水入侵修复含水层（335min）视电阻率反演结果

5.2　海水入侵对海平面上升响应的数值模拟与分析

上一节通过物理模拟方法研究分析了海水入侵对于海平面上升的响应过程，尺度局限在室内情景，本节进一步通过构建龙口典型区典型剖面数值模型，利用校正与检测后的模型，进一步模拟分析在野外实际场地中海水入侵对海平面上升的响应过程。

5.2.1　水文地质概念模型构建

1. 含水介质概化

龙口典型区水文地质剖面情况在第 3 章有所介绍，根据剖面的钻孔数据可将剖面划分为五层：第一层岩性为粗砂，磨圆度与分选性一般，概化为潜水含水层；第二层为粉质黏土，概化为弱透水层；第三层为砾砂，主要由长石、石英、云母等组成，磨圆度与分选性一般，砾石母岩以石英岩、花岗岩为主，概化为中部承压含水层；第四层是含砾粉质黏土，以黏粒为主，含 10%～15%的砾砂，概化为弱透水层；第五层为粗砂，主要由长石、石英、云母组成，概化为深部承压含水层。总体上，含水层概化为非均质各向异性含水层，水流概化为考虑变密度因素的非稳定流。龙口典型剖面的水文地质概念模型见图 5.12。

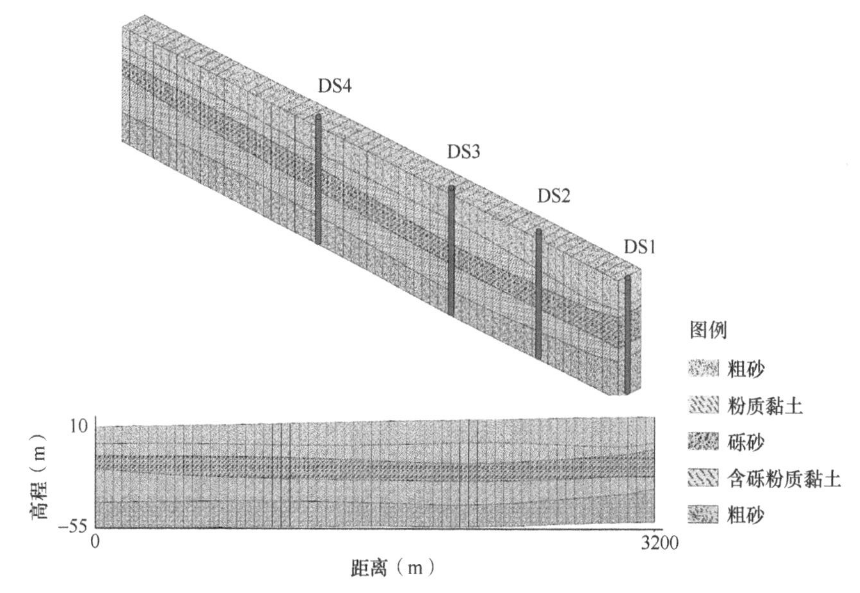

图 5.12　龙口典型剖面的水文地质概念模型图

2. 边界条件概化

在地下水流运动模型中，龙口典型剖面西部边界为莱州湾，概化为已知水头边界；模型校正与检验期东部边界的水位由 DS1 钻孔的长期观测数据提供，概化为已知水头边界，模型预测期使用龙口典型区三维海水入侵模型（见第 6 章）计算该点位的地下水水位作为典型剖面定水头边界；北部边界和南部边界概化为零通量边界；顶部边界为潜水面，底部边界为深部承压含水层底板。在溶质运移模型中，典型剖面西部边界和东部边界概化为已知浓度边界；北部边界、南部边界、顶部边界和底部边界概化为零通量的水动力弥散通量边界。

3. 源汇项概化

龙口典型剖面地下水的补给项主要有降水入渗补给和地下水侧向径流补给，排泄项主要是蒸发排泄和人工开采。降水量根据气象部门的实测数据取值。侧向径流补给根据达西定律计算。地下水开采量根据 2017 年龙口市所有地下水开采井的统计数据进行计算后分配。地下水蒸发量根据下式计算：

$$\varepsilon = \varepsilon_0 \left(1 - \frac{h}{l}\right)^n \tag{5.1}$$

式中，ε 为潜水蒸发强度（m/d）；ε_0 为水面蒸发强度（m/d），自然水体水面蒸发强度一般为蒸发皿测得蒸发强度的 60%；h 为潜水埋藏深度（m）；l 为极限蒸发深度（m）；n 为与包气带土质、气候有关的蒸发指数，一般取 1～3。龙口市沿海地区蒸发量通过蒸发皿测得，为 1250mm/a。

5.2.2 数值模型建立及求解

1. 剖面模型的时空离散

海水入侵数值模型采用有限差分法进行求解。求解之前首先需要对研究区进行有限差分网格剖分，平面上以 100m×120m 的网格进行剖分，垂向上根据地层情况划分为 5 层，每一层的顶板和底板高程由四组钻孔数据采用反距离权重法插值得到。整个剖面模型共剖分出 320 个有效网格。研究区网格的空间离散情况见图 5.12。

时间上，模型校正与检验期是 2018 年 4 月 1 日至 2020 年 12 月 2 日，共 33 个月。模型分为 33 个应力期，每一个应力期为一个月的时间。

2. 水文地质参数初值的选取

剖面模型中各含水层渗透系数的取值，根据野外振荡试验和抽水试验的结果来确定。弱透水层的渗透系数初值根据《水文地质手册（第二版）》中对应岩性的经验值，给定为 0.1m/d。各分层的渗透系数都将在模型校正与检验阶段进行调整和识别。

各含水层有效孔隙度初始假设为 0.3，给水度初始假设为 0.2，纵向弥散度根据含水介质情况和模拟尺度，设定为 10m，水平横向弥散度与纵向弥散度之比假设为 0.1，垂向弥散度与纵向弥散度之比也设置为 0.1。

3. 边界条件及初始条件的确定

海水入侵过程同时包含地下水流运动和溶质运移两个过程，因此在建立海水入侵模型时需要同时设定水流边界条件和浓度边界条件。

在地下水流运动模型中，典型剖面的东西两侧边界均为给定水头边界。西侧边界为莱州湾，给定水头为 0m。东侧边界的给定水头在校正与检验期为 DS1 监测井的实测水位，在模型预测期为研究区三维海水入侵模型输出的在 DS1 监测井处的预测水位。顶部的潜水面边界条件将在源汇项计算中给出，深部的承压含水层底部的边界设置为隔水边界。

在溶质运移模型中，典型剖面的东西两侧边界均为已知浓度边界。西侧边界为莱州湾，给定浓度为恒定值 19 000mg/L。东侧边界的给定浓度在校正与检验期为 DS1 监测井的实测 Cl^-浓度，在模型预测期为研究区三维海水入侵模型输出的在 DS1 监测井处的预测 Cl^-浓度。

关于初始条件，利用典型剖面 12 眼地下水分层监测井 2018 年 4 月的水位监测数据进行克里金（Kriging）插值，得到的典型剖面的地下水水位作为地下水流运动模型的初始条件。利用 12 眼地下水分层监测井 2018 年 3 月末的水质监测数据（Cl^-浓度）进行克里金插值，得到的典型剖面的 Cl^-浓度场作为溶质运移模型的初始条件。

4. 源汇项的确定

剖面模型的主要源汇项包括大气降水入渗和地下水开采等。各月份的降水量根据龙口市气象站和水文局的数据确定，降水入渗补给系数根据龙口典型区三维海水入侵数值模型的校正与检验结果确定为 0.15，地下水开采强度根据三维模型在典型剖面附近的开采强度确定。

5.2.3　数值模型校正与检验

利用实测的地下水水位和水质监测数据对海水入侵数值模型进行校正与检验。校正与检验期为 2018 年 4 月 1 日至 2020 年 10 月 2 日。图 5.13～图 5.24 为校正与检验期各监测井模拟水位与实测水位的对比。

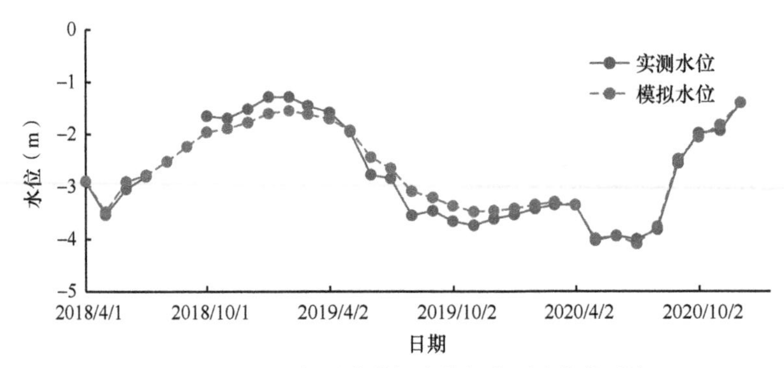

图 5.13 DS1-1 监测井模拟水位与实测水位的对比

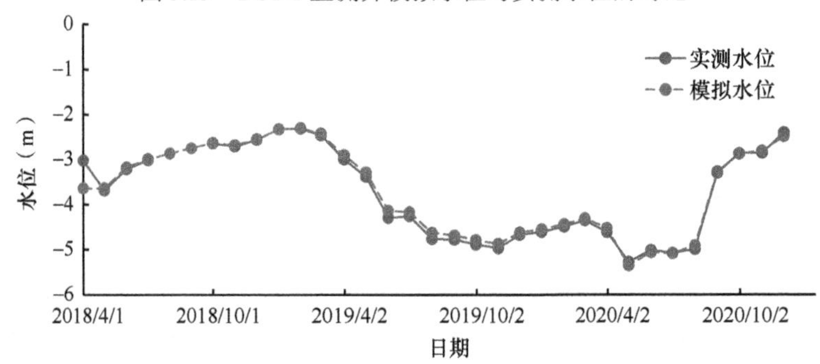

图 5.14 DS1-2 监测井模拟水位与实测水位的对比

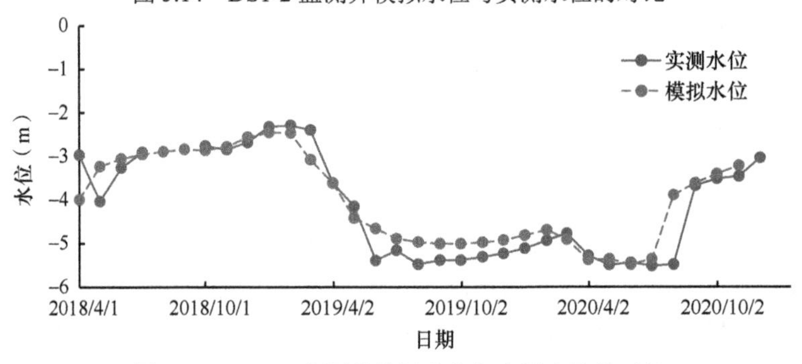

图 5.15 DS1-3 监测井模拟水位与实测水位的对比

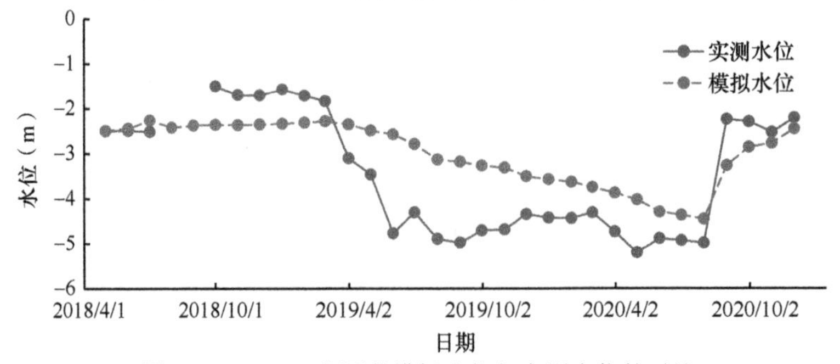

图 5.16 DS2-1 监测井模拟水位与实测水位的对比

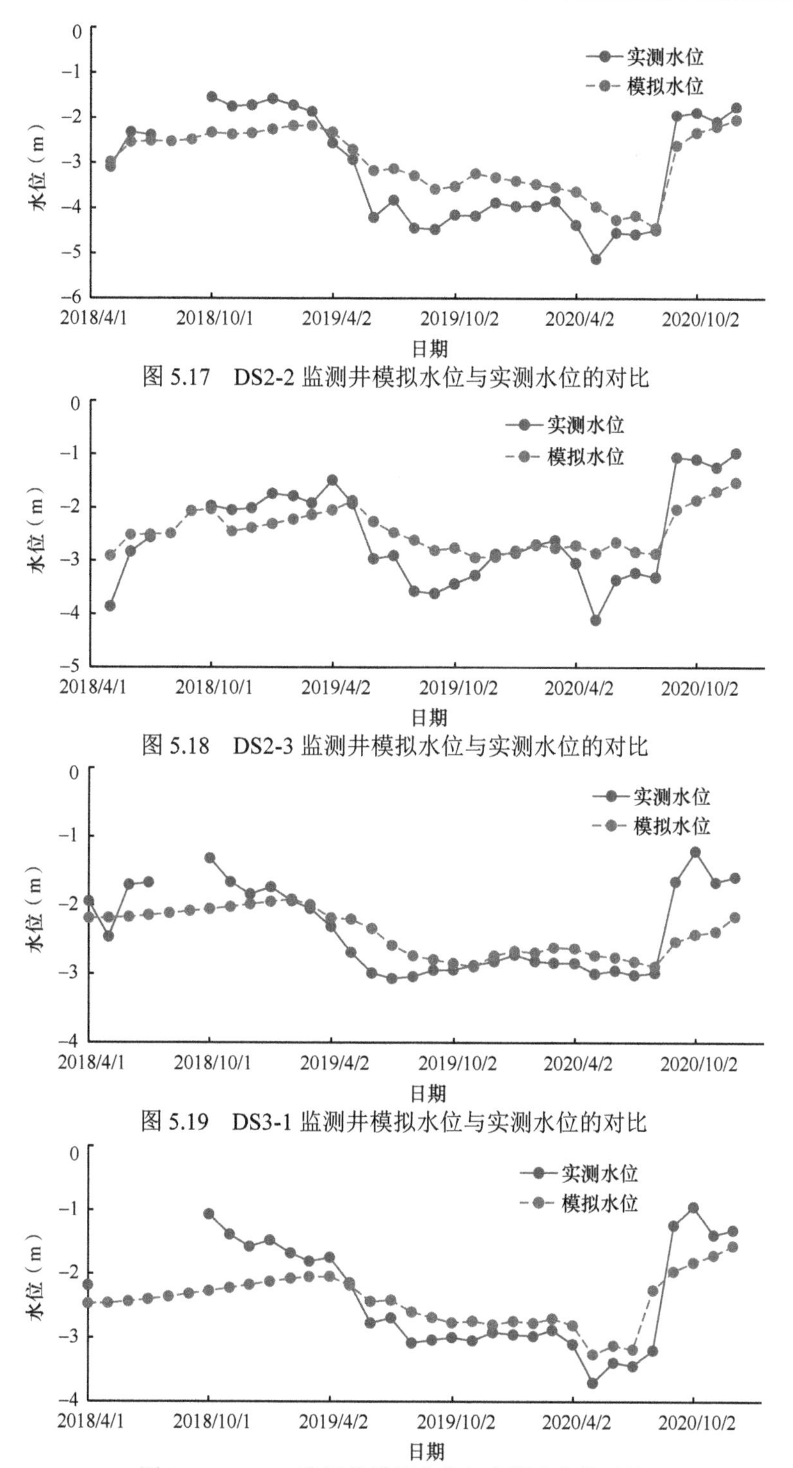

图 5.17　DS2-2 监测井模拟水位与实测水位的对比

图 5.18　DS2-3 监测井模拟水位与实测水位的对比

图 5.19　DS3-1 监测井模拟水位与实测水位的对比

图 5.20　DS3-2 监测井模拟水位与实测水位的对比

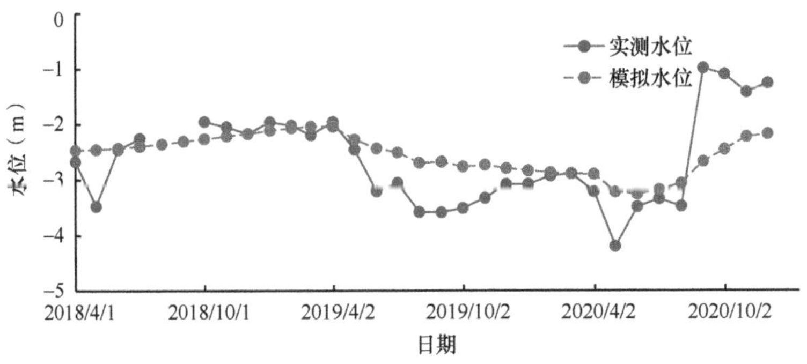

图 5.21 DS3-3 监测井模拟水位与实测水位的对比

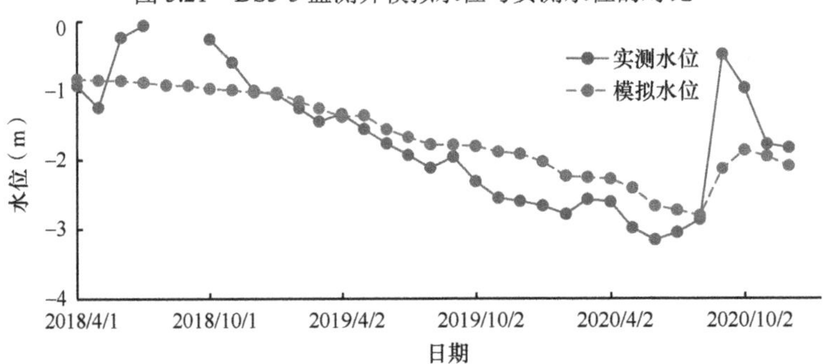

图 5.22 DS4-1 监测井模拟水位与实测水位的对比

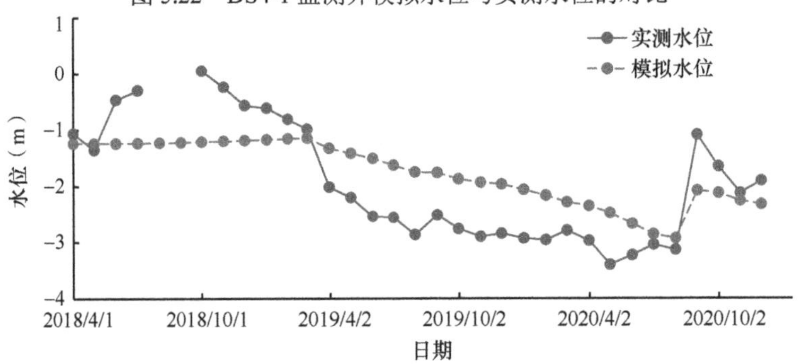

图 5.23 DS4-2 监测井模拟水位与实测水位的对比

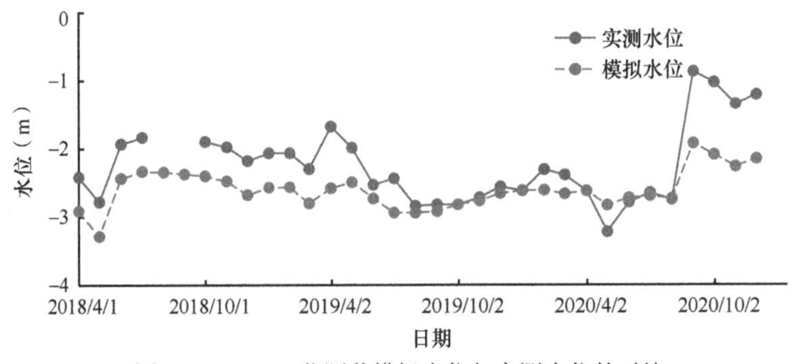

图 5.24 DS4-3 监测井模拟水位与实测水位的对比

溶质运移模型以 2018 年 4 月 1 日为初始时刻，2018 年 4 月 1 日至 9 月 1 日为校正期，2018 年 9 月 1 日至 2019 年 7 月 1 日为检验期。图 5.25、图 5.26 分别为校正期末（2018 年 8 月 29 日）和检验期末（2019 年 6 月 23 日）Cl^-浓度模拟值与实测值对比。图 5.27、图 5.28 分别展示了校正期末（2018 年 8 月 29 日）和检验期末（2019 年 6 月 23 日）Cl^-浓度分布。

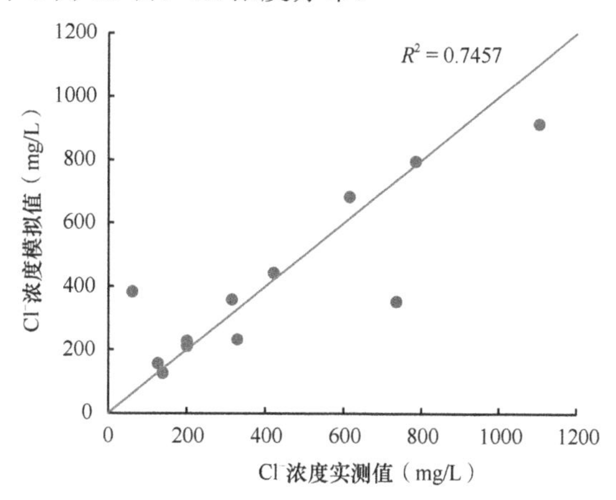

图 5.25　校正期末（2018 年 8 月 29 日）Cl^-浓度模拟值与实测值对比图

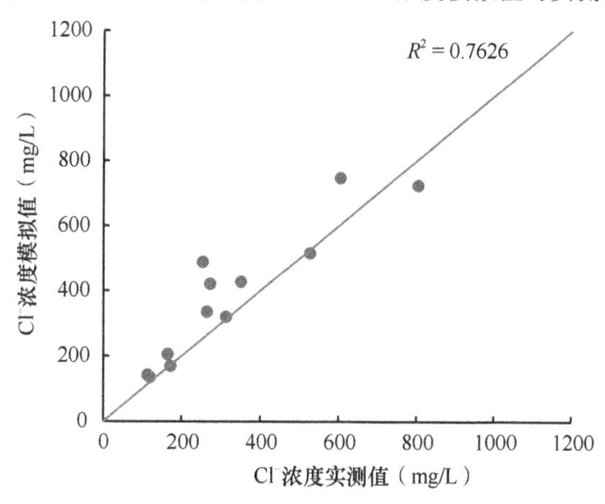

图 5.26　检验期末（2019 年 6 月 23 日）Cl^-浓度模拟值与实测值对比图

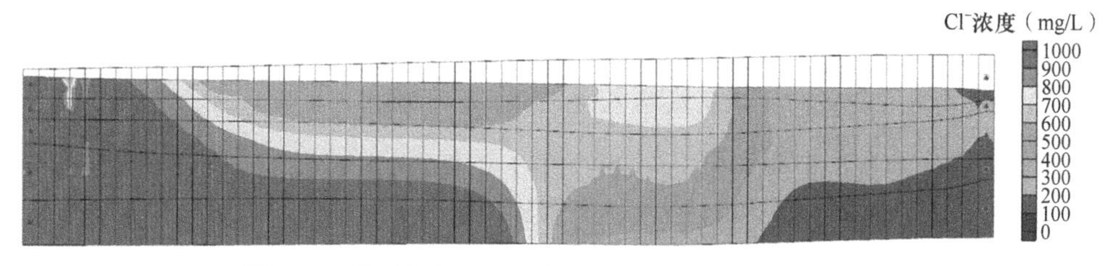

图 5.27　校正期末（2018 年 8 月 29 日）Cl^-浓度分布图

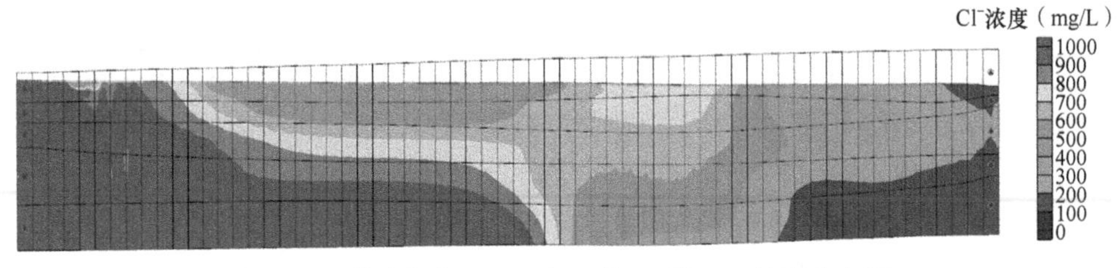

图 5.28 检验期末（2019 年 6 月 23 日）Cl^-浓度分布图

图 5.28 表明，受滨海含水层水文地质结构和地下水开采的影响，龙口典型剖面海水入侵严重，含水层中海水楔表现为Cl^-浓度由海岸向内陆递减，例如，承压含水层中Cl^-浓度从海岸附近的约 1000mg/L 下降到内陆的约 100mg/L。剖面模拟结果也表明，DS2～DS4 地下水监测井组之间含水层地下水中Cl^-浓度总体上超过 250mg/L，判定为海水入侵区；DS1～DS2 地下水监测井组之间含水层地下水中Cl^-浓度总体上低于 250mg/L，判定为非海水入侵区。

总体而言，数值模型在校正期和检验期的地下水水位和Cl^-浓度计算值与实测值较为接近，也抓住了地下水监测井中水位的实际动态情况。这表明，模型中各参数的取值是合理的，所建模型可以模拟反映研究区地下水的实际运动情况，并可以用于未来预测研究。数值模型中水文地质参数取值汇总见表 5.1。

表 5.1 数值模型中水文地质参数取值汇总表

地层	1	2	3	4	5
类型	潜水含水层	第一层弱透水层	中部承压含水层	第二层弱透水层	深部承压含水层
水平渗透系数（m/d）	15.4	0.20	12.5	0.15	10.2
垂向渗透系数（m/d）	1.54	0.02	1.25	0.015	1.02
孔隙度	0.27	0.35	0.25	0.33	0.24
给水度	0.22	0.03	0.21	0.03	0.21
贮水率（m^{-1}）	0.02	0.001	0.018	0.001	0.017
纵向弥散度（m）	15.60	2.50	13.80	3.20	12.50
垂向弥散度（m）	1.56	0.25	1.78	0.32	1.25

5.2.4 海水入侵响应过程预测

1. 海平面不变条件下未来海水入侵预测

本次研究的模型预测期设定为 2021 年 1 月至 2050 年 12 月，未来研究区的降水量取多年（2016～2020 年）降水量的平均值 613.3mm/a，不考虑海平面上升因素，地下水开采量采用近 5 年区内地下水开采量平均值。其他水文地质参数、边界条件和源汇项与模型校正与检验结果保持一致。

将各项参数输入海水入侵数值模型中，运行模型进行预测。对研究区未来 10 年（至 2030 年 12 月）、20 年（至 2040 年 12 月）和 30 年（至 2050 年 12 月）的海水入侵状况进行预测，结果如图 5.29～图 5.31 所示。

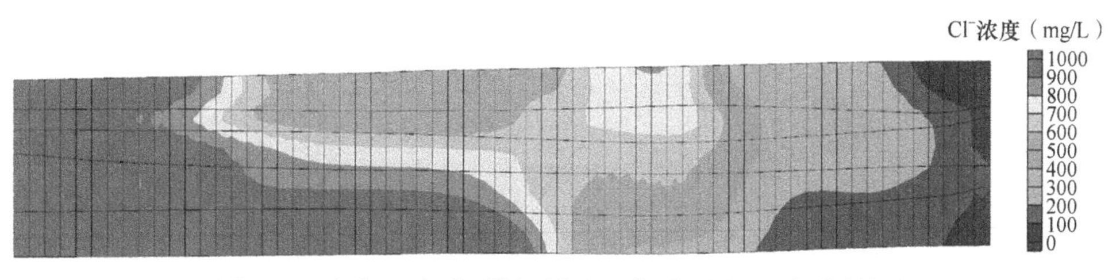

图 5.29　未来 10 年典型剖面海水入侵咸/淡水界面预测结果

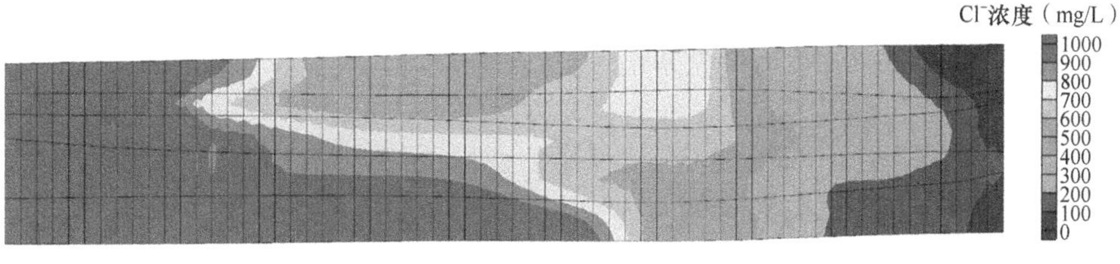

图 5.30　未来 20 年典型剖面海水入侵咸/淡水界面预测结果

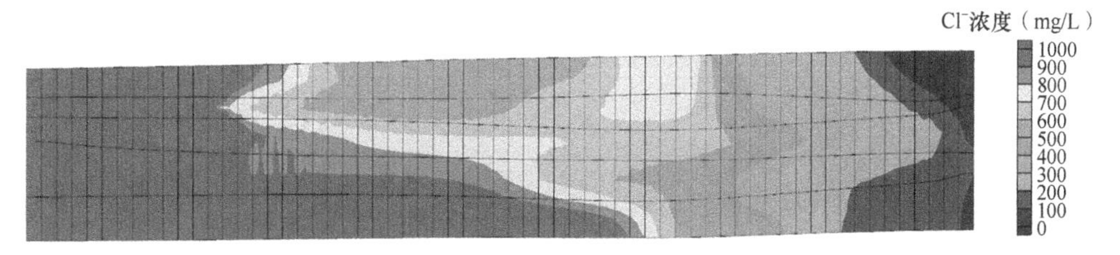

图 5.31　未来 30 年典型剖面海水入侵咸/淡水界面预测结果

结合图 5.29～图 5.31 可以看出，位于龙口市西海岸的典型剖面，未来海水入侵会逐渐加剧。这也符合研究区三维变密度海水入侵数值模型的预测结果（见第 6 章）。对比各时段海水入侵状况的空间分布可知，海水入侵咸/淡水界面在深部承压含水层的扩展速度最快，在中部承压含水层次之，在浅层的潜水含水层中扩展速度最慢。两层弱透水层由于渗透性较差，海水入侵咸/淡水界面运移速度相对较慢。

2. 不同含水层对海平面上升的响应分析

本研究设置了不同的情景方案，研究不同海平面上升高度下各含水层海水入侵的响应情况。未来海平面上升高度根据自然资源部发布的《2020 年中国海平面公报》确定。

情景方案一：未来 30 年，研究区海平面上升 55mm。

情景方案二：未来 30 年，研究区海平面上升 110mm。

情景方案三：未来 30 年，研究区海平面上升 165mm。

利用数值模型计算各情景方案下未来 30 年典型剖面的海水入侵状况，如图 5.32～图 5.34 所示。

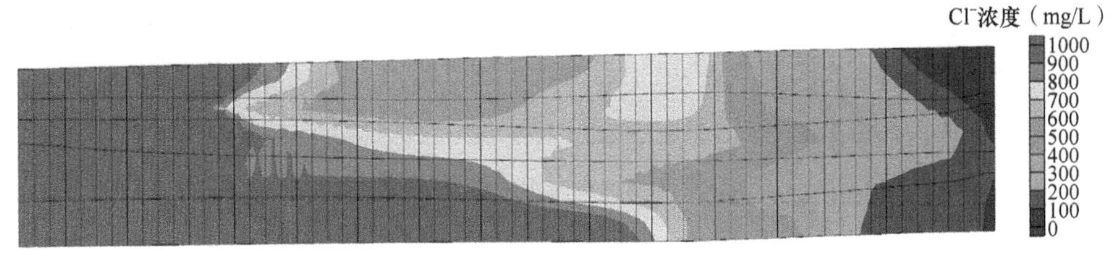

图 5.32 海平面上升 55mm 情景下未来 30 年典型剖面的海水入侵状况

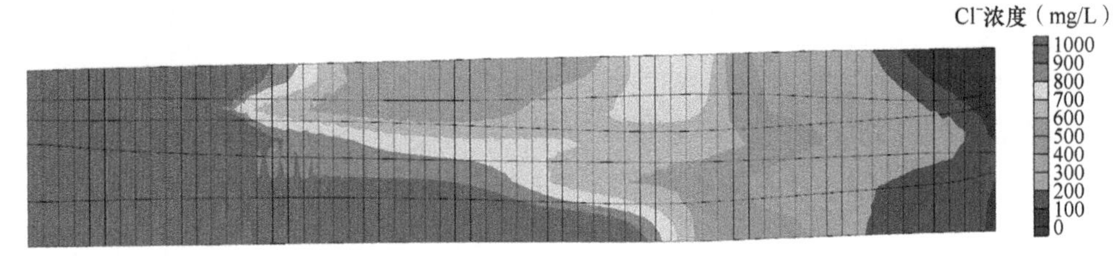

图 5.33 海平面上升 110mm 情景下未来 30 年典型剖面的海水入侵状况

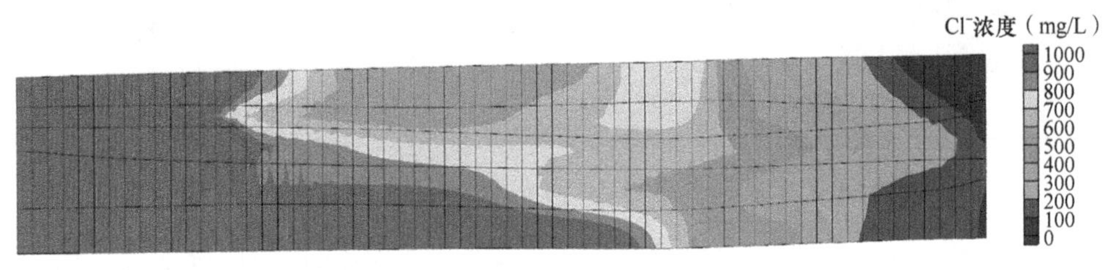

图 5.34 海平面上升 165mm 情景下未来 30 年典型剖面的海水入侵状况

本研究选取 DS3 和 DS4 监测井组为代表，通过数值模型计算出不同情景方案下不同含水层地下水 Cl^-浓度的变化，用以分析不同含水层中的海水入侵对海平面上升的响应情况。表 5.2 列出了不同海平面上升高度下未来 30 年不同含水层地下水 Cl^-浓度统计。

表 5.2 不同海平面上升高度下未来 30 年不同含水层地下水 Cl^-浓度统计

海平面上升高度（mm）		0	55	110	165
Cl^-浓度（mg/L）	DS3 潜水含水层	764.11	765.42	768.47	772.74
	DS3 中部承压含水层	634.56	638.95	648.69	661.90

续表

海平面上升高度（mm）		0	55	110	165
Cl^-浓度（mg/L）	DS3 深部承压含水层	703.08	704.84	708.87	714.37
	DS4 潜水含水层	549.37	554.55	567.19	584.52
	DS4 中部承压含水层	755.05	763.17	780.10	804.51
	DS4 深部承压含水层	1028.89	1039.62	1063.30	1095.59

将海平面不变条件下地下水 Cl^-浓度作为基准值，海平面上升对 DS3 监测井组和 DS4 监测井组位置含水层 Cl^-浓度影响过程分别见图 5.35 与图 5.36。可以看出，随着海平面上升高度的增加，典型剖面的海水入侵逐渐加剧。其中，深部承压含水层地下水 Cl^-浓度增幅最大，中部承压含水层增幅次之，潜水含水层增幅最小。这表明深部承压含水层对海平面上升最为敏感，对气候变化引起的海平面上升响应最为剧烈，而海平面上升对潜水含水层影响最小。因此，在应对气候变化引起的海平面上升时，应当优先针对深部承压含水层采取防治措施（如压减深层地下水开采量），这样能更好地防止海水入侵的加剧。

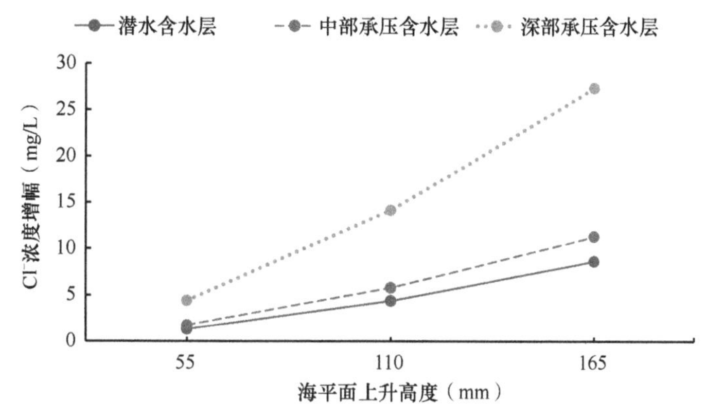

图 5.35　海平面上升对 DS3 监测井组位置含水层 Cl^-浓度影响过程

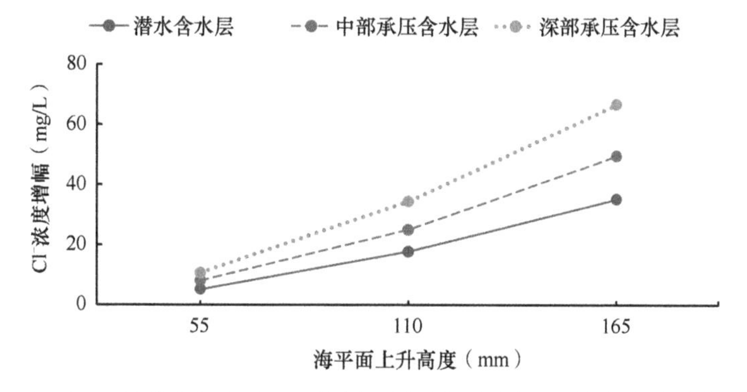

图 5.36　海平面上升对 DS4 监测井组位置含水层 Cl^-浓度影响过程

5.2.5 海水入侵影响因素分析

1. 影响因素总体分析

本研究选取数值模型中的渗透系数、弥散度、给水度、孔隙度、贮水率和海平面上升高度共六个因素进行敏感性分析。敏感性分析用于检验单个因素的变化对海水入侵响应数值模拟结果的影响，分析时只改变某一待分析因素的值，其他因素保持不变。

选择DS2-1、DS2-2、DS2-3和DS3-1、DS3-2、DS3-3 6眼监测井目标含水层海水入侵数值模拟结果进行影响因素敏感性分析，分析结果如图5.37～图5.42所示。可以看出，数值模型中各监测井位置的Cl⁻浓度对渗透系数的敏感程度最高，其次是海平面上升高度，其他水文地质参数的敏感程度都较低。这表明相对于其他因素而言，渗透系数和海平面上升高度对剖面各位置的海水入侵程度影响较大。因此，在后续研究过程中，着重于定量分析研究区渗透系数和海平面上升高度变化对海水入侵的影响。

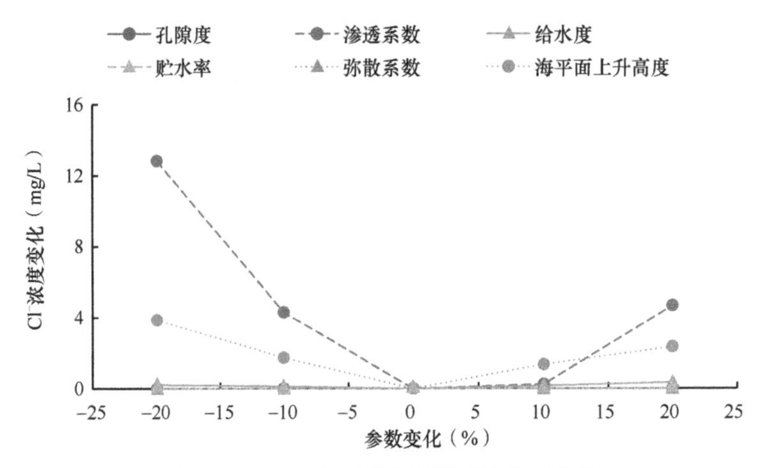

图5.37 DS2-1监测井位置敏感性分析结果

2. 渗透系数影响

本研究借助数值模型，重点分析渗透系数变化对海水入侵响应过程的影响。未来研究区的降水量取多年（2016～2020年）降水量的平均值613.3mm/a，不考虑海平面上升因素，地下水开采量采用近5年区内地下水开采量平均值。除渗透系数外，其他水文地质参数、边界条件、源汇项和模型校正与检验结果保持一致。模型运转30年。

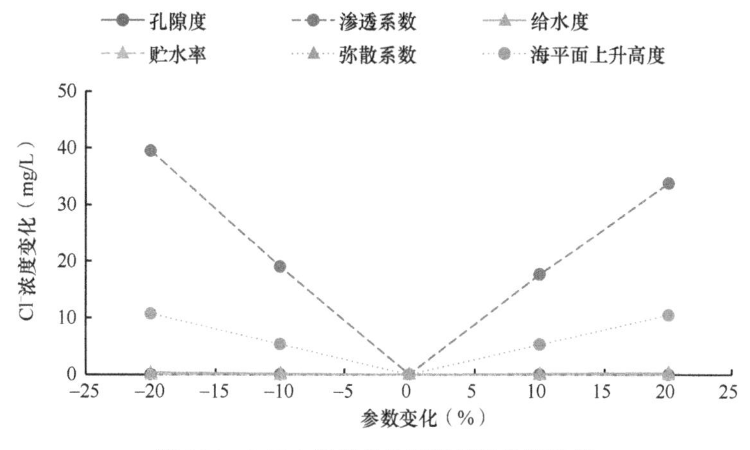

图 5.38　DS2-2 监测井位置敏感性分析结果

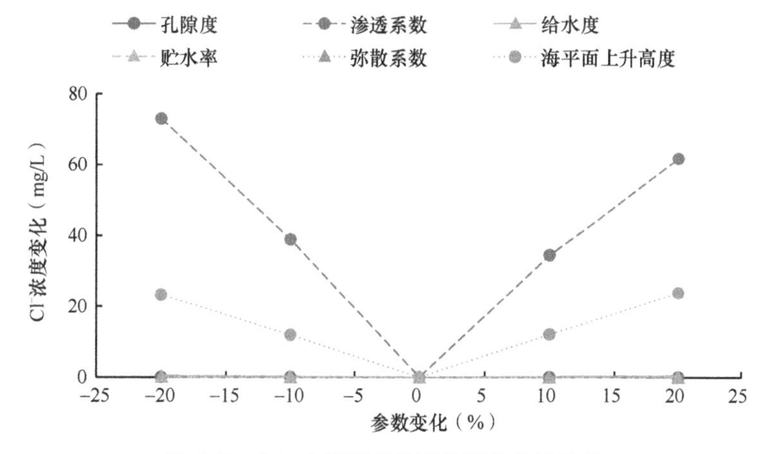

图 5.39　DS2-3 监测井位置敏感性分析结果

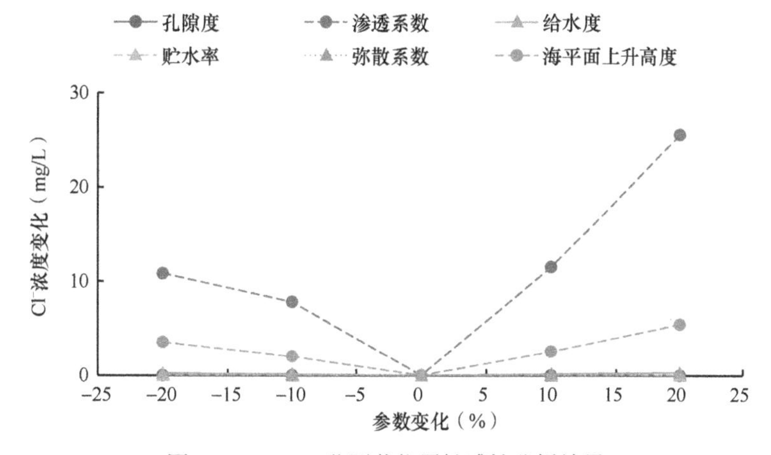

图 5.40　DS3-1 监测井位置敏感性分析结果

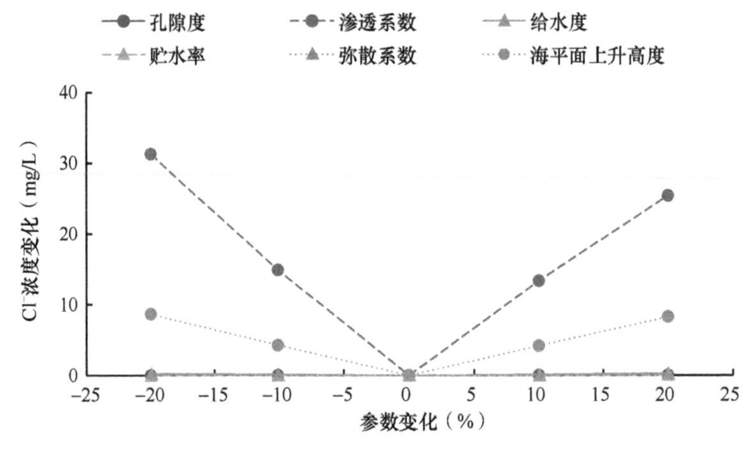

图 5.41 DS3-2 监测井位置敏感性分析结果

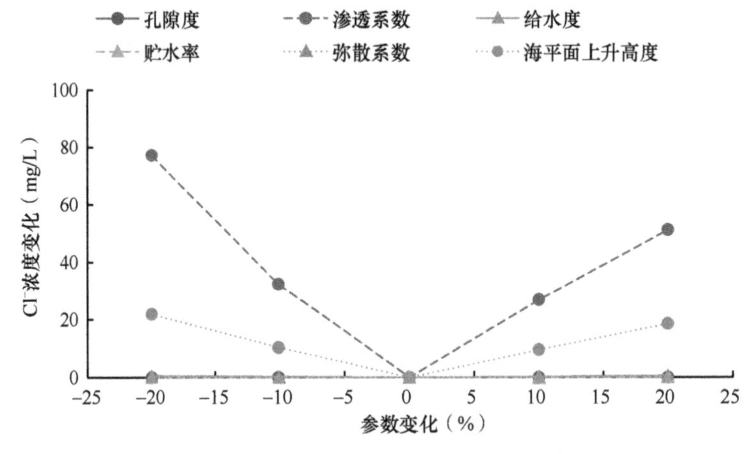

图 5.42 DS3-3 监测井位置敏感性分析结果

分别设定渗透系数（K）在基准值（模型校正与检验后得到的参数）的基础上增大 20%、增大 10%、不变、减小 10%和减小 20%。通过对比各条件下的计算结果，探讨渗透系数变化对研究区各含水层海水入侵响应过程的影响。在渗透系数分别增大和减小 20%条件下，DS1～DS4 监测井组的地下水水位变化过程如图 5.43～图 5.50 所示。

将 Cl^-浓度 1000mg/L 作为严重海水入侵咸/淡水界面指标，各方案预测得到的严重海水入侵咸/淡水界面距离统计见表 5.3。可以看出，海水入侵响应剖面模拟模型中渗透系数变化对各含水层海水入侵响应过程的影响较大。渗透系数的增大会显著增大含水层中严重海水入侵咸/淡水界面距离。反之，渗透系数的减小会显著减小含水层中严重海水入侵咸/淡水界面距离。当各含水层的渗透系数较基准值增大 20%时，各含水层严重海水入侵咸/淡水界面距离分别增加 43.6m（潜水含水层）、

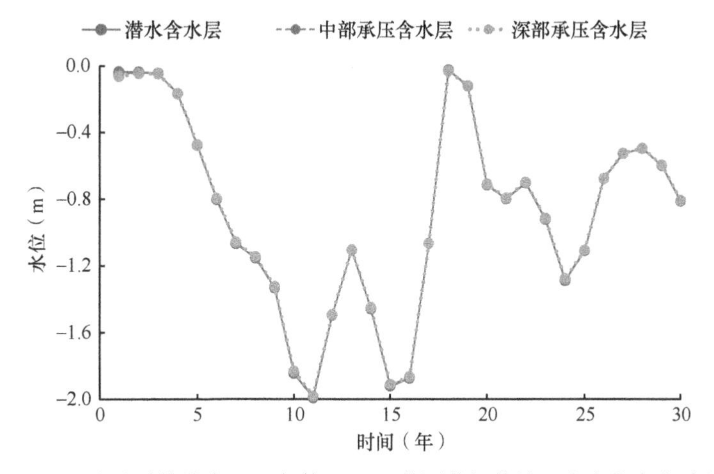

图 5.43　渗透系数增大 20%条件下 DS1 监测井组的地下水水位变化过程

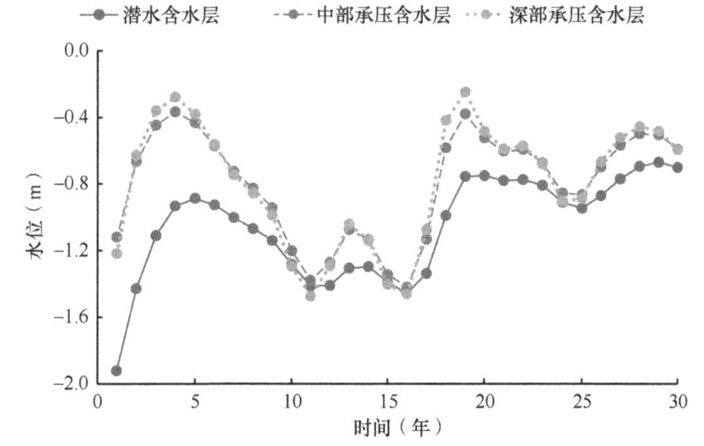

图 5.44　渗透系数增大 20%条件下 DS2 监测井组的地下水水位变化过程

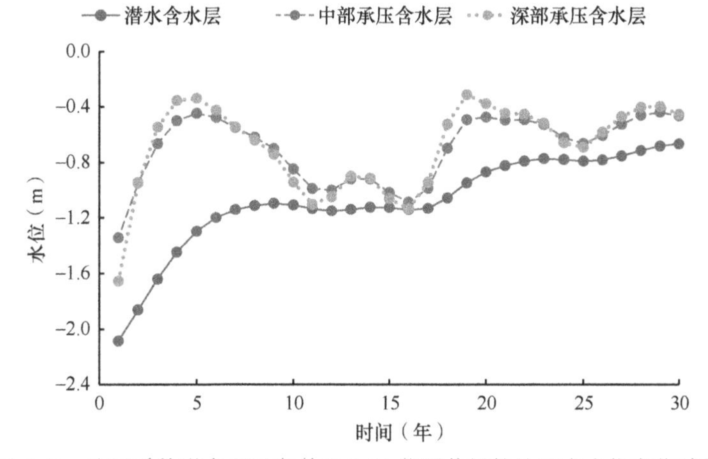

图 5.45　渗透系数增大 20%条件下 DS3 监测井组的地下水水位变化过程

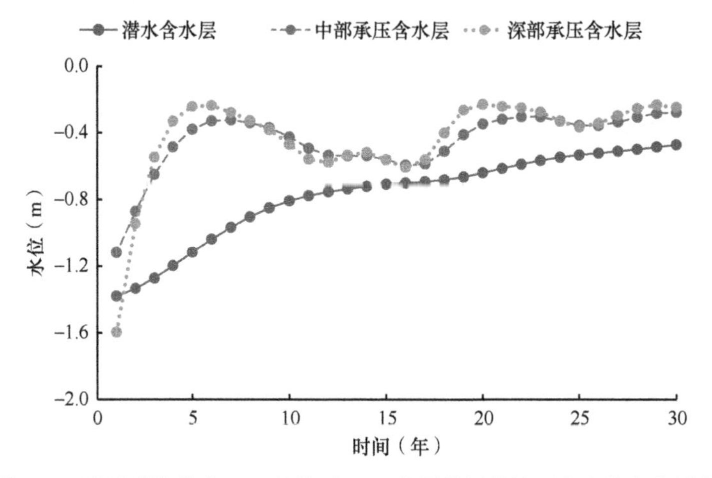

图 5.46　渗透系数增大 20%条件下 DS4 监测井组的地下水水位变化过程

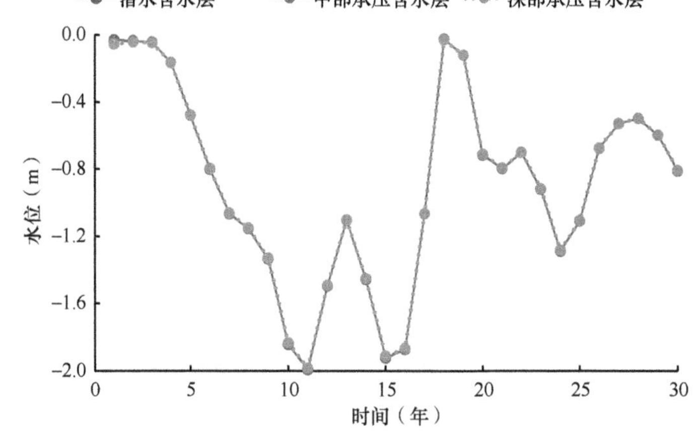

图 5.47　渗透系数减小 20%条件下 DS1 监测井组的地下水水位变化过程

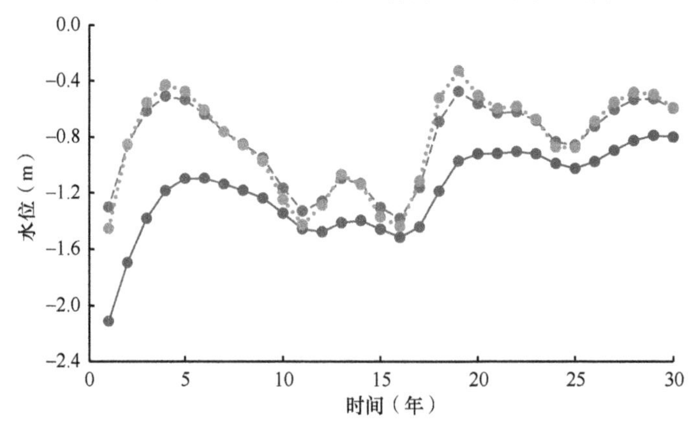

图 5.48　渗透系数减小 20%条件下 DS2 监测井组的地下水水位变化过程

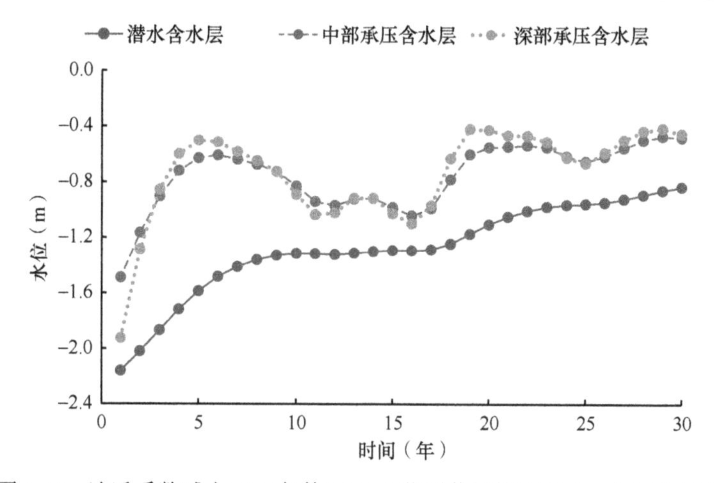

图 5.49　渗透系数减小 20%条件下 DS3 监测井组的地下水水位变化过程

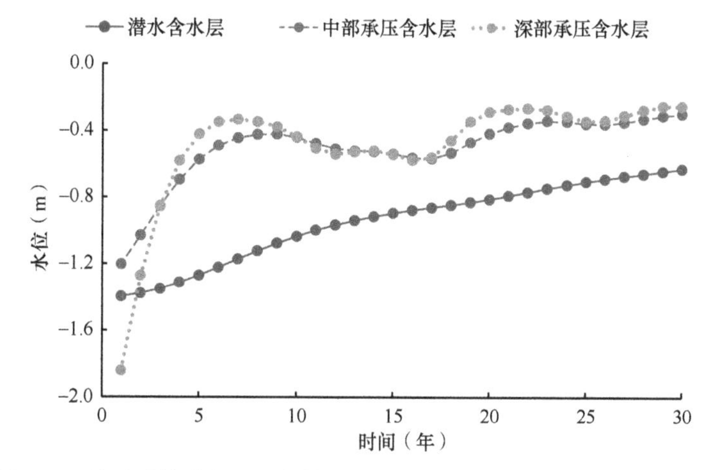

图 5.50　渗透系数减小 20%条件下 DS4 监测井组的地下水水位变化过程

65.4m（中部承压含水层）、65.4m（深部承压含水层）。当各含水层的渗透系数较基准值减小 20%时，各含水层严重海水入侵咸/淡水界面距离分别减小 52.2m（潜水含水层）、74.0m（中部承压含水层）、65.4m（深部承压含水层）。

表 5.3　渗透系数变化时各含水层中严重海水入侵咸/淡水界面距离统计表　（单位：m）

含水层	严重海水入侵咸/淡水界面距离				
	K 增大 20%	*K* 增大 10%	*K* 不变	*K* 减小 10%	*K* 减小 20%
潜水含水层	758.5	736.7	714.9	693.1	662.7
中部承压含水层	806.5	767.3	741.1	710.6	667.1
深部承压含水层	1892.1	1861.5	1826.7	1796.1	1761.3

不同含水层的渗透系数与严重海水入侵咸/淡水界面距离的关系如图 5.51～图 5.53 所示。可以看出，随着渗透系数增大，研究区内不同含水层海水入侵咸/淡水界面距离基本呈线性增大趋势。根据分析得到的拟合关系，假设研究区含水层渗透系数每增加 1m/d，30 年后不同含水层严重海水入侵咸/淡水界面距离分别增大 15.273m（潜水含水层）、26.840m（中部承压含水层）和 32.059m（深部承压含水层），表明越深的含水层中渗透系数变化对海水入侵咸/淡水界面距离的影响越大。

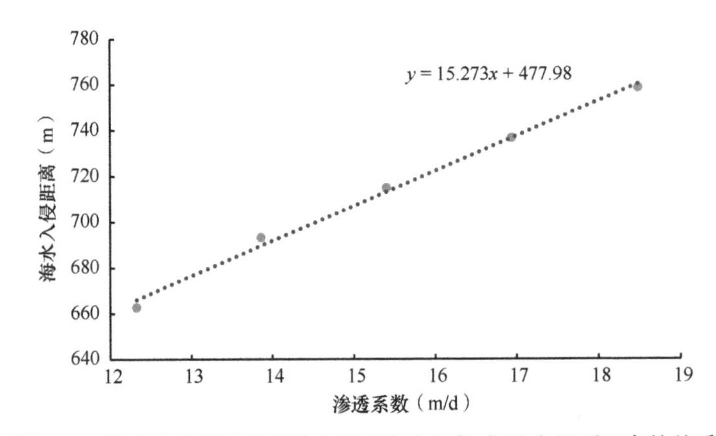

图 5.51 潜水含水层渗透系数与严重海水入侵咸/淡水界面距离的关系

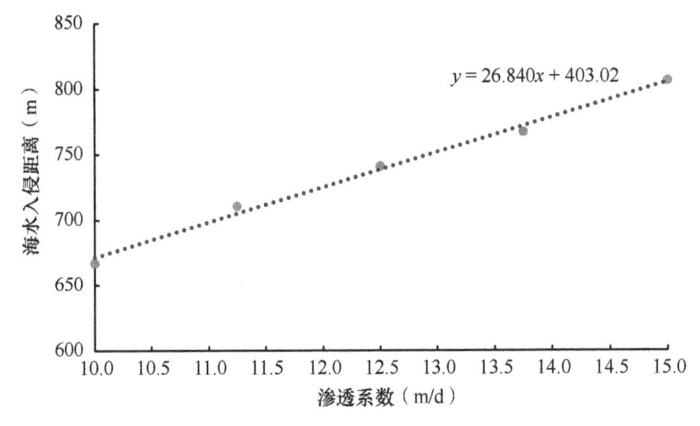

图 5.52 中部承压含水层渗透系数与严重海水入侵咸/淡水界面距离的关系

3. 海平面上升影响

海平面上升高度的变化对典型区海水入侵的影响是重点研究内容。设定未来 30 年年降水量为统计降尺度模型（statistical downscaling model，SDSM）的预测结果，采用近 5 年区内地下水开采量平均值，其他源汇项和边界条件不变。未来 30 年海平面上升高度分别设定为：最小上升高度 55mm（方案一）、平均上升高度

110mm（方案二）和最大上升高度 165mm（方案三）。不同海平面上升条件下，DS1～DS4 监测井组处各含水层水位随时间的变化如图 5.54～图 5.61 所示。

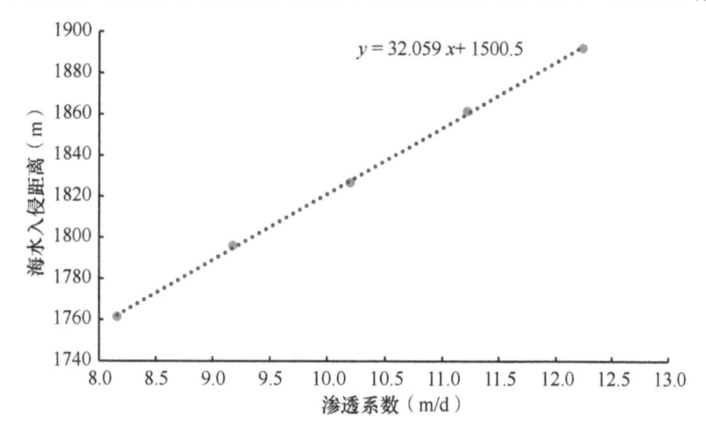

图 5.53　深部承压含水层渗透系数与严重海水入侵咸/淡水界面距离的关系

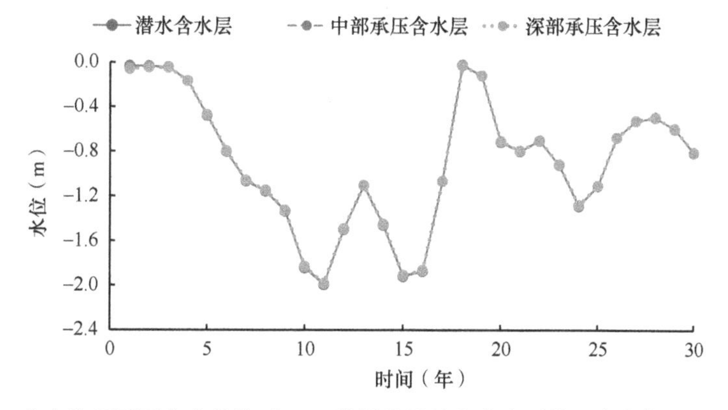

图 5.54　未来海平面不上升条件下 DS1 监测井组处各含水层地下水水位随时间的变化

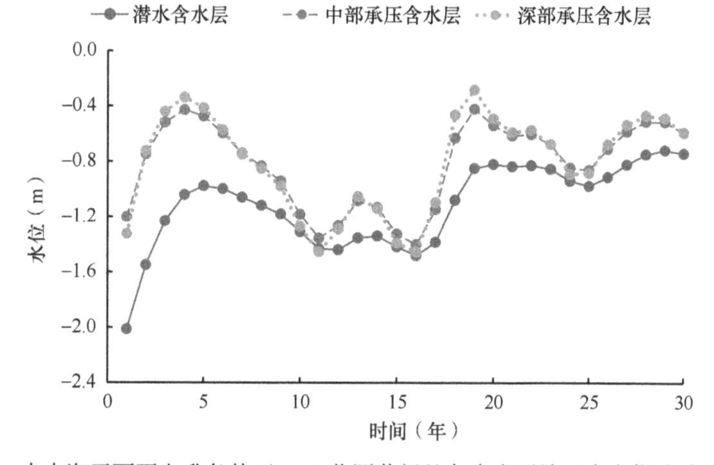

图 5.55　未来海平面不上升条件下 DS2 监测井组处各含水层地下水水位随时间的变化

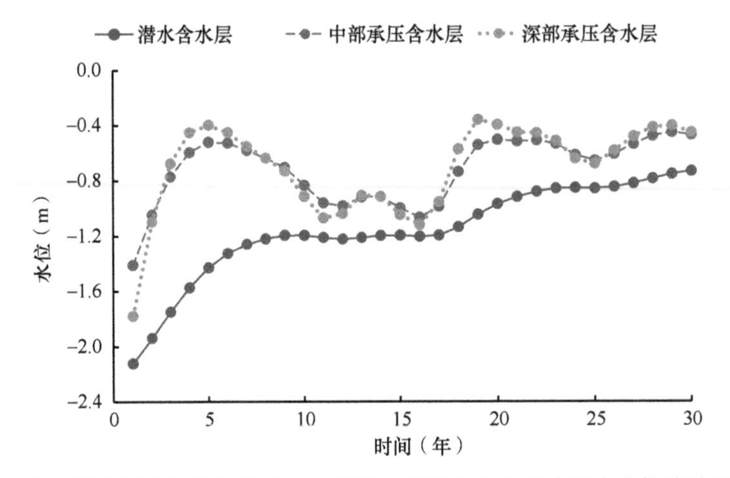

图 5.56 未来海平面不上升条件下 DS3 监测井组处各含水层地下水水位随时间的变化

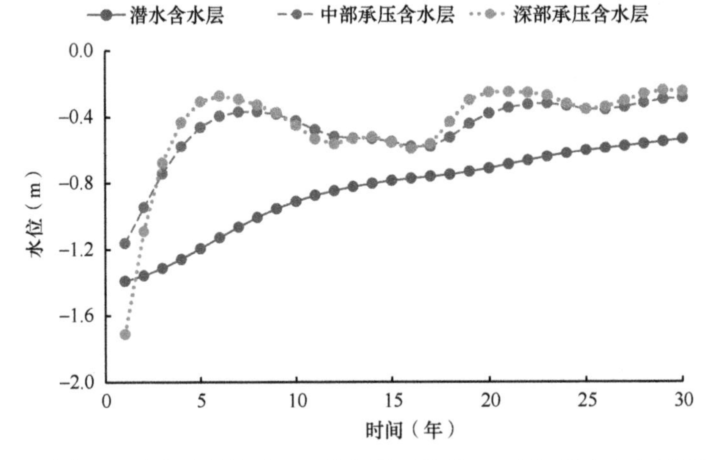

图 5.57 未来海平面不上升条件下 DS4 监测井组处各含水层地下水水位随时间的变化

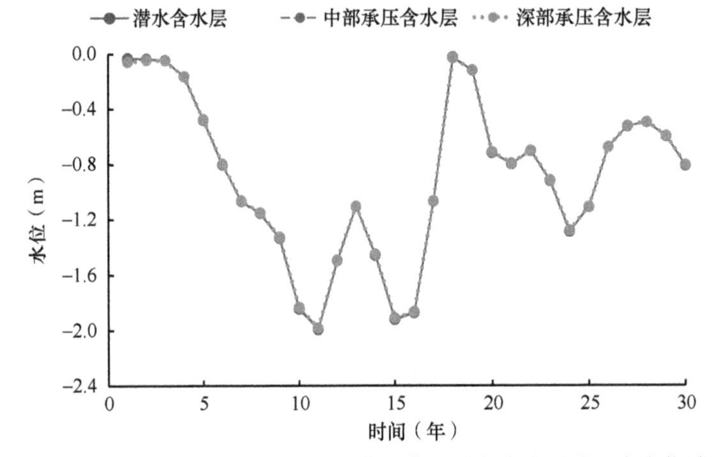

图 5.58 未来海平面上升 165mm 条件下 DS1 监测井组处各含水层地下水水位随时间的变化

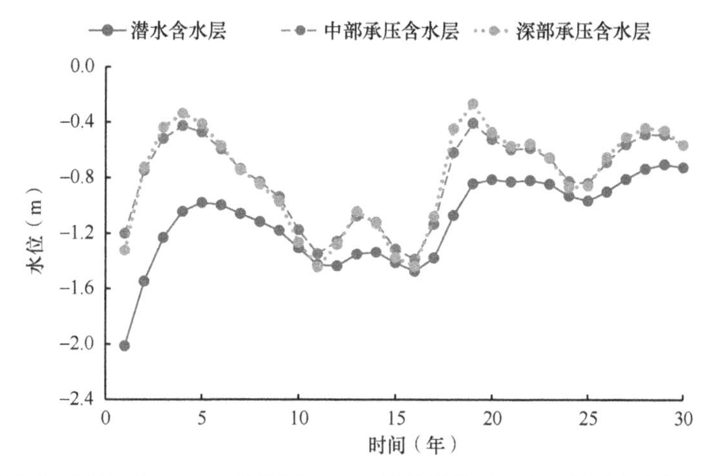

图 5.59　未来海平面上升 165mm 条件下 DS2 监测井组处各含水层地下水水位随时间的变化

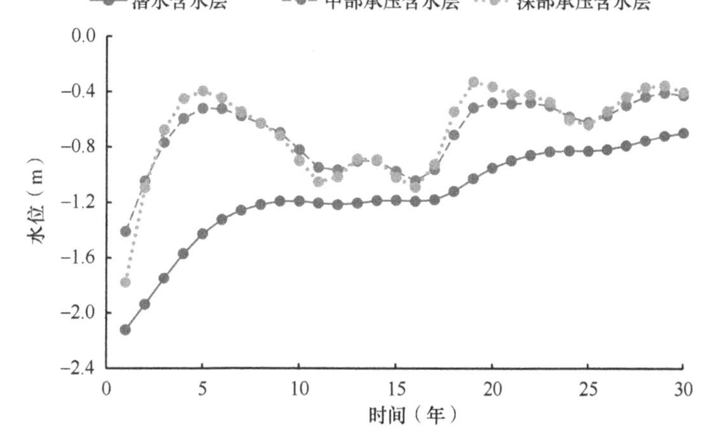

图 5.60　未来海平面上升 165mm 条件下 DS3 监测井组处各含水层地下水水位随时间的变化

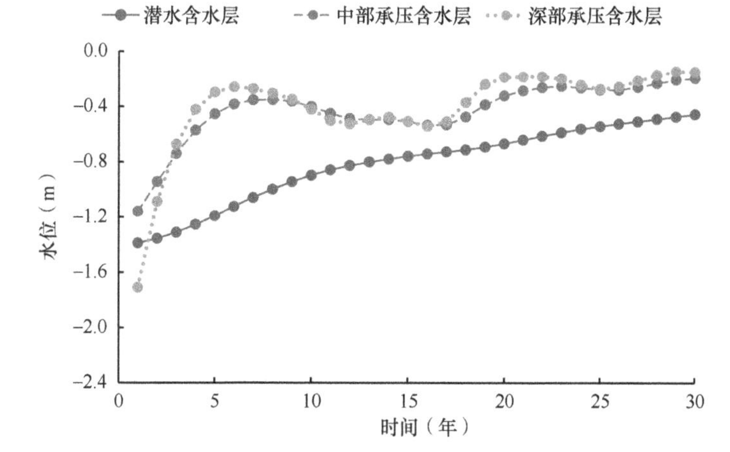

图 5.61　未来海平面上升 165mm 条件下 DS4 监测井组处各含水层地下水水位随时间的变化

各方案预测得到的不同含水层海水入侵对未来海平面上升的响应结果统计见表 5.4。可以看出，随着海平面上升高度的增加，各含水层的严重海水入侵咸/淡水界面距离逐渐增大。未来 30 年海平面上升高度为 55mm 时，区内各含水层的严重海水入侵咸/淡水界面距离较不考虑海平面上升的方案分别增大 4.4m（潜水含水层）、10.7m（中部承压含水层）、12.7m（深部承压含水层）。未来 30 年海平面上升高度为 110mm 时，区内各含水层的严重海水入侵咸/淡水界面距离较不考虑海平面上升的方案分别增大 17.5m（潜水含水层）、23.6m（中部承压含水层）、25.8m（深部承压含水层）。未来 30 年的海平面上升高度为 165mm 时，区内各含水层的严重海水入侵咸/淡水界面距离较不考虑海平面上升的方案分别增大 30.6m（潜水含水层）、36.8m（中部承压含水层）、39.5m（深部承压含水层）。

表 5.4 不同含水层海水入侵对未来海平面上升的响应结果统计表 （单位：m）

含水层	严重海水入侵咸/淡水界面距离			
	海平面不变	海平面上升 55mm	海平面上升 110mm	海平面上升 165mm
潜水含水层	714.9	719.3	732.4	745.5
中部承压含水层	741.1	751.8	764.7	777.9
深部承压含水层	1826.7	1839.4	1852.5	1866.2

研究区内不同含水层严重海水入侵咸/淡水界面距离对海平面上升的响应过程如图 5.62～图 5.64 所示。可以看出，随着海平面上升高度的增加，不同含水层严重海水入侵咸/淡水界面距离逐渐增加。根据拟合结果，30 年后海平面每上升 1mm，研究区不同含水层严重海水入侵咸/淡水界面距离分别增大 0.1907m（潜水含水层）、0.2242m（中部承压含水层）和 0.2393m（深部承压含水层）。这表明潜水含水层海水入侵对海平面上升的响应最不敏感，中部承压含水层敏感性稍强，深部承压含水层对海平面上升的响应最为灵敏。

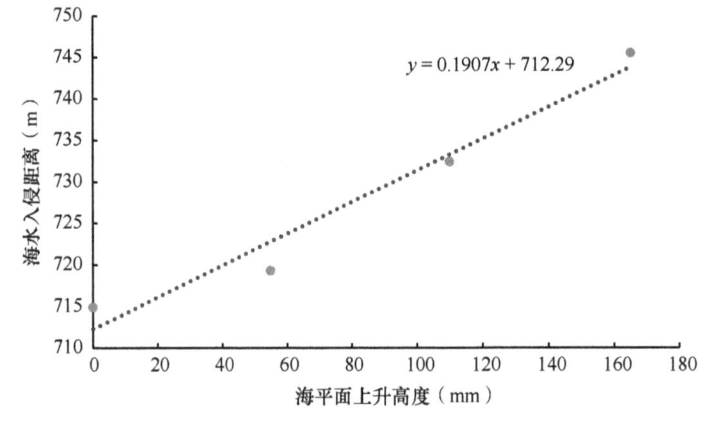

图 5.62 潜水含水层严重海水入侵咸/淡水界面距离对海平面上升的响应过程

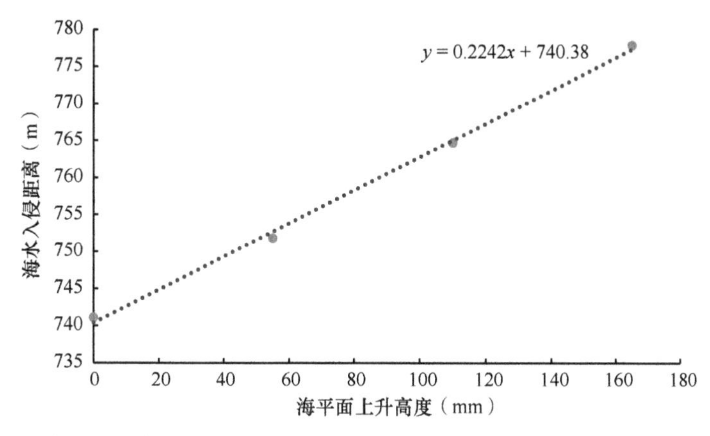

图 5.63　中部承压含水层严重海水入侵咸/淡水界面距离对海平面上升的响应过程

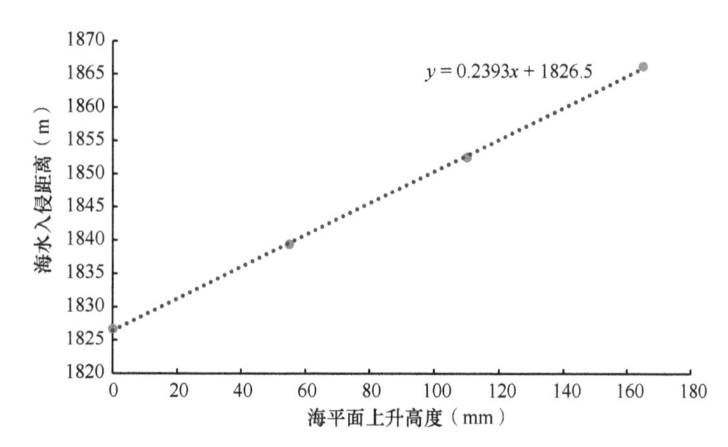

图 5.64　深部承压含水层严重海水入侵咸/淡水界面距离对海平面上升的响应过程

5.3　海水入侵对潮汐过程响应的物理模拟与调查分析

本节通过构建滨海层状非均质单一含水层砂槽物理模型，模拟分析海水入侵对潮汐的响应；利用电阻率层析成像法在龙口典型区和莱州湾南岸等不同位置海岸带持续监测海岸带地层视电阻率变化，定性评价潮水位变化对海岸带盐分的累积作用。

5.3.1　实验目的与设计

实验目的是模拟海岸带单一含水层海水入侵规律，以及潮汐对海水入侵的影响。物理模拟共开展 2 组实验，分别如下。

第一组是海平面稳定情景下在海水密度差作用下分子扩散对含水层的自然入

侵实验（见 5.3.3 小节），为求模型与野外实际相似，模型尺寸为大尺度，砂槽主体是由强化有机玻璃制成的长×宽×高为 260cm×30cm×100cm 的矩形槽。初始时刻砂槽两侧水位均控制在 50cm 高度，在右侧定水头水箱中配置 NaCl 溶液与亮蓝的混合溶液以模拟海水边界，将右侧海水水位保持稳定约 1.5h，其间左侧淡水水位保持定水头 50cm；海水水位从 50cm 增加到 53cm 后，淡水水位仍保持定水头 50cm，持续 15min；海水水位保持为 53cm，淡水水位从 50cm 增加到 53cm 后保持稳定。

第二组是海水入侵对潮汐的响应机制实验（见 5.3.3 小节），为求模型与野外实际相似，模型尺寸为大尺度，砂槽主体是由强化有机玻璃制成的长×宽×高为 260cm×30cm×100cm 的矩形槽。第一组实验结束之后，海水入侵状态作为模拟潮汐对海水入侵影响的初始状态。保持淡水水位 53cm 不变，激发海水水位以 53cm 为中间位置周期性波动（以海水水位初始值作为海平面 0cm 位置，潮汐过程中低潮位为–3cm，高潮位为 3cm），周期约 10min。

5.3.2 单一含水层砂槽物理模型构建

1. 模型构建

单一含水层砂槽物理模型长×宽×高为 260cm×30cm×100cm，由高强度有机玻璃制成（图 5.65），置于长×宽×高为 270cm×35cm×110cm 的金属架上。砂槽由三部分组成，分别为海水箱（海水系统）、渗流室（砂槽非承压含水层）、淡水箱（淡水系统）。海水箱位于槽首（砂槽右侧），长×宽×高为 20cm×30cm×100cm，海水系统用来模拟向海边界，其中海水箱与渗流室之间用 PVC 板隔开，PVC 板上均匀地分布着大小相同的圆形孔。为防止渗流室的砂流向海水箱，在 PVC 板表面粘贴一层土工布，从而起到透水隔砂的作用。淡水箱位于槽尾（砂槽左侧），长×宽×高为 20cm×30cm×100cm，淡水系统用来模拟内陆边界，其中淡水箱与渗流室之间也用 PVC 板隔开，PVC 板上均匀地分布着大小相同的圆形孔。为防止渗流室的砂流向淡水箱，在 PVC 板表面也粘贴一层土工布，起到透水隔砂的作用。

渗流室即砂槽主体，从上往下依次为细砂、中砂和粗砂三种含水介质，厚度依次为 23cm、16cm、16cm，左侧淡水箱为内陆边界，右侧海水箱为向海边界。为防止在填砂以及在含水层饱和过程中槽体有机玻璃发生变形，砂槽主体部分每隔约 0.5m 安装钢板加固。

2. 室内监测方法

1）染色剂示踪海水

砂槽前后使用强化有机玻璃，在亮蓝染色剂的指示下，可以肉眼观察海水入侵过程，同时使用高分辨率相机连续拍摄亮蓝指示的海水入侵楔形体。

图 5.65　单一非均质含水层砂槽物理模型实物图

2）含水层取水样检测

在砂槽底部每间隔 20cm 设置一个水样采集孔，在不同时刻对砂槽模型底部不同位置水样同时进行少量采集，测定水样的电导率。

5.3.3　海水入侵对潮汐响应的模拟

1. 潮汐作用前海水入侵模拟

在模拟海水入侵对潮汐的响应过程之前，先模拟了咸/淡水过渡带的初始状态，即淡水水位与海水水位持平条件下，海水在含水层中的入侵状态。实验开始时刻设定淡水水位与海水水位均为 50cm，实验不同时刻海水入侵模拟结果见图 5.66。每间隔一段时间采集砂槽含水层底部水样，测定水样的电导率，结果见图 5.67。

（a）6min

（b）93min

图 5.66　淡水水位与海水水位均为 50cm 时海水入侵模拟结果

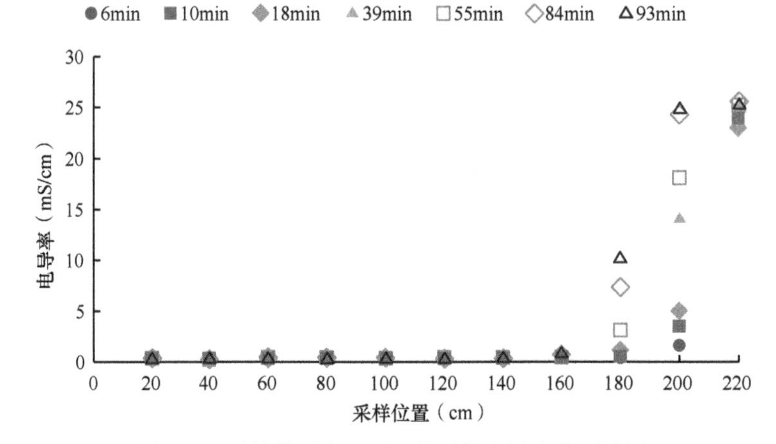

图 5.67　砂槽模型底部不同位置的电导率监测结果

实验初期（6min）海水入侵含水层，形成的楔形体较小，图 5.66 显示最大入侵距离约为 33cm，图 5.67 的监测结果同样表明在距离海水箱 20cm 处含水层底部电导率略有上升，距离海水箱 40cm 处含水层底部电导率未出现明显变化；海水入侵含水层接近稳定时（93min），形成的楔形体在持续扩大后趋于稳定，图 5.66 显示最大入侵距离约为 66cm，图 5.67 的监测结果同样表明，在距离海水箱 20cm 处含水层底部电导率从 1.63mS/cm 增加到 24.9mS/cm，在距离海水箱 40cm 处含水层底部电导率从 0.382mS/cm 增加到 10.2mS/cm，在距离海水箱 60cm 处含水层底部电导率从 0.395mS/cm 增加到 0.852mS/cm，距离海水箱 80cm 处含水层底部电导率未出现明显变化。

淡水水位保持 50cm，海水水位从 50cm 增加到 53cm 后，海水入侵（108min）模拟结果见图 5.68，海平面上升加剧了单一含水层中海水入侵。

海水水位保持 53cm，淡水水位从 50cm 增加到 53cm 后，海水入侵模拟结果见图 5.69。在不同时刻对砂槽模型底部不同位置水样进行采集，水样的电导率监

图 5.68 淡水水位保持 50cm、海水水位从 50cm 增加到 53cm 后海水入侵（108min）模拟结果

（a）110min

（b）126min

图 5.69 淡水水位与海水水位均为 53cm 时海水入侵模拟结果

测结果见图 5.70。海水水位与淡水水位从 50cm 增加到 53cm 后，非承压含水层中海水入侵距离进一步增大，楔形体最前端从约 66cm 增加到约 110cm，在距离海水箱 80cm 处含水层底部电导率从 2.3mS/cm 增加到 7.0mS/cm，在距离海水箱 100cm 处含水层底部电导率从 0.503mS/cm 增加到 0.831mS/cm，在距离海水箱 120cm 处含水层底部电导率未见明显变化。

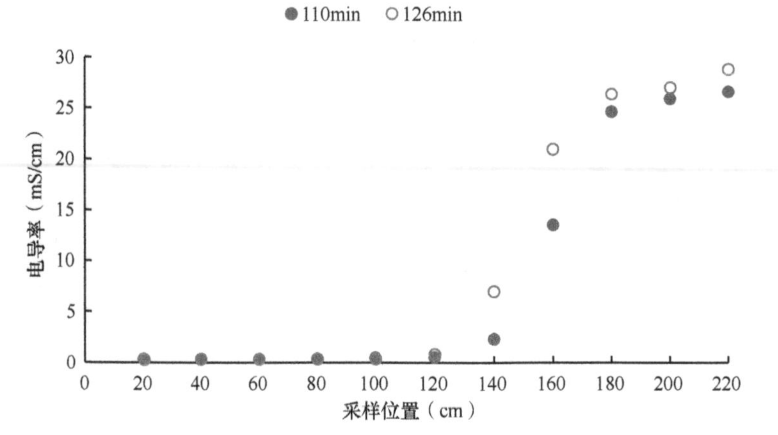

图 5.70　淡水水位与海水水位均为 53cm 时含水层底部不同位置电导率监测结果

2. 海水入侵对潮汐的响应模拟

将前述实验淡水水位与海水水位均为 53cm 时海水入侵状态作为模拟潮汐对海水入侵影响的初始状态。保持淡水水位不变，模拟海水水位以 53cm 为中间位置周期性波动，周期约 10min。若以海水水位初始值作为海平面 0cm 位置，潮汐过程中低潮位为–3cm，高潮位为 3cm，海水入侵对不同潮水位的响应模拟结果见图 5.71。

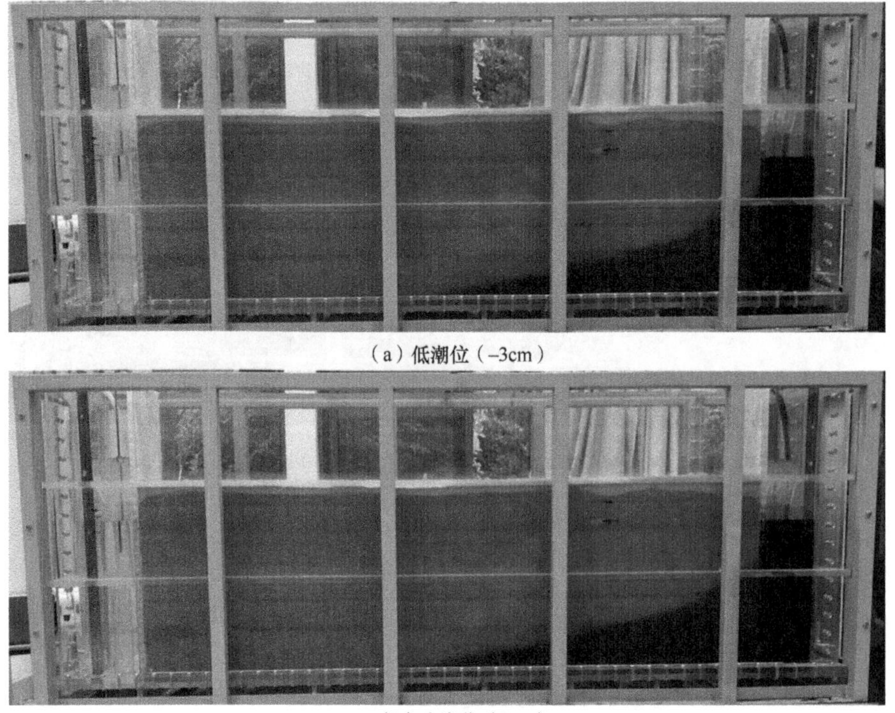

（a）低潮位（–3cm）

（b）中潮位（0cm）

（c）高潮位（3cm）

图 5.71 海水入侵对不同潮水位的响应模拟结果

在海平面从低潮位（–3cm）上升到高潮位（3cm）后，含水层海水入侵楔形体前段侵入距离增加约 5cm，楔形体整体形状变化不大，随着海平面从高潮位（3cm）下降，楔形体前端入侵距离略有减退。

5.3.4 海岸带海水入侵响应定性调查

潮汐过程伴随海平面在短时间内急剧上升和下降，在龙口市北海岸和西海岸各选择一个监测点，结合海事服务网（https://www.cnss.com.cn/）发布的龙口港潮汐表数据及利用高精度传感器监测的海平面变化曲线，利用电阻率层析成像法测量系统监测涨潮过程中海水入侵对海平面上升的响应过程；在莱州湾南岸选择一个监测点，监测多个潮汐周期内海平面及地层视电阻率的变化，分析潮汐周期作用下地层视电阻率的时空变化特征。

1. 龙口市北海岸

在龙口市北海岸选择一处海滩，利用电阻率层析成像法和水位探头对潮汐作用下砂质海滩潮间带盐分的运移进行连续监测，见图 5.72。

海事服务网（https://www.cnss.com.cn/）发布的龙口港 2017 年 9 月 14 日潮汐变化如图 5.73 所示，涨潮过程中龙口市北海岸潮间带电阻率层析成像法监测结果如图 5.74 所示，监测时间间隔为 1.5～2h，每次测量时长约 0.5h。

图 5.74 中 4 次电阻率层析成像法监测结果表明，海平面在 7h 内持续上升约 1m 后潮间带地层视电阻率明显下降。由于砂质海滩浅部地层含水率低，因此 3m 以浅地层视电阻率非常高，随着海平面持续上升，平面距离海边 9～15m 处的下部地层视电阻率持续下降，从 10Ω·m 下降到 0.1Ω·m，并且低阻范围持续向内陆扩张，最终在距离海边 32～38m 处演变出明显低阻区域。该监测结果表明，海平面持续上升导致海水入侵潮间带，在潮间带会造成严重的盐分堆积。

（a）电阻率层析成像测线布置　　（b）海平面变化实时监测

图 5.72　海水入侵监测现场图

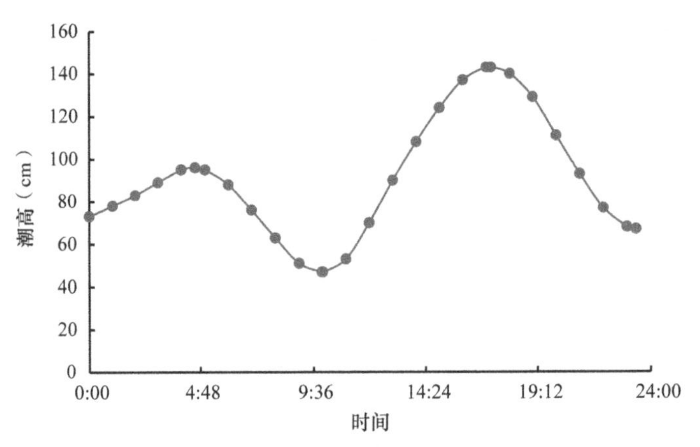

图 5.73　龙口港 2017 年 9 月 14 日潮汐变化

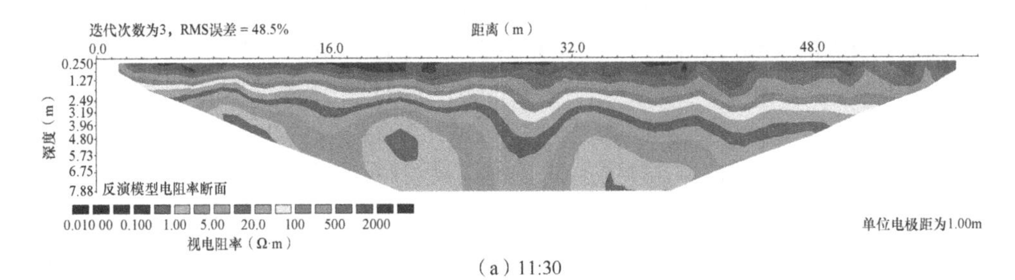

（a）11:30

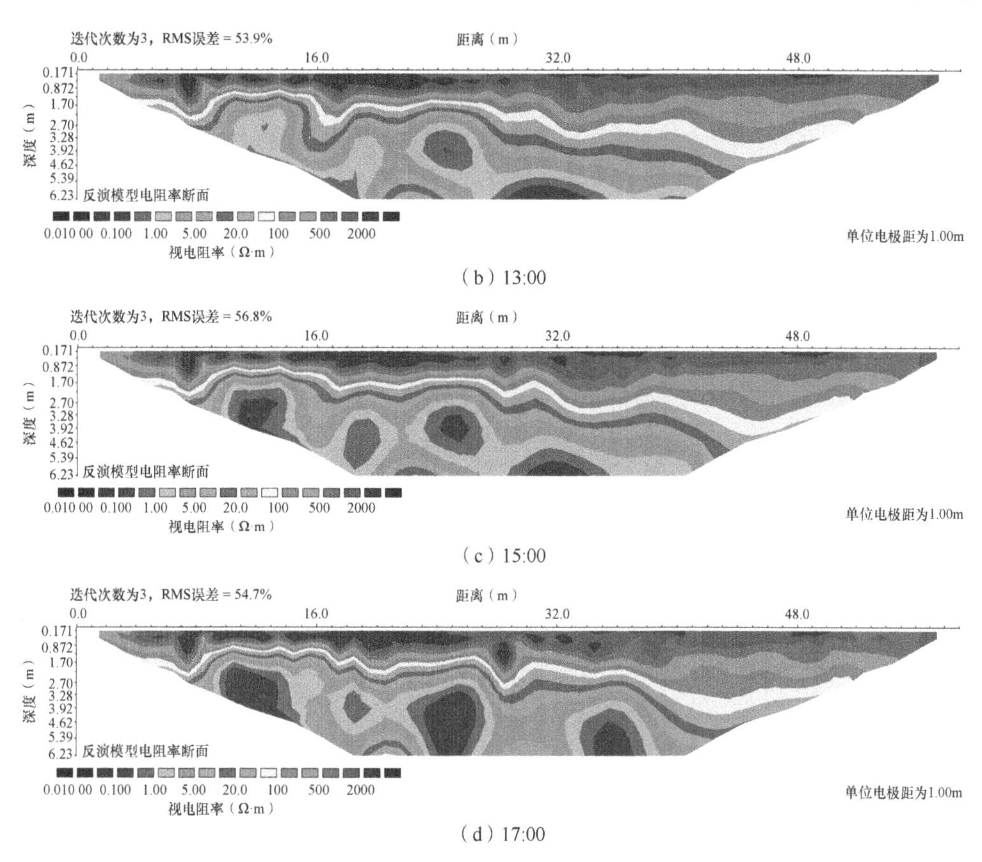

（b）13:00

（c）15:00

（d）17:00

图 5.74　2017 年 9 月 14 日涨潮过程中龙口市北海岸潮间带电阻率层析成像法监测结果

海事服务网（https://www.cnss.com.cn/）发布的龙口港 2017 年 9 月 16 日潮汐变化如图 5.75 所示，潮汐过程中龙口市北海岸涨潮监测结果和潮间带电阻率层析成像法监测结果分别如图 5.76 和图 5.77 所示，电阻率层析成像法监测时间间隔约 2h，每次测量时长约 0.5h。

图 5.77 中 5 次电阻率层析成像法监测结果表明，海平面在约 8h 内持续上升约 0.9m，引起潮间带地层视电阻率明显下降。由于砂质海滩浅部地层含水率低，因此 3m 以浅地层视电阻率非常高，随着海平面持续上升，平面距离海边 12～18m 处下部地层视电阻率持续下降，从 5Ω·m 下降到 0.5Ω·m，并且低阻范围持续向内陆扩张，在距离海边 16～22m 处视电阻率持续下降。

2. 龙口市西海岸

在龙口市西海岸选择一处海滩，利用电阻率层析成像法和水位探头对潮汐作用下砂质海滩潮间带盐分的运移进行连续监测。

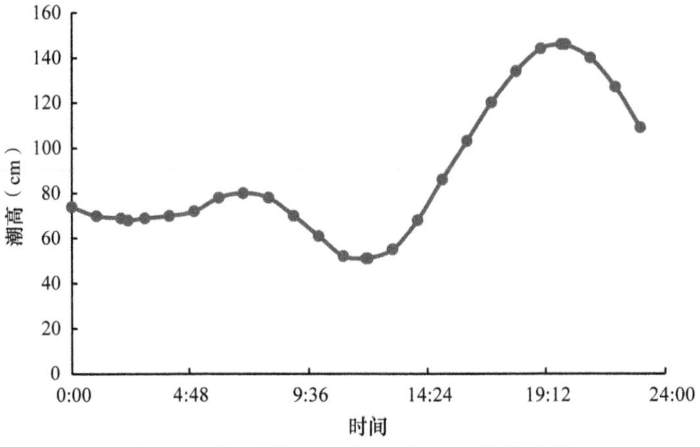

图 5.75　龙口港 2017 年 9 月 16 日潮汐变化

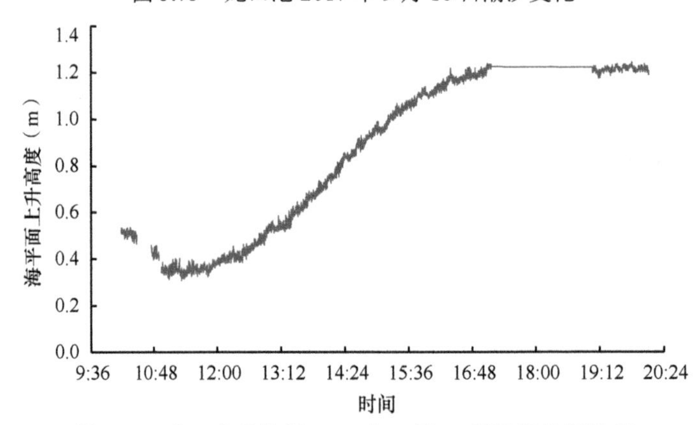

图 5.76　龙口市北海岸 2017 年 9 月 16 日涨潮监测结果

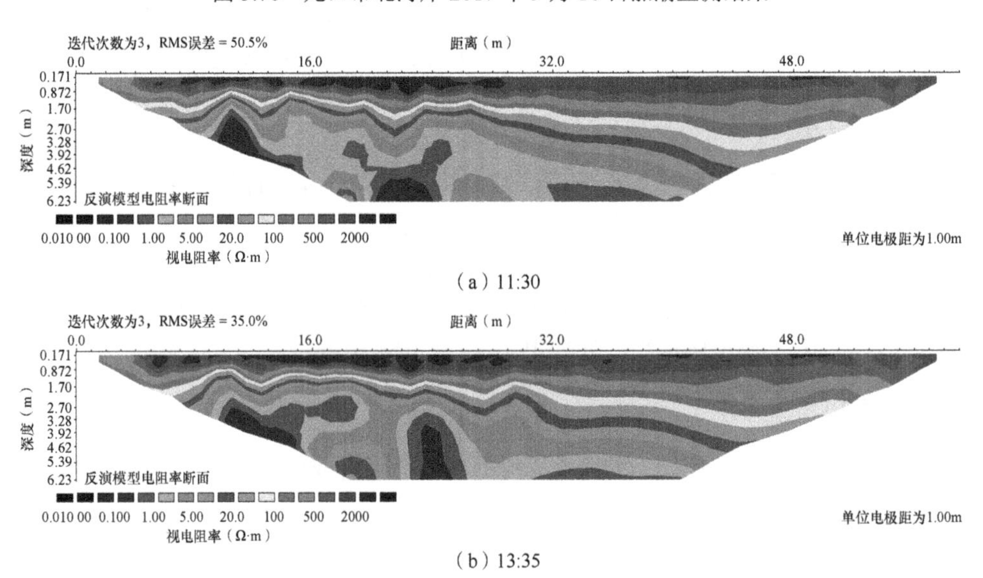

（a）11:30

（b）13:35

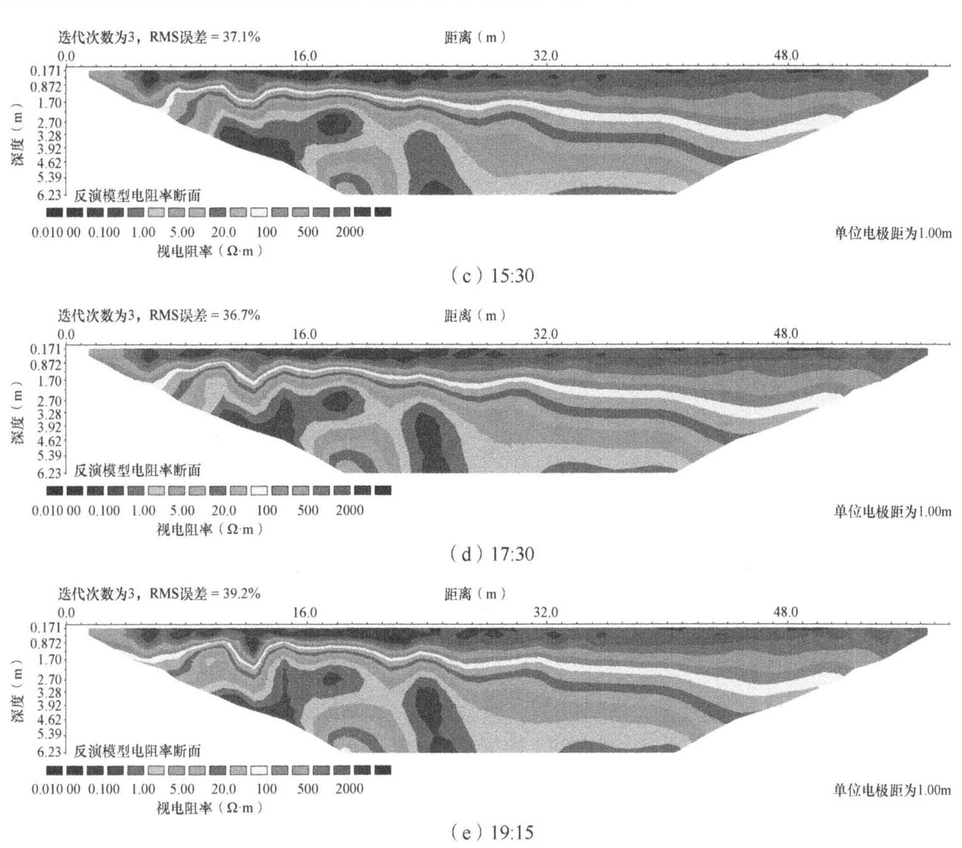

（c）15:30

（d）17:30

（e）19:15

图 5.77　2017 年 9 月 16 日涨潮过程中龙口市北海岸潮间带电阻率层析成像法监测结果

海事服务网（https://www.cnss.com.cn/）发布的龙口港 2017 年 9 月 15 日潮汐变化如图 5.78 所示，涨潮过程中龙口市西海岸潮间带电阻率层析成像法监测结果如图 5.79 所示，监测时间间隔不超过 2h，每次测量时长约 0.5h。

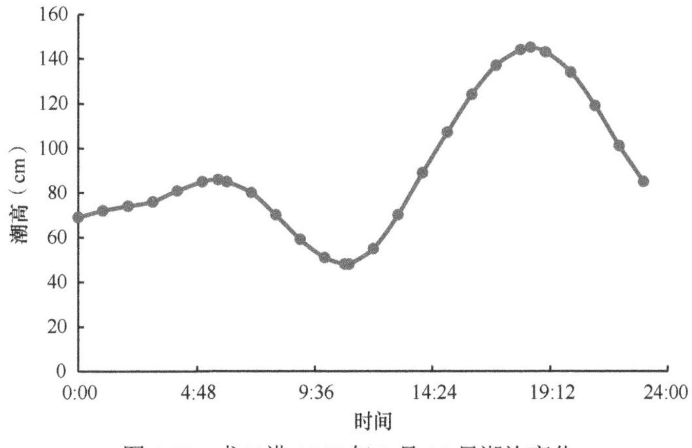

图 5.78　龙口港 2017 年 9 月 15 日潮汐变化

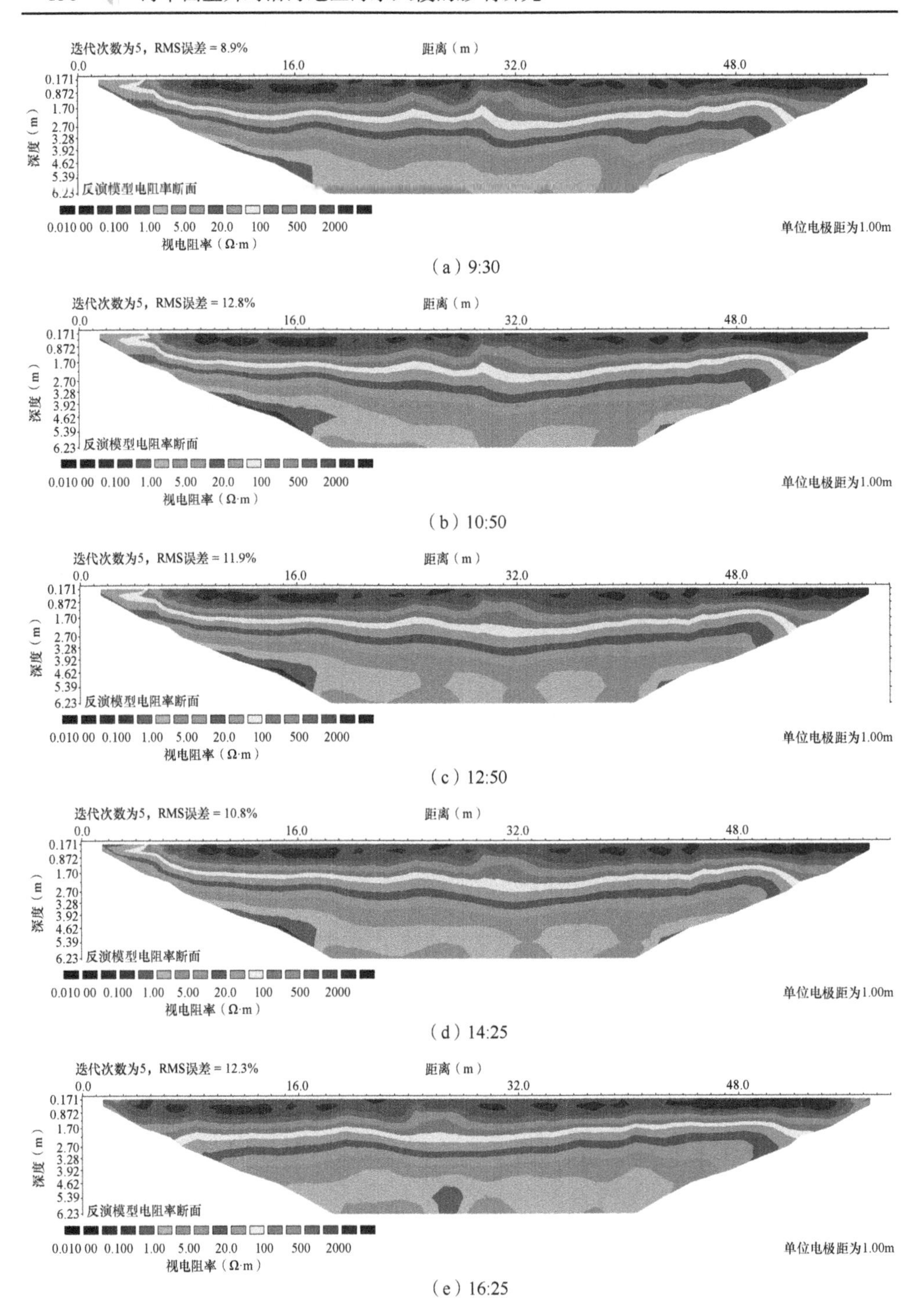

（a）9:30

（b）10:50

（c）12:50

（d）14:25

（e）16:25

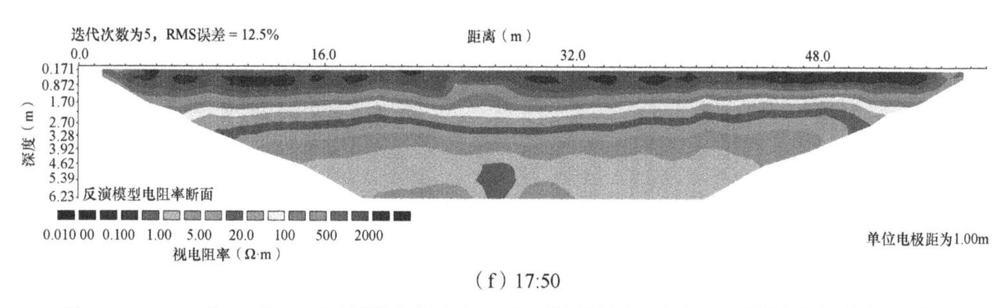

（f）17:50

图 5.79　2017 年 9 月 15 日涨潮过程中龙口市西海岸潮间带电阻率层析成像法监测结果

图 5.79 中 6 次电阻率层析成像法监测结果表明，由于砂质海滩浅部地层含水率低，因此 3m 以浅地层视电阻率非常高，海平面在约 8h 内持续上升约 1.0m，潮间带地层视电阻率并未监测到明显下降。

海事服务网（https://www.cnss.com.cn/）发布的龙口港 2017 年 9 月 17 日潮汐变化如图 5.80 所示，潮汐过程中龙口市西海岸涨潮监测结果和潮间带电阻率层析成像法监测结果分别如图 5.81 和图 5.82 所示，电阻率层析成像法监测时间间隔不超过 2h，每次测量时长约 0.5h。

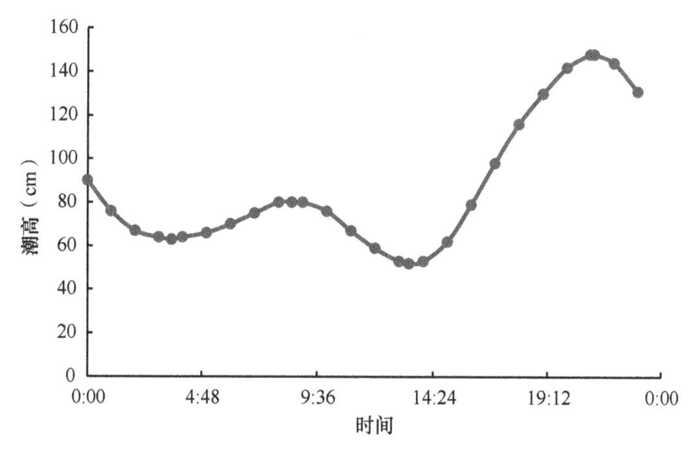

图 5.80　龙口港 2017 年 9 月 17 日潮汐变化

图 5.82 中 6 次电阻率层析成像法监测结果表明，由于砂质海滩浅部地层含水率低，因此 3m 以浅地层视电阻率非常高，海平面在约 8h 内持续上升约 0.8m，潮间带地层视电阻率并未明显下降。

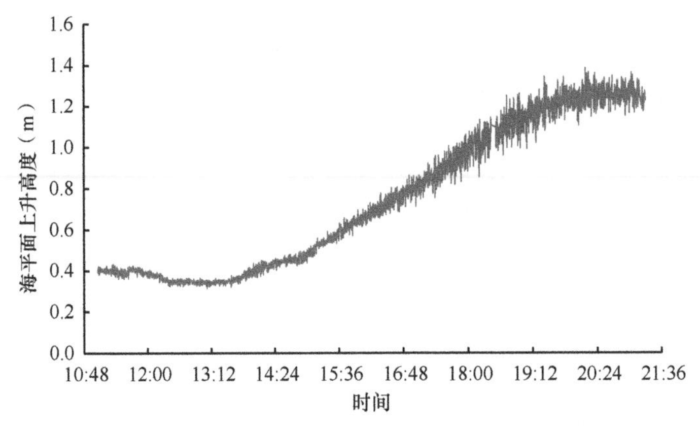

图 5.81 龙口市西海岸 2017 年 9 月 17 日涨潮监测结果

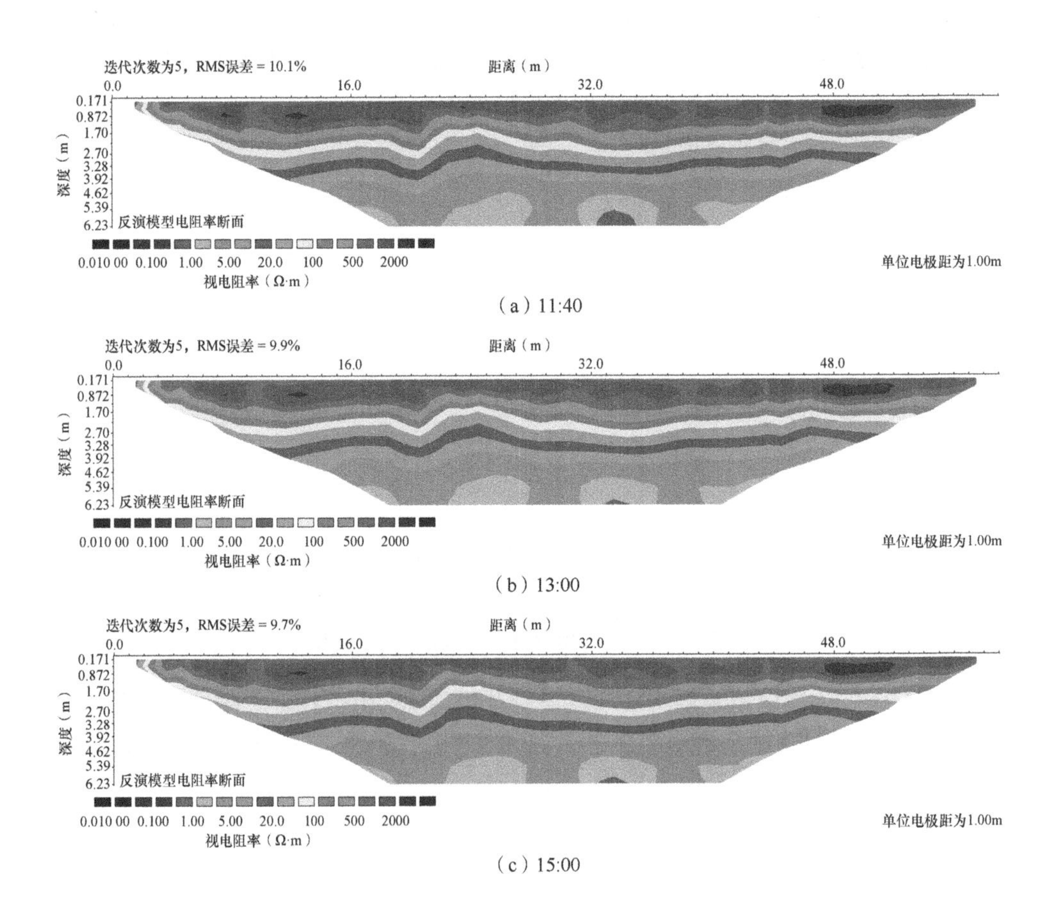

（c）15:00

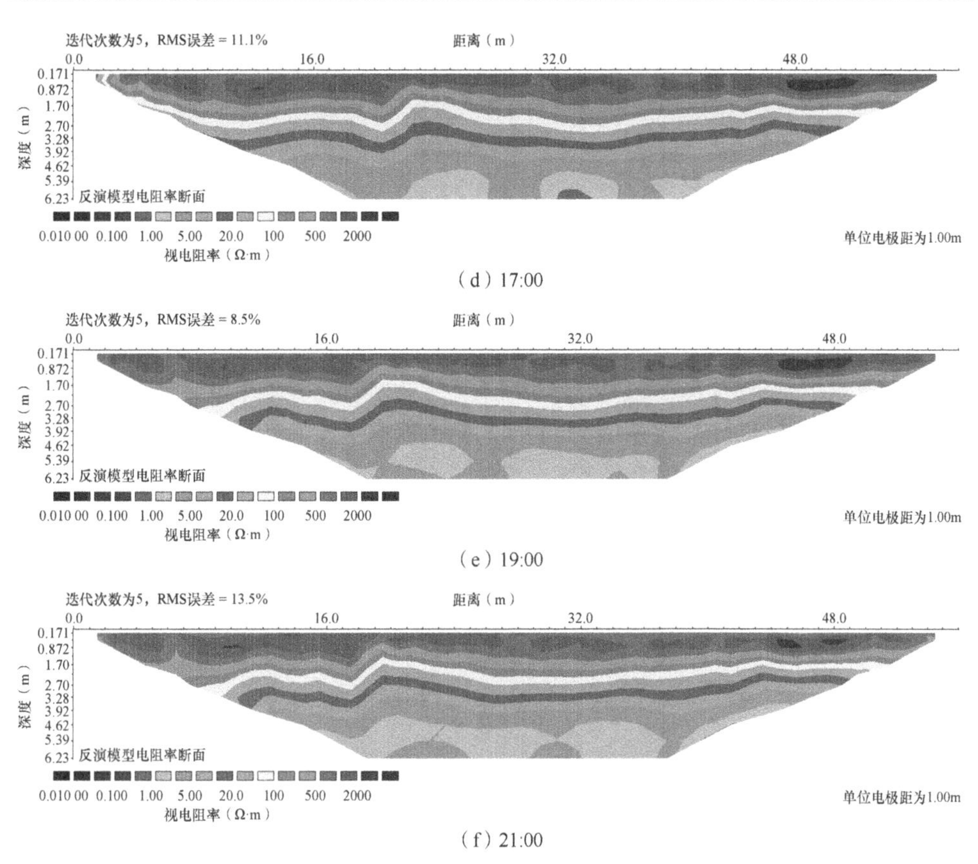

（d）17:00

（e）19:00

（f）21:00

图 5.82 2017 年 9 月 17 日涨潮过程中龙口市西海岸潮间带电阻率层析成像法监测结果

3. 莱州湾南岸

1）潮汐与视电阻率变化周期分析

选择莱州湾南岸典型监测点实施潮汐作用下地层视电阻率的连续多周期监测。获取的原始潮位资料为每小时监测一次，采用电阻率层析成像法实施地层视电阻率监测，测量时间间隔约为 55min。潮位资料与电阻率层析成像法测量时间并不统一，因此对潮位资料进行处理，使二者时间相对应。采用 Arand Time-Series Analysis 软件对潮位资料进行插值，莱州湾南岸潮汐监测和插值结果见图 5.83，插值结果基本在原始值趋势线上，没有改变原始值的总体规律，插值后保证潮位资料与地层视电阻率测量资料在时间上完全一致。

采用傅里叶变换对潮位和全部测量点的平均视电阻率的频率进行分析，分析结果见图 5.84。从频率分析上看，潮汐和平均视电阻率均存在 12h 和 24h 的周期，

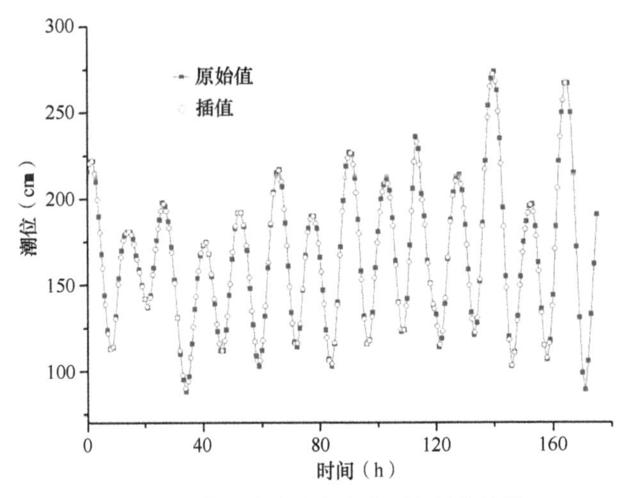

图 5.83 莱州湾南岸潮汐监测和插值结果

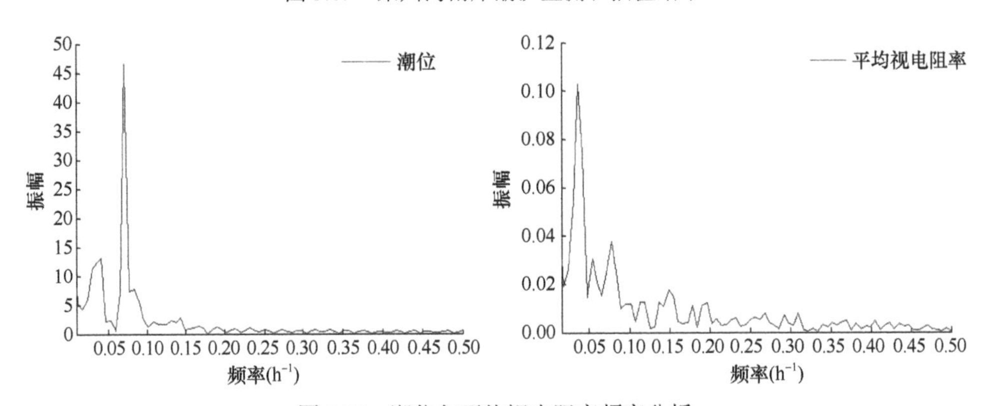

图 5.84 潮位与平均视电阻率频率分析

在对应频率上振幅远大于其他频率，说明这两个周期在潮位和平均视电阻率中均为主要周期。所不同的是，在潮位中，12h 周期较 24h 周期更为显著，而在视电阻率中，24h 周期则比 12h 周期更为显著。显然，相比于地下水水位，影响地层视电阻率变化的因素更多，也更为复杂，虽然其受潮汐波动的显著影响，但也受其他因素的影响。主要周期顺序的不同说明，地层视电阻率受潮汐波动中相对高潮和相对低潮的影响更为显著。

交叉谱分析是分析两个时间序列之间频率相关性程度的谱分析方法。全部测量点平均视电阻率与潮位的交叉谱分析结果见图 5.85，全部测量点的平均视电阻率与潮位在 24h 周期上通过了 80%的置信度检验，说明两者存在 24h 周期，这与频率分析结果相一致。在 12h 周期上，两者趋势变化一致，但未能通过检验，说明 12h 的周期不显著。因此，地层视电阻率主要受 24h 周期的影响。

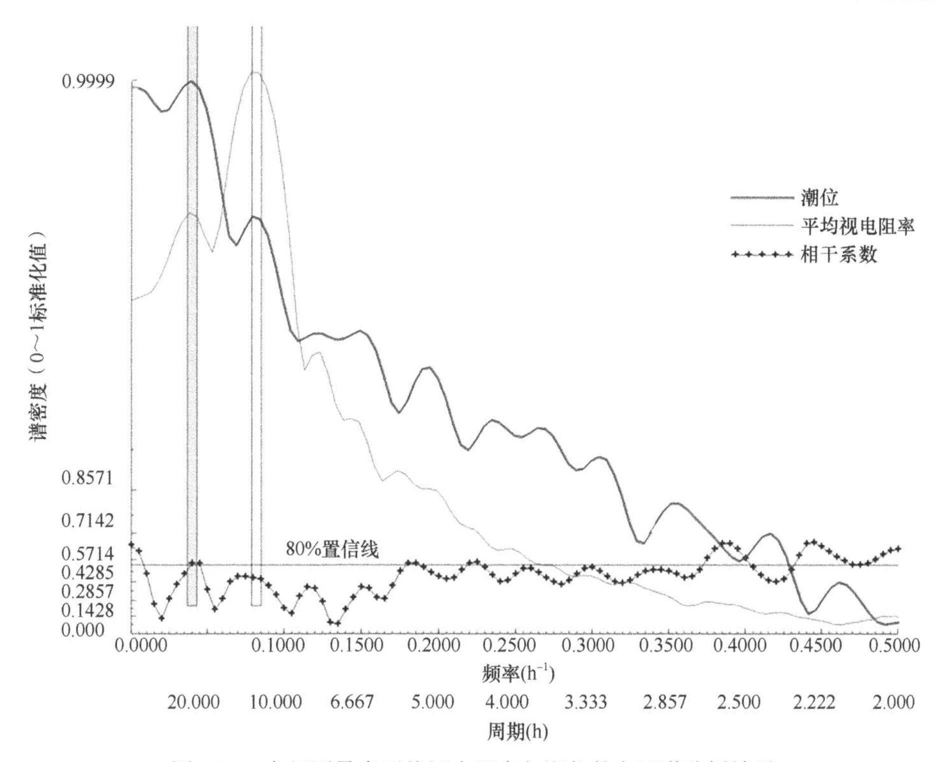

图 5.85　全部测量点平均视电阻率与潮位的交叉谱分析结果

小波分析被认为是傅里叶分析的突破性进展，与傅里叶变换相比，小波变换是空间（时间）和频率的局部变换，因而能更有效地从信号中提取信息。对原始潮位资料进行连续小波分析，从图 5.86 的分析结果可以看出，潮位资料明显有一个 12h 左右的周期，符合莱州湾海域不规则半日潮的潮汐规律。由此可见，利用连续小波分析对潮位资料进行周期分析的结果是可信的。

利用连续小波分析对潮位资料能进行有效的周期分析，而剖面地层视电阻率受潮汐的影响显著，因此，利用同样方法对所有测量点进行连续小波分析，寻找每一个测量点是否存在周期性变化。根据分析结果统计，在全部 1027 个测量点中，具有周期性的数据点共有 582 个，占 56.7%。其中，频数为 27 的周期性数据有 397 个，占周期性数据的 68.2%；频数为 30 的周期性数据有 100 个，占周期性数据的 17.2%；频数为 24 的周期性数据有 39 个（6.7%）；频次为 12 的周期性数据有 3 个（0.5%），频数为 15 的周期性数据有 13 个（2.2%），频数为 18 的周期性数据有 6 个（1.0%），频数为 21 的周期性数据 11 个（1.9%），频数为 33 的周期性数据有 5 个（0.9%），频数为 39 和 42 的周期性数据各有 2 个，频数为 28、36、48 和 51 的周期性数据各有 1 个。

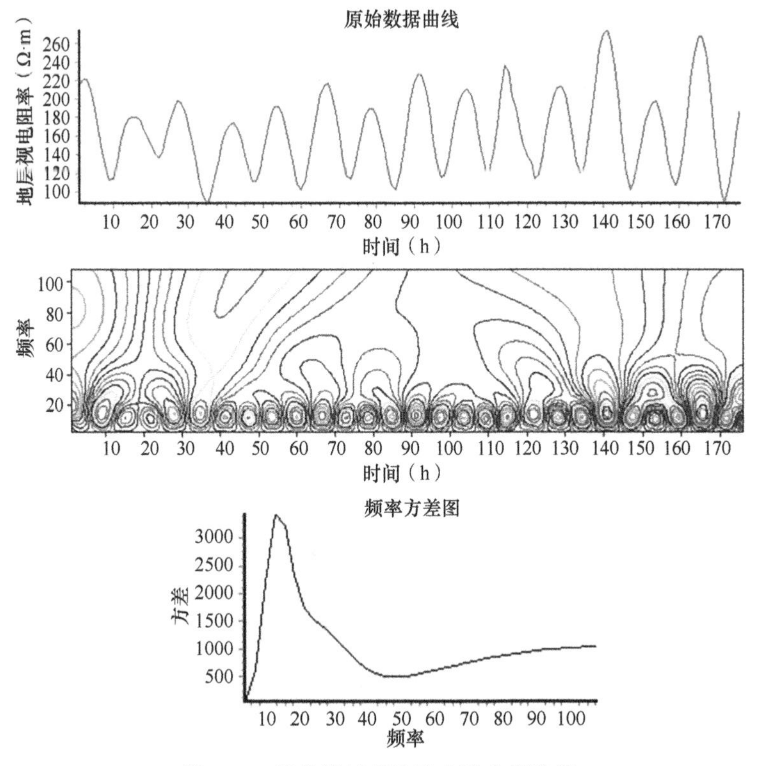

图 5.86 潮位资料的连续小波分析结果

由于剖面实际测量间隔为约 54min，即约 0.9h，因此频数为 27 时周期为约 24.3h，而频数为 30 时周期为约 27h。根据潮汐分析，潮汐周期为 12～13h，而 24.3～27h 正好位于 2 个半日潮周期附近，考虑到小波分析的误差，我们认为这两个频数的周期同潮汐作用的全日潮周期基本一致。

莱州湾海域潮汐为不规则半日潮，即一天中出现两次高潮位和两次低潮位，这两次高潮位和低潮位分别不相等，并且涨潮、落潮历时也不等。滨海地层中所含地下水虽然受潮汐作用的影响，但通过长距离含水层的传输，地下水波动与潮汐周期并不完全一致，而地下水波动所引起的地层视电阻率也不会完全一致。在全部具有周期性的数据中，27 和 30 频数的周期性数据占周期性数据的 85.4%，即使在全部数据中也占 48.4%，即接近一半的地层视电阻率变化周期同潮汐全日潮基本相同，因此地层视电阻率受潮汐作用的影响十分显著。

从地层视电阻率的周期性空间分布（图 5.87）来看，频数为 27 和 30 的周期（即全日潮周期）在整个剖面上均有分布，但也表现出一定规律，即整个剖面的底部分布要高于上部，剖面右侧分布要高于左侧，也同海水入侵方向基本一致，剖面右侧更靠近海岸线，受潮汐的影响也更为显著。

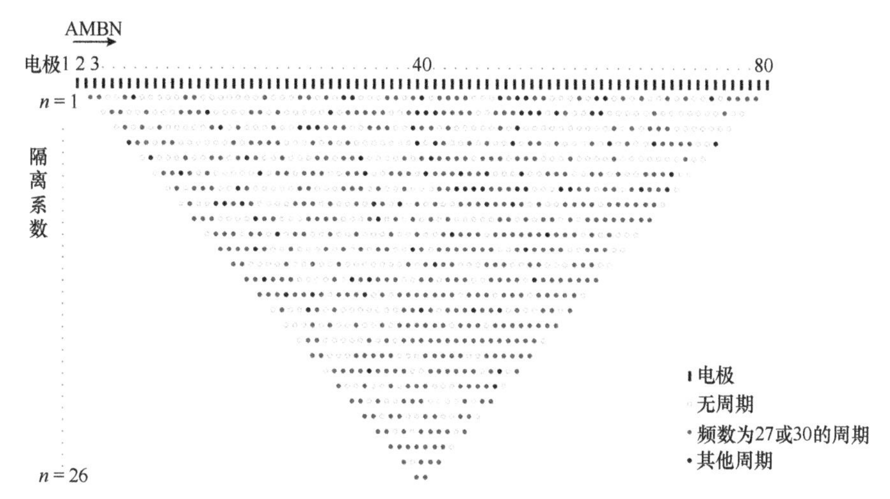

图 5.87　地层视电阻率的周期性空间分布图

2）潮汐周期作用下地层视电阻率的时空变化特征

变异指标又称离散指标，用来描述一组计量资料观察值之间参差不齐的程度，也就是变异度或离散度。变异指标包括标准差、标准误和变异系数，其中标准差与标准误是统计中常用的两种变异指标。

从地层视电阻率的变异系数分布（图 5.88）来看，其具有明显的自上而下逐渐增加的趋势，根据测井及电阻率层析成像法空间分布和反演分析，我们认为主要的含水层在 20～30m，而在此层位地层视电阻率的空间分布不均匀，剖面底部（30～65m）变异系数较大，而剖面上部（0～15m）变异系数较小，说明剖面上部地层视电阻率随时间变化的波动较小，而底部波动较大。在含水层层位，潮汐的作用主要影响该层位所含水分的盐度，从而导致地层视电阻率随潮汐影响不断

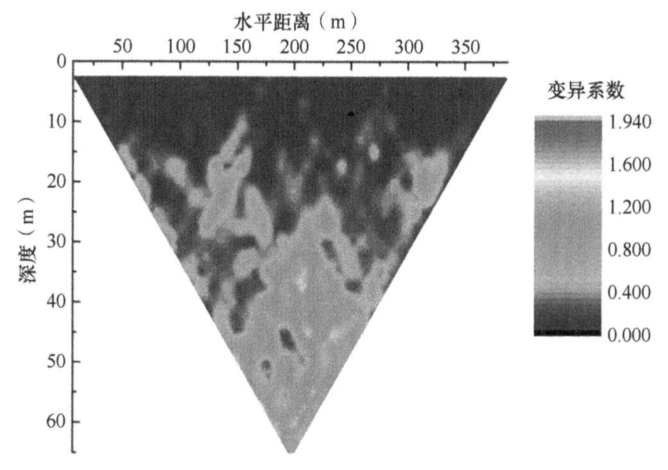

图 5.88　地层视电阻率的变异系数分布图

波动；而在剖面上部，由于该层位高于地下水水位，基本不受地下水波动的影响，反映为变异系数较小，同时受潮汐的影响，不同距离上的毛细作用不同，因而变异系数有所差异；在剖面底部，由于该层位同含水层位并非完全隔水层阻挡，因此仍存在水力联系，该层位不仅受到潮汐波动引起的地下水盐度变化的影响，同时还受到地下水水位变化导致的含水率变化的影响，这两方面的综合影响导致变异系数要大于含水层层位。

潮汐变化对地层视电阻率具有明显影响。图 5.89 给出了不同潮位时地层视电阻率的分布，可以看出，在不同的潮位时刻地层视电阻率具有明显变化，地层视电阻率相对低值出现在高潮位后的平潮位，研究剖面地层视电阻率相对潮位滞后约 6h，恰好在高潮位后的第一个平潮位；地层视电阻率相对高值则出现在低潮位后的平潮位，也正好与滞后 6h 相吻合。相邻两个平潮位的视电阻率分布并不一致，主要与该平潮位相邻的前一个高潮位或低潮位有关。相邻两个高潮位的地层视电阻率分布也不一致，主要与其相邻的平潮位有关，因为相邻两个周期并不完全一致，而是一个相对高潮，一个相对低潮。

5.4 本章小结

本章主要利用大型砂槽物理模型模拟了海平面上升对海水入侵的驱动过程，探讨了淡水地下水水位回升对海水入侵的修复作用，构建了典型剖面海水入侵数值模型，结合海岸带现场定性调查，探讨了海平面上升对海水入侵的影响机制，取得了以下成果。

1）海水入侵物理模型模拟成果

利用非均质多层含水层砂槽物理模型模拟了不同海平面上升速率条件下，海水入侵对海平面上升的响应过程，实验结果表明，海平面上升会破坏滨海含水层中咸/淡水界面的平衡，导致海水持续入侵滨海不同地层，直到新的咸/淡水界面平衡状态形成；快速上升的海平面会引起海水入侵响应速度的加快，上部细砂地层中海水入侵范围扩大较快。利用非均质单一含水层砂槽物理模型模拟了海水入侵对潮汐的响应过程，实验结果表明，潮汐对海水入侵的影响不明显。在实验室内通过调节海水和淡水的水头差成功对受到严重海水入侵的下部含砾粗砂地层和上部细砂地层进行了修复，实验结果表明，在渗透性较好的滨海含水层中通过提升淡水水位（水头）可以实现滨海含水层中海水入侵的防治。成功利用电阻率层析成像法对海水入侵过程和修复过程进行了监测，反演出含水层在不同盐分条件下的视电阻率，揭露了海水入侵及修复过程中盐分的运移特征，为在龙口典型区监测海水入侵和评价海水入侵治理效果提供了有力的监测手段。

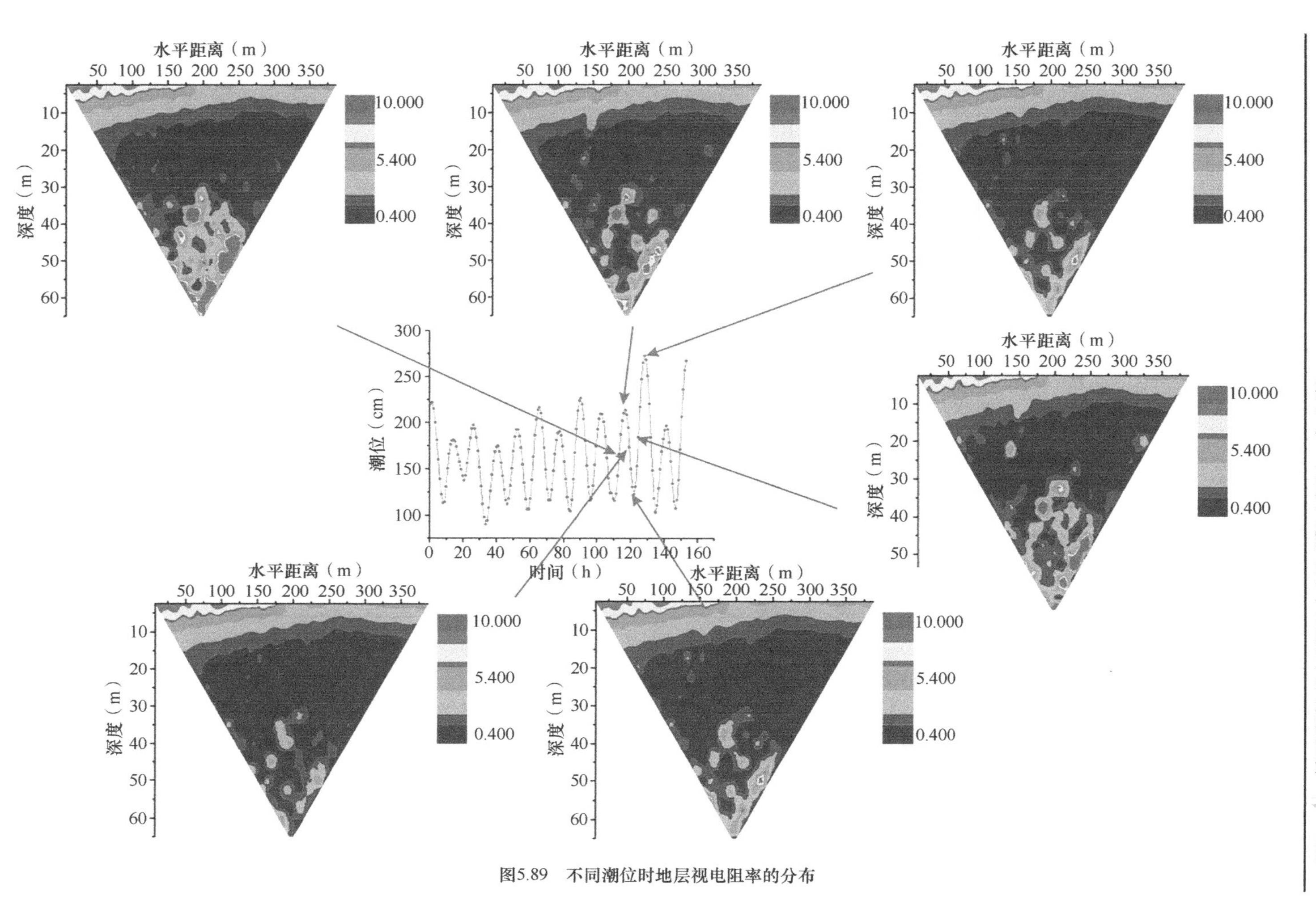

图5.89　不同潮位时地层视电阻率的分布

2）构建了典型剖面海水入侵数值模型

基于水文地质物探、水文地质钻探与测井、含水层系统渗透性评价等详细数据，建立了龙口典型区西海岸典型剖面海水入侵数值模型，利用地下水分层监测井水位和水质监测数据校正与检验了龙口典型区西海岸典型剖面数值模型；基于典型剖面海水入侵数值模型评价了龙口典型区西海岸不同埋深含水层中海水入侵对海平面上升的响应过程，海水入侵在深部承压含水层的扩展速度最快，在中部承压含水层扩展速度次之，在潜水含水层中扩展速度最慢。

3）海水入侵对海平面上升的响应机制

利用电阻率层析成像法持续监测了龙口典型区北海岸和西海岸海水入侵对海平面上升的响应，定性分析了龙口典型区海水入侵对海平面上升的响应机制，监测结果表明，龙口典型区海岸带潮汐作用周期内潮水位持续上升导致海水入侵潮间带，在潮间带会造成严重的盐分堆积；莱州湾南岸地层视电阻率对周期性潮汐的响应分析表明，高潮位时视电阻率处于相对低值，而在低潮位时视电阻率处于相对高值，但地层视电阻率极值的出现往往存在滞后性。

利用典型剖面海水入侵数值模型，对龙口典型区西海岸海水入侵影响因素进行了敏感性分析，结果表明，渗透系数、弥散度、给水度、孔隙度和贮水率五个因素中渗透系数是控制海水入侵对海平面上升响应过程的最主要因素。

定量化分析结果表明，渗透系数每增加 1m/d，30 年后研究区不同含水层中严重海水入侵咸/淡水界面的距离分别增大 15.273m（潜水含水层）、26.840m（中部承压含水层）和 32.059m（深部承压含水层）；海平面每上升 1mm，30 年后研究区不同含水层中严重海水入侵咸/淡水界面的距离分别增大 0.1907m（潜水含水层）、0.2242m（中部承压含水层）和 0.2393m（深部承压含水层）。

第 6 章

典型区海水入侵数值模型构建

本章介绍三维变密度海水入侵数值模型，基于龙口典型区和大沽河流域典型区相关基础资料的调查分析成果，构建龙口典型区及大沽河流域典型区水文地质概念模型和三维海水入侵数值模型。

6.1 三维变密度海水入侵数值模型

变密度海水入侵数值模型主要由地下水水流数值模型、溶质运移数值模型、地下水水流和溶质运移耦合数值模型组成。地下水水流数值模型和溶质运移数值模型由偏微分方程和定解条件组成。其中，偏微分方程是在质量守恒和能量守恒两条定律的基础上建立起来，用来表达地下水水流运动或溶质运移的普遍规律。地下水水流数值模型和溶质运移数值模型的偏微分方程通过运动方程耦合起来[61]。定解条件由初始条件和边界条件组成，是根据实际问题求得问题唯一解的条件。

6.1.1 地下水水流数值模型

1. 偏微分方程

海水入侵过渡带的地下水随着密度（ρ）的不断变化，在同一压强（P）下的实际水头（H）会有不同的值。对于以水头为基础的地下水水流方程，需将变密度水流的水头改为等效淡水水头（h）。等效淡水水头表达式为

$$h = \frac{P}{\rho_f g} + z \tag{6.1}$$

式中，ρ_f 为淡水的密度。此时描述地下水水流运动的基本偏微分方程可改写为以下形式[62]：

$$\frac{\partial}{\partial x}\left(K_{xx}\frac{\partial H}{\partial x}\right) + \frac{\partial}{\partial y}\left(K_{yy}\frac{\partial H}{\partial y}\right) + \frac{\partial}{\partial z}\left(K_{zz}\frac{\partial H}{\partial z} + \eta c\right) = S_s\frac{\partial H}{\partial t} + n\eta\frac{\partial c}{\partial t} - \frac{\rho}{\rho_f}q \tag{6.2}$$

式中，n 为孔隙度，无量纲；c 为溶质浓度；$\eta=\dfrac{\varepsilon}{c_s}$ 为密度耦合系数，量纲为 L^3M^{-1}；$\varepsilon=\dfrac{\rho_s-\rho_f}{\rho_f}$ 为密度差率，无量纲；c_s 是最大密度 ρ_s 对应的浓度，量纲为 ML^{-3}；q 为单位体积多孔介质源（或汇）流量，量纲为 1/T；K 为渗透系数，量纲为 L/T；S_s 为贮水率，量纲为 1/L。方程（6.2）与一般的水流运动方程相比多出两项，其中 ηc 表示垂向上由于密度不同在重力作用下引起的自然对流，$n\eta\dfrac{\partial c}{\partial t}$ 表示浓度随时间变化引起的质量变化。

2. 定解条件

Ⅰ）初始条件

$$H(x,y,z,t)\big|_{t=0}=H_0(x,y,z,t) \tag{6.3}$$

式中，H 为地下水水头分布函数；H_0 为初始时刻 t=0 时地下水水头分布函数，是已知函数。其中，$(x,y,z)\in\Omega,\ t\geqslant 0$。

Ⅱ）边界条件

第一类边界条件[狄利克雷（Dirichlet）条件]：

$$h(x,y,z,t)\big|_{\Gamma_1}=\phi_1(x,y,z,t),\ (x,y,z,t)\in\Gamma_1 \tag{6.4}$$

式中，$h(x,y,z,t)\big|_{\Gamma_1}$ 为 t 时刻三维流在边界 Γ_1 上点（x, y, z）的水头；$\phi_1(x,y,z,t)$ 为边界 Γ_1 上的已知函数。

第二类边界条件[诺伊曼（Neumann）条件]：

$$K\frac{\partial H}{\partial \vec{n}}\bigg|_{\Gamma_2}=q_2(x,y,z,t),\ (x,y,z,t)\in\Gamma_2 \tag{6.5}$$

式中，$\vec{n}$ 为边界 Γ_2 上的外法线方向；q_2 为已知函数，表示边界 Γ_2 上单位面积的流量。当 q_2=0 时，则表示相对隔水边界。

潜水面边界条件[1]：

$$\frac{\partial H}{\partial \vec{n}_3}\bigg|_{\Gamma_3}=\left(W-\mu\frac{\partial h}{\partial t}\right)\vec{n}_3 \tag{6.6}$$

式中，W 为潜水面上的入渗补给量，量纲为 L/T；μ 为给水度，无量纲。$\mu\dfrac{\partial h}{\partial t}$ 表示单位时间内潜水面升降引起的水量变化。

根据概念模型对研究区各边界类型的概化，三维变密度地下水水流数值模型如下：

$$\begin{cases}\dfrac{\partial}{\partial x}\left(K_{xx}\dfrac{\partial H}{\partial x}\right)+\dfrac{\partial}{\partial y}\left(K_{yy}\dfrac{\partial H}{\partial y}\right)+\dfrac{\partial}{\partial z}\left(K_{zz}\dfrac{\partial H}{\partial z}+\eta c\right)\\ =S_{\mathrm{s}}\dfrac{\partial H}{\partial t}+n\eta\dfrac{\partial c}{\partial t}-\dfrac{\rho}{\rho_{\mathrm{f}}}q,\ (x,y,z)\in\Omega,\ t\geqslant 0\\ H(x,y,z,t)\big|_{t=0}=H_0(x,y,z,t),\ (x,y,z)\in\Omega\\ h(x,y,z,t)\big|_{\Gamma_1}=\phi_1(x,y,z,t),\ (x,y,z,t)\in\Gamma_1,\ t\geqslant 0\\ K\dfrac{\partial H}{\partial\vec{n}}\bigg|_{\Gamma_2}=q_2(x,y,z,t),\ (x,y,z,t)\in\Gamma_2,\ t\geqslant 0\\ \dfrac{\partial H}{\partial\vec{n}_3}\bigg|_{\Gamma_3}=\left(W-S_{\mathrm{v}}\dfrac{\partial h}{\partial t}\right)\vec{n}_3\end{cases}\tag{6.7}$$

式中，Ω 为研究区范围；Γ_1 为第一类边界；Γ_2 为第二类边界；Γ_3 为潜水面边界。

6.1.2　溶质运移数值模型

1. 偏微分方程

用来描述海水入侵过渡带溶质运移的偏微分方程为三维对流-弥散方程（x 轴与平均流速方向一致），可以表示为

$$\begin{aligned}&\frac{\partial}{\partial x}\left(D_{xx}\frac{\partial c}{\partial x}\right)+\frac{\partial}{\partial y}\left(D_{yy}\frac{\partial c}{\partial y}\right)+\frac{\partial}{\partial z}\left(D_{zz}\frac{\partial c}{\partial z}\right)-\frac{\partial(u_x c)}{\partial x}-\frac{\partial(u_y c)}{\partial y}-\frac{\partial(u_z c)}{\partial z}\\&=\frac{\partial c}{\partial t}+\frac{q}{n}\left(c-c^*\right)\end{aligned}\tag{6.8}$$

式中，D 为水动力弥散系数，量纲为 L^2/T；u 为实际流速，量纲 L/T；c^*为注水（抽水）的溶质浓度，量纲为 ML^{-3}；其余各项符号的含义及量纲同方程（6.2）。

2. 定解条件

Ⅰ）初始条件：

$$C(x,y,z,t)\big|_{t=0}=C_0(x,y,z,t)\tag{6.9}$$

式中，C 为浓度分布函数；C_0 为初始时刻 t=0 时的浓度分布函数，是已知函数。其中，$(x,y,z)\in\Omega,\ t\geqslant 0$。

Ⅱ）边界条件：

第一类边界条件：

$$c(x,y,z,t)\big|_{B_1}=c_1(x,y,z,t),\ (x,y,z)\in B_1\tag{6.10}$$

式中，B_1为第一类边界；$c_1(x, y, z, t)$为第一类边界上的已知函数。

第二类边界条件：

$$-nD\text{grad}c \cdot \vec{n}\big|_{B_2} = c_2(x,y,z,t),\ (x,y,z) \in B_2 \tag{6.11}$$

式中，B_2为第二类边界，$\vec{n}$为边界上某点(x, y, z)处外法线上的单位向量，D为水动力弥散系数；$c_2(x, y, z, t)$为已知函数，表示仅在水动力弥散作用下，单位时间通过边界实际过水断面单位面积的溶质质量（不包含岩石颗粒占据面积）。当$c_2(x, y, z, t)=0$时，式（6.11）可用来表示相对隔水边界。

第三类边界条件[柯西（Cauchy）边界条件]：

$$(c\vec{u} - D\text{grad}c) \cdot \vec{n}\big|_{B_3} = c_3(x,y,z,t),\ (x,y,z) \in B_3 \tag{6.12}$$

式中，B_3为第三类边界；$c_3(x, y, z, t)$为已知函数，表示在对流和水动力弥散共同作用下，单位时间通过边界实际过水断面单位面积的溶质质量；$\vec{u}$为地下水实际平均流速；$\vec{n}$为边界上外法线方向的单位向量。

根据概念模型对研究区各边界类型的概化，三维溶质运移数值模型如下：

$$\begin{cases} \dfrac{\partial}{\partial x}\left(D_{xx}\dfrac{\partial c}{\partial x}\right) + \dfrac{\partial}{\partial y}\left(D_{yy}\dfrac{\partial c}{\partial y}\right) + \dfrac{\partial}{\partial z}\left(D_{zz}\dfrac{\partial c}{\partial z}\right) - \dfrac{\partial(u_x c)}{\partial x} - \dfrac{\partial(u_y c)}{\partial y} - \dfrac{\partial(u_z c)}{\partial z} \\ = \dfrac{\partial c}{\partial t} + \dfrac{q}{n}(c - c^*),\ (x,y,z) \in \Omega,\ t \geqslant 0 \\ C(x,y,z,t)\big|_{t=0} = C_0(x,y,z,t),\ (x,y,z) \in \Omega \\ c(x,y,z,t)\big|_{B_1} = c_1(x,y,z,t),\ (x,y,z) \in B_1,\ t \geqslant 0 \\ -nD\text{grad}c \cdot \vec{n}\big|_{B_2} = c_2(x,y,z,t),\ (x,y,z) \in B_2,\ t \geqslant 0 \\ (c\vec{u} - D\text{grad}c) \cdot \vec{n}\big|_{B_3} = c_3(x,y,z,t),\ (x,y,z) \in B_3,\ t \geqslant 0 \end{cases} \tag{6.13}$$

式中，Ω为研究区范围；B_1为第一类边界；B_2为第二类边界；B_3为第三类边界。

6.1.3 地下水水流和溶质运移耦合数值模型

三维变密度地下水水流数值模型和溶质运移数值模型中的偏微分方程可通过运动方程（坐标轴与主方向一致）耦合起来。运动方程的表达式如下：

$$\begin{cases} u_x = -\dfrac{K_{xx}}{n}\dfrac{\partial h}{\partial x} \\ u_y = -\dfrac{K_{yy}}{n}\dfrac{\partial h}{\partial x} \\ u_z = -\dfrac{K_{zz}}{n}\left(\dfrac{\partial h}{\partial x} + \eta c\right) \end{cases} \tag{6.14}$$

式中，K 为淡水条件下的渗透系数，量纲为 L/T；u_x、u_y、u_z 分别为各方向上的实际流速，量纲为 L/T；n 为孔隙度，无量纲。式（6.7）、式（6.13）和式（6.14）共同构成描述三维变密度海水入侵的数值模型。

6.1.4　数值模型求解

变密度地下水水流数值模型中，变密度水流运动方程和溶质运移方程是双向耦合的，必须联立进行迭代求解。变密度地下水水流数值模型的计算流程见图 6.1。

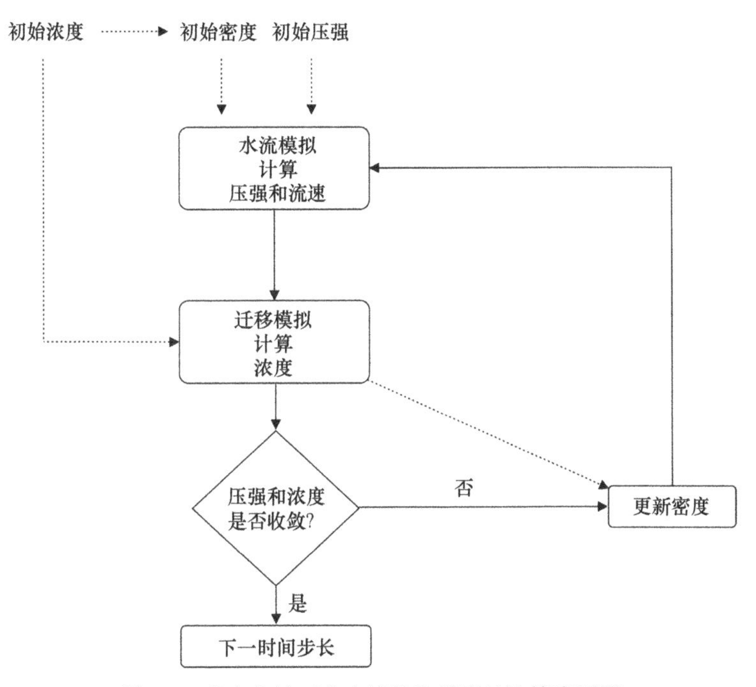

图 6.1　变密度地下水水流数值模型的计算流程图

变密度地下水水流数值模型的求解程序有很多，其开发单位、功能特点和应用范围见表 6.1。前述数值模型运用 SEAWAT 程序进行求解。SEAWAT 由美国地质调查局（USGS）推出，该程序在 MODFLOW 和 MT3DMS 的基础上增加了 VDF（变密度流）和 VSC（变黏滞度）程序包，是用来计算多孔介质中三维非稳定变密度地下水水流运动和溶质运移的有限差分模型，现已被广泛用于求解海水入侵数值模型。

表 6.1 变密度地下水水流数值模型求解程序对比

名称	开发单位	功能特点	应用范围
FEMWATER	美国宾州大学	三维有限元地下水模拟程序，由3DFEMWATER和3DLEWAST合并而成，前者是地下水水流运动模块，后者是溶质运移模块	可用于模拟饱和带/非饱和带三维水流运动和溶质运移过程，还可用于模拟变密度的溶质运移过程
SEAWAT	美国地质调查局	三维有限差分地下水模拟程序，在MODFLOW和MT3DMS的基础上开发得到，包括多组分溶质运移模型和热量运移模型，额外包含变密度流和变黏滞度两个程序包	主要用于解决沿海地区海水入侵及内陆地区咸（卤）水入侵问题
SUTRA	美国地质调查局	三维有限元/有限差分地下水模拟程序，联合了地下水流和能量或溶质运移模拟，具有灵活的网格剖分方式	可用于模拟饱和带/非饱和带变密度地下水水流运动和溶质或能量运移过程
FEFLOW	德国 Wasy 水资源规划系统研究所	三维有限元地下水模拟程序，功能齐全，支持三维可视化，具有地理信息系统数据接口，网格剖分方式灵活	可用于模拟饱和带/非饱和带地下水水流运动、溶质运移、热传递，还可用于模拟变密度流场

6.2 龙口典型区海水入侵数值模型构建

龙口典型区海水入侵数值模型的构建包括水文地质概念模型构建、模型的时空离散、水文地质参数确定与赋值、边界条件及源汇项分析与确定、初始条件确定以及模型的校正与检验等工作。

6.2.1 水文地质概念模型

实际的地下水系统往往十分复杂，直接用数值模型对实际系统进行描述较为困难，因此需要对地下水系统进行概化处理。水文地质概念模型的建立，需要在对实际的地质及水文地质条件进行全面、深入分析的基础上，根据研究目的，应用专业知识对实际地下水系统的含水介质、边界条件、源汇项等要素进行概化。

1. 选择人类活动影响较小区域

龙口典型区黄水河流域、泳汶河流域和沿海诸小河流域均存在不同程度的地下水开采，但黄水河流域下游建设了地下水库，含水层与海水被地下截渗墙隔断了水力联系，属于人类活动影响较强区域。为了研究海平面上升对沿海地区海水入侵的影响，本小节选择受人类活动影响相对较小的泳汶河以及沿海诸小河为龙口典型区数值模型研究区。

2. 含水介质概化

龙口典型区目标含水层为松散岩类孔隙潜水含水层，含水介质以粗砂、中砂为主，含有少量砾卵石，夹杂少量黏土，总体上透水性、富水性较好，属于中-强富水层。下伏一层较薄的粉砂、淤泥质层，渗透性较差，属于弱透水层。部分地区淤泥质层与上层孔隙潜水含水层相互交错。底部为透水性极弱的砂岩。将研究区含水层概化为三层，第一层为细砂/中砂介质局部为含砾粗砂，根据渗透性可分为 8 个区域；第二层为渗透性较差的粉质黏土层；第三层为渗透系数极小的砂岩层。总体上，含水层概化为非均质各向异性含水层，水流概化为考虑变密度因素的三维非稳定流。龙口典型区水文地质概念模型的平面及垂向示意分别见图 6.2、图 6.3。

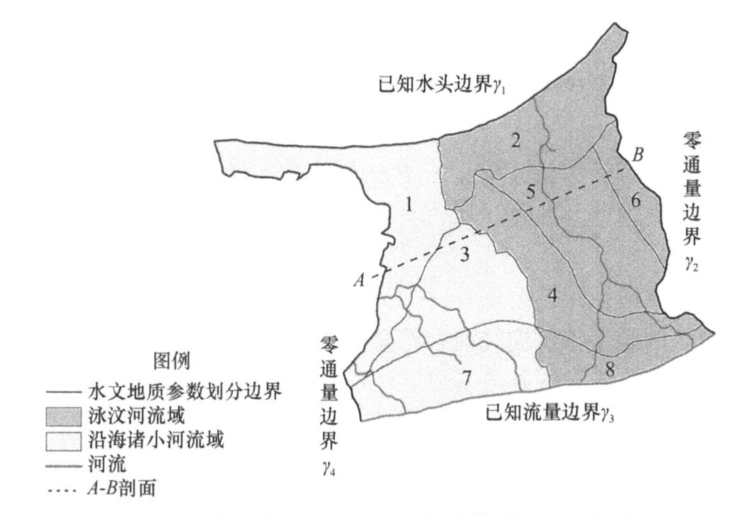

图 6.2　龙口典型区水文地质概念模型平面示意图

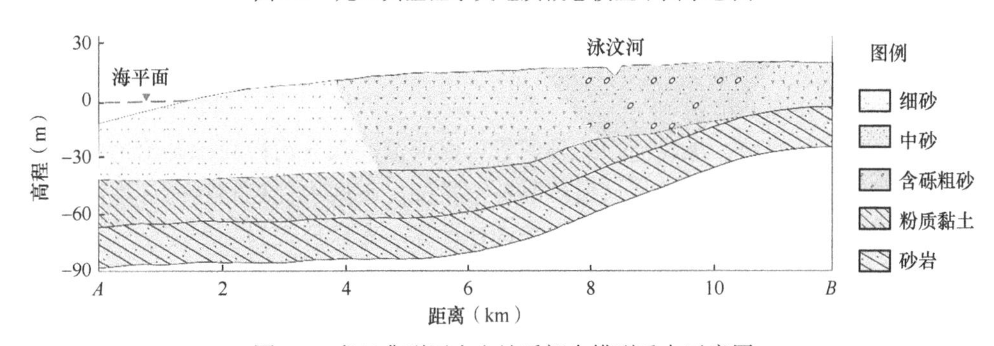

图 6.3　龙口典型区水文地质概念模型垂向示意图

3. 边界概化

在地下水水流模型中，龙口典型区北部和西部边界 γ_1 为莱州湾，概化为已知水头边界；东部边界 γ_2 为黄水河流域与泳汶河流域的分水岭，概化为零通量边界；

西南部边界 γ_4 为八里沙河流域与界河流域的分水岭，概化为零通量边界；南部边界 γ_3 为平原区与山区的交界，概化为已知流量边界。龙口典型区含水层顶部边界为潜水面，底部边界为含水层底板。在溶质运移模型中，龙口典型区北部和西部边界 γ_1 概化为已知浓度边界；东部边界 γ_2 和西南部边界 γ_4 由于没有对流作用，概化为零通量的水动力弥散通量边界；南部边界 γ_3 概化为已知对流-弥散通量边界；含水层顶部和底部边界概化为零通量的水动力弥散通量边界。

4. 源汇项概化

1）地下水补给项

Ⅰ）降水入渗补给量

根据龙口地区 1957～2017 年的降水量计算得到该地区多年平均降水量为 603mm/a。降水入渗补给量的计算公式为

$$P_r = \alpha PF \times 10^{-3} \tag{6.15}$$

式中，P_r 为降水入渗补给量（m^3/a）；P 为降水量（mm/a）；α 为降水入渗补给系数（无量纲）；F 为计算区面积（km^2）。其中，降水入渗补给系数需要通过模型校正与检验确定。

Ⅱ）地下水侧向径流补给量

龙口典型区的地下水侧向径流补给量是指发生在山区与平原区交界处，山丘区地下水以地下潜流的形式补给平原区浅层地下水的水量。应用达西定律有

$$Q_r = KIML \times 10^{-4} \tag{6.16}$$

式中，Q_r 为地下水侧向径流补给量（万 m^3/d）；K 为含水层渗透系数（m/d）；M 为含水层厚度（m）；I 为地下水水力坡度（无量纲）；L 为侧向补给断面的长度（m），通过测量得知，研究区南部边界长 18.06km。经计算，研究区山前侧向径流补给量约为 527.24 万 m^3/a。

Ⅲ）河道渗漏补给量

经分析，黄水河、泳汶河、北马河等入海河流的部分河段河水补给地下水。由于龙口市缺少适于分析计算河道渗漏补给量的上下游水文控制断面，本次河道补给地下水量主要采用地下水动力学法进行计算，计算公式为

$$Q_{\text{strleak}} = K_{\text{strbed}} \text{wetper}_{\text{str}} \text{length}_{\text{str}} \left(\frac{h_{\text{str}} - h_{\text{fdc}}}{\text{thick}_{\text{strbed}}} \right) \tag{6.17}$$

式中，Q_{strleak} 为河道渗漏补给量；K_{strbed} 为河床底部沉积物渗透系数；$\text{wetper}_{\text{str}}$ 为河段湿周；$\text{length}_{\text{str}}$ 为河长；h_{str} 为河流中点高程；h_{fdc} 为地下水水头；$\text{thick}_{\text{strbed}}$ 为河床厚度。

根据龙口市水资源评价成果，研究区内河道渗漏补给量约为 328.28 万 m^3/a。

2）地下水排泄项

Ⅰ）地下水蒸发量

潜水蒸发量是指潜水在毛细管作用下，通过包气带岩土向上运动形成的蒸发量（包括棵间蒸发量和被植物根系吸收造成的叶面蒸散发量）。潜水蒸发量与地下水水位埋深、包气带岩性、植被、气象等因素有关。当地下水水位埋深超过包气带土壤毛细管最大上升高度时，潜水蒸发量趋于零。潜水蒸发量计算采用潜水蒸发系数法，计算公式为

$$\varepsilon=\varepsilon_0\left(1-\frac{h}{l}\right)^n \tag{6.18}$$

式中，h 为潜水埋藏深度（m）；l 为极限蒸发深度（m）；n 为与包气带土质、气候有关的蒸发指数，一般取 1～3；ε 为潜水蒸发强度（m/d）；ε_0 为水面蒸发强度（m/d），自然水体水面蒸发强度一般为蒸发皿测得蒸发强度的 60%。研究区内区域 1 和区域 2 两个子区域的潜水埋深小于 5m，因此仅计算上述两个区域的潜水蒸发量。龙口沿海地区蒸发量通过蒸发皿测得为 1250mm/a。

Ⅱ）河道排泄量

河道排泄量是指当河道水位低于两岸地下水水位时，含水层向河道的地下水排泄量。根据典型年地下水水位埋深等值线图分析，龙口市平原区基本无地下水河道排泄。

Ⅲ）地下水开采量

根据 2017 年龙口地区所有地下水开采井的统计数据（开采井分布见图 6.4），计算各分区地下水开采量（表 6.2）。结果表明，2017 年研究区地下水开采量约为 1455 万 m^3。

表 6.2　各分区内地下水开采量

分区	面积（km^2）	开采量（万 m^3/a）	开采井数量（口）	平均开采强度（mm/d）
龙口市中心	8.23	54.38	113	0.181
泳汶河流域上游	12.32	40.02	86	0.089
泳汶河流域中游	32.94	301.98	541	0.251
中部沉积地区	26.66	276.50	364	0.284
北部沿海地区	30.36	157.89	360	0.142
沿海诸小河流域中游	25.54	296.62	334	0.318
沿海诸小河流域上游	27.12	252.90	380	0.255
西部沿海地区	35.44	74.85	193	0.058

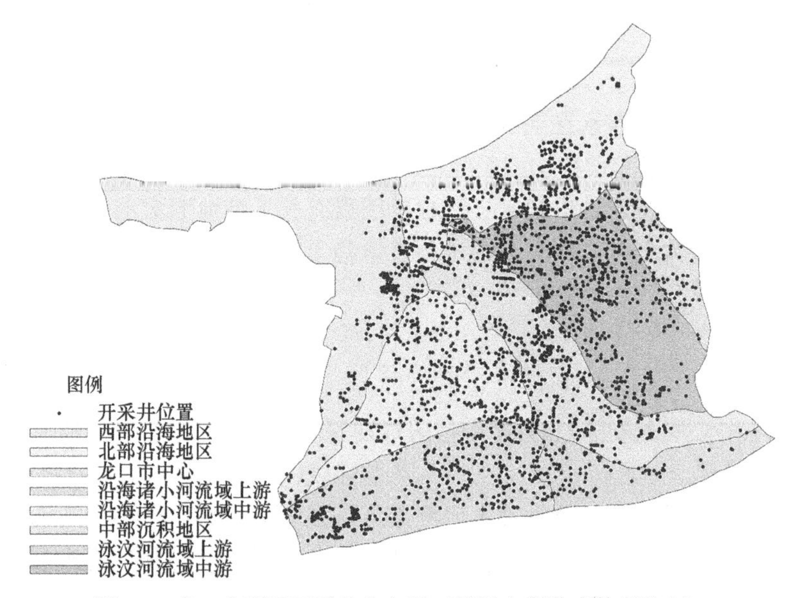

图 6.4 龙口典型区开采井分布图（根据水利普查数据绘制）

6.2.2 数值模型的时空离散

海水入侵数值模型采用有限差分法进行求解。求解之前首先需要对龙口典型区进行三维有限差分网格剖分。平面上，以 100m×100m 的网格对研究区进行剖分，共剖分为 22 176 个网格。垂向上，模型分为 3 层，反映了典型区的地层和水文地质情况。从上往下，模型第一层对应潜水含水层，第二层对应粉质黏土层，第三层对应砂岩层。模型每一层的顶底板高程和厚度都是根据龙口地区水文地质调查报告中的钻孔数据和水文地质剖面确定。空间上总共剖分 66 528 个有效网格。龙口典型区空间离散示意见图 6.5。

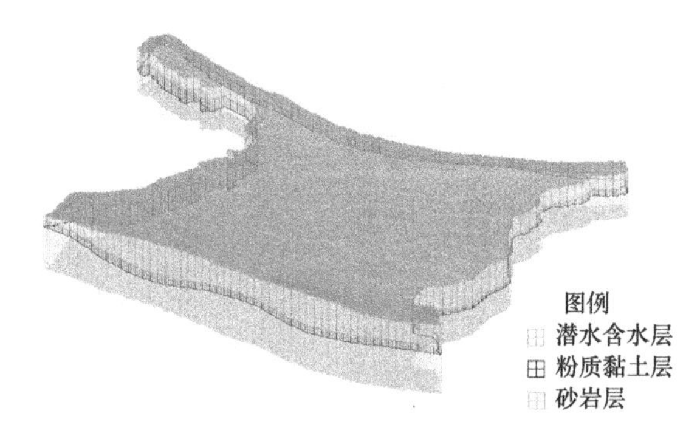

图 6.5 龙口典型区空间离散示意图

时间上，模型校正与检验期是 2015 年 1 月 1 日至 2020 年 12 月 31 日，共 6 年。模型分为 72 个应力期，每一个应力期为一个月的时间。

6.2.3　水文地质参数

模型渗透系数分区最初是根据龙口地区水文地质调查图中所保存的钻孔记录中完井时所进行的抽水试验得出的渗透系数大致进行划分。每个区内的渗透系数先取平均值，然后将渗透系数平均值赋给整个区域。部分分区内没有钻孔数据，则根据含水层介质条件，依据《水文地质手册（第二版）》给定经验值。各分区的渗透系数都将在模型校正与检验阶段进行识别和调整。第二层粉质黏土层渗透系数较小，根据经验值取渗透系数为 0.25m/d。第三层砂岩层的渗透系数更小，根据岩性取渗透系数为 8.6×10^{-4}m/d。

含水层有效孔隙度初始假设为 0.3，给水度初始假设为 0.2，纵向弥散度根据含水介质情况和模拟尺度设定为 50m，水平横向弥散度与水平纵向弥散度之比假设为 0.1，垂向弥散度与水平纵向弥散度之比也设置为 0.1。

6.2.4　边界条件及源汇项

海水入侵过程同时包含地下水水流运动和溶质运移两个过程，因此在建立海水入侵模型时需要同时设定水流边界条件和浓度边界条件。

地下水水流数值模型的边界条件见图 6.2。龙口典型区北部和西部边界 γ_1 为海平面，设置为给定水头边界，在校正与检验期暂定为 0m。东部边界 γ_2 为黄水河流域与泳汶河流域的分水岭，设置为零通量边界。西南部边界 γ_4 为八里沙河流域与界河流域的分水岭，也设置为零通量边界；南部边界 γ_3 为平原区与山区的交界，设置为已知流量边界，根据前述计算，侧向径流补给强度初值设定为 1.44 万 m^3/d。

在溶质运移模型中，龙口典型区北部和西部边界 γ_1 设置为已知浓度边界，浓度根据渤海海水中 Cl^-浓度设置为 1.9×10^4mg/L；东部边界 γ_2 和西南部边界 γ_4 由于没有对流作用，设置为零通量的水动力弥散通量边界；南部边界 γ_3 概化为已知对流-弥散通量边界，从边界侧向流入的地下水中 Cl^-浓度背景值设置为 50mg/L。

龙口典型区的主要源汇项包括大气降水入渗和地下水开采等。龙口地区各月份的降水量根据龙口市气象站和水文局的数据确定，降水入渗补给系数的初值设定为 0.18。地下水开采井的位置和开采量数据由龙口市水务局提供。将各分区的总开采量统计结果除以分区面积，得到各个分区的地下水开采强度，在模型中以面源开采的形式给定。第一层的第 1 和第 2 分区的蒸发强度根据式（6.18）计算。其他分区的地下水埋深超过 5m，忽略地下水蒸发排泄。

6.2.5 初始条件

利用龙口典型区内监测井 2015 年 1 月的水位监测数据进行克里金插值，得到龙口典型区的地下水水位，将其作为地下水水流数值模型的初始条件，见图 6.6。利用龙口典型区内监测井 2017 年 1 月的水质监测数据（Cl⁻浓度）进行克里金插值，得到研究区的 Cl⁻浓度场，将其作为溶质运移模型的初始条件，见图 6.7。

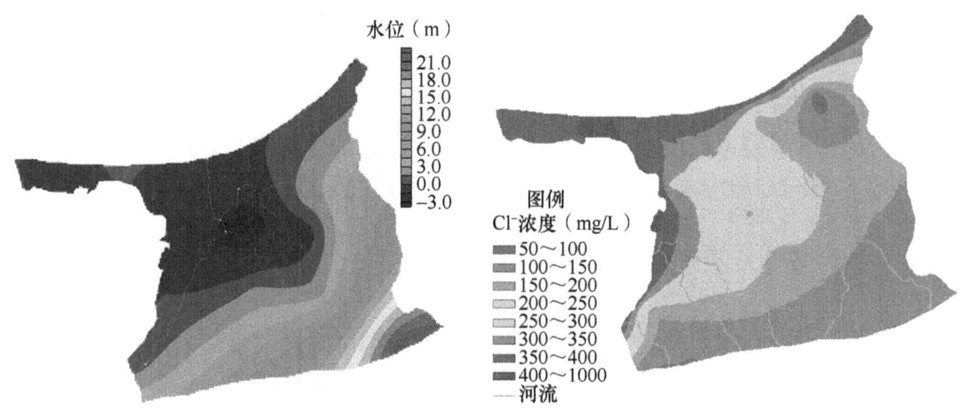

图 6.6 龙口典型区海水入侵数值模型初始地下水水位等值线

图 6.7 龙口典型区海水入侵数值模型初始 Cl⁻浓度等值线

6.2.6 数值模型校正与检验

数值模型的校正与检验期为 2015 年 1 月 1 日至 2020 年 12 月 31 日，校正期和检验期实测水位与模拟水位的拟合分别见图 6.8、图 6.9。地下水水流数值模型校正与检验利用龙口典型区内位于北马镇前寨村、龙口市气象局和徐福街道洼西村的 3 眼长期监测井的数据，以及龙口西海岸的 2 眼长期监测井（DS1-2、DS3-1）的数据，对校正与检验期数值模型输出的水位动态进行验证，结果如图 6.10～图 6.14 所示，2016 年 1 月、2017 年 1 月和 2020 年 12 月龙口典型区校正与检验期地下水水位等值线见图 6.15。

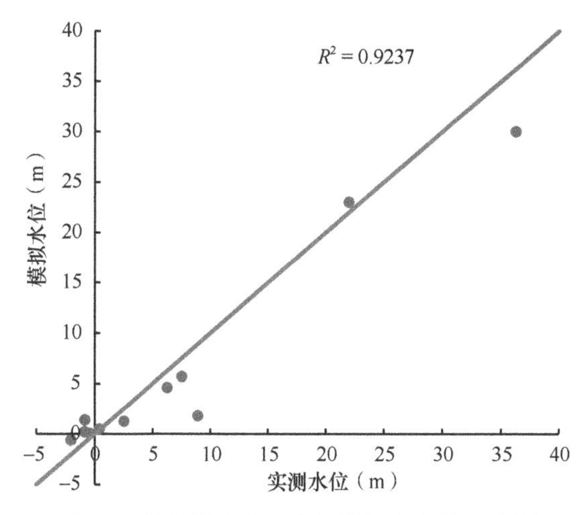

图 6.8　校正期实测水位与模拟水位的拟合图

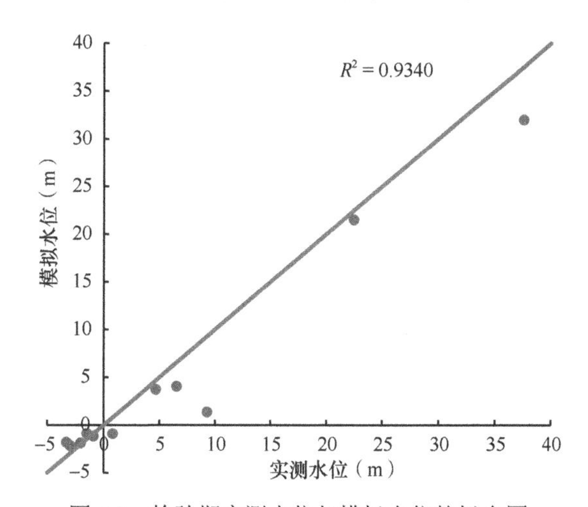

图 6.9　检验期实测水位与模拟水位的拟合图

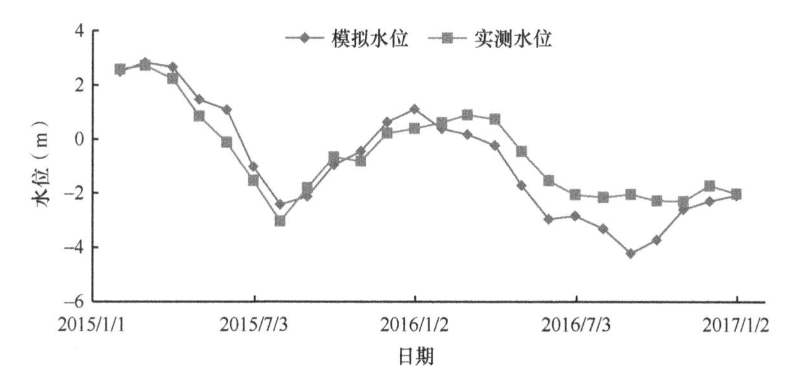

图 6.10　北马镇前寨村监测井校正与检验期水位动态

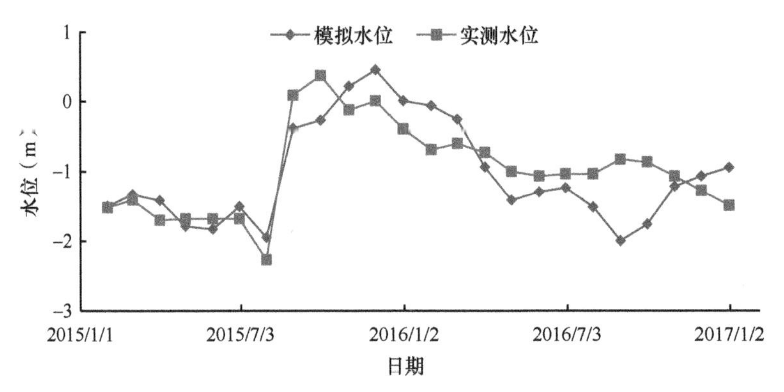

图 6.11 龙口市气象局监测井校正与检验期水位动态

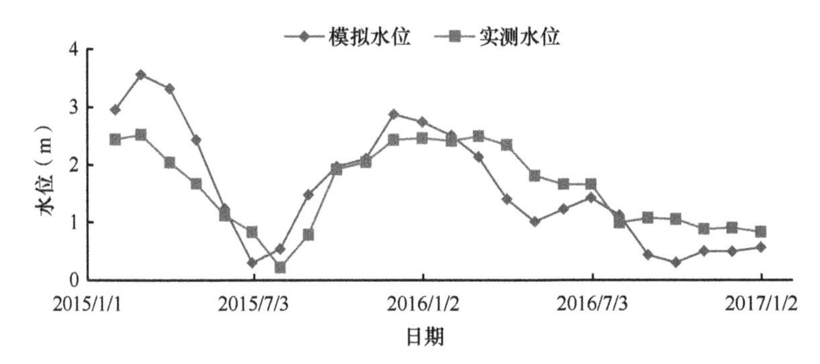

图 6.12 徐福街道洼西村监测井校正与检验期水位动态

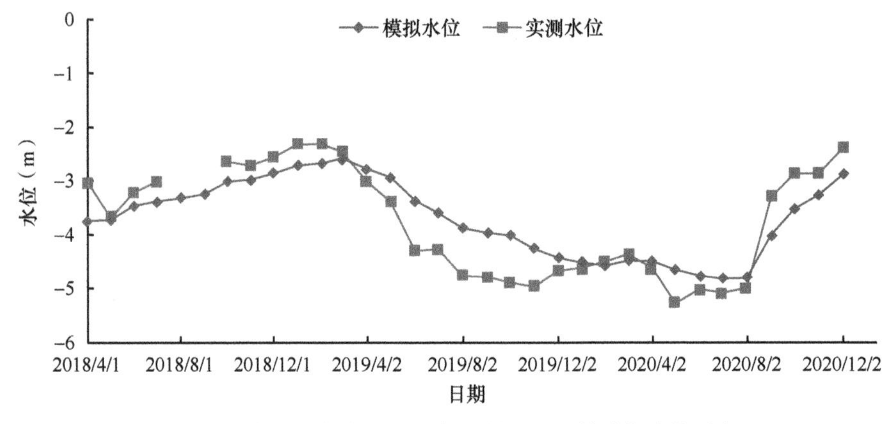

图 6.13 龙口西海岸 DS1-2 监测井校正与检验期水位动态

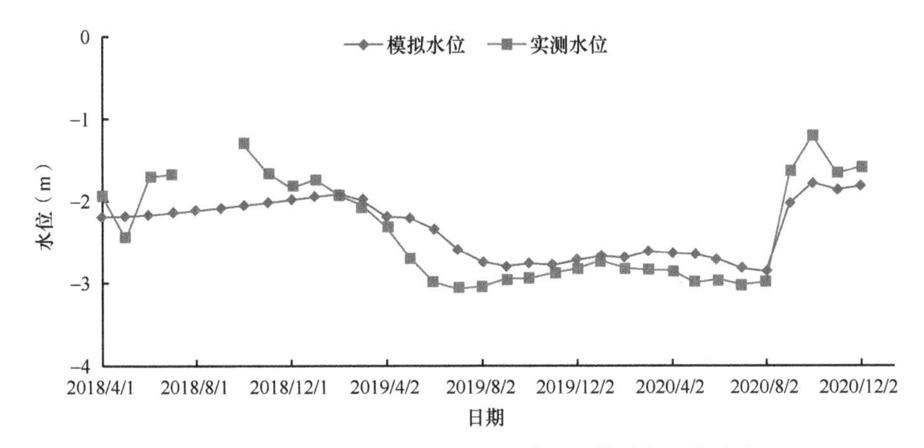

图 6.14　龙口西海岸 DS3-1 监测井校正与检验期水位动态

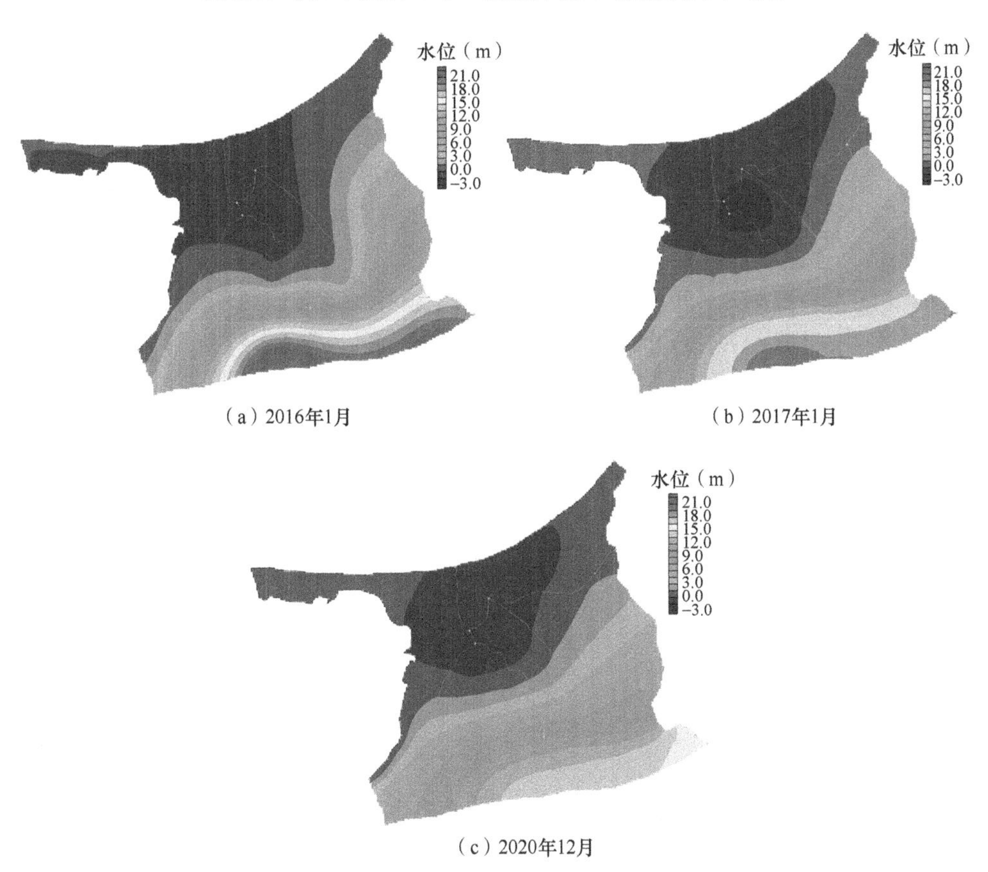

图 6.15　龙口典型区校正与检验期地下水水位等值线图

本小节对龙口典型区数值模型校正与检验期进行了水均衡分析，2017 年和 2020 年模拟范围内地下水补给项和排泄项统计结果见表 6.3。2017 年地下水补给总量为 2452.48 万 m^3，地下水排泄总量为 2698.63 亿 m^3，含水层储量略有减小；2020 年地下水补给总量为 2738.09 万 m^3，地下水排泄总量为 2753.99 亿 m^3，含水层储量基本不变。

表 6.3 龙口典型区数值模型校正与检验期水均衡统计结果 （单位：万 m^3）

水均衡项	分项	2017 年	2020 年
地下水补给项	降水入渗补给量	1597.80	1871.81
	侧向补给量	526.72	487.39
	河道渗漏补给量	327.96	378.89
	小计	2452.48	2738.09
地下水排泄项	地下水蒸发量	425.28	432.74
	地下水向海净排泄量	818.35	866.25
	地下水向河道排泄量	0	0
	地下水开采量	1455	1455
	小计	2698.63	2753.99

以 2017 年 1 月地下水 Cl^-浓度分布为初始条件，选取 2017 年 6 月、2017 年 11 月、2018 年 8 月、2019 年 4 月和 2020 年 5 月的五期水质监测数据（Cl^-浓度）对溶质运移模型进行校正与检验，各期 Cl^-浓度模拟值与实测值拟合见图 6.16～图 6.20。3 眼水质监测井（东江街道一家亲驿站、新嘉街道龙化村和龙口科达化工有限公司）的 Cl^-浓度动态见图 6.21～图 6.23。图 6.24～图 6.28 展示了校正与检验期海水入侵模拟线（数值模型输出的 250mg/L Cl^-浓度等值线）与实测线（实测的 250mg/L Cl^-浓度等值线）的对比。

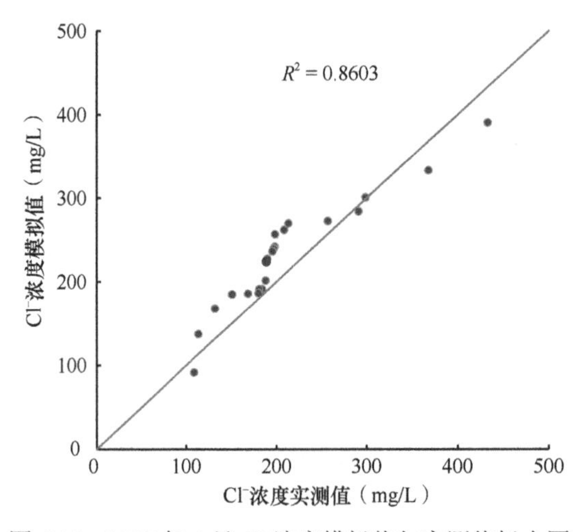

图 6.16 2017 年 6 月 Cl^-浓度模拟值与实测值拟合图

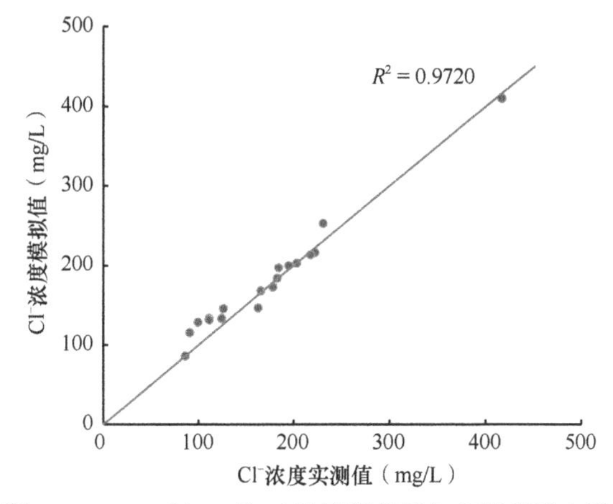

图6.17　2017年11月Cl⁻浓度模拟值与实测值拟合图

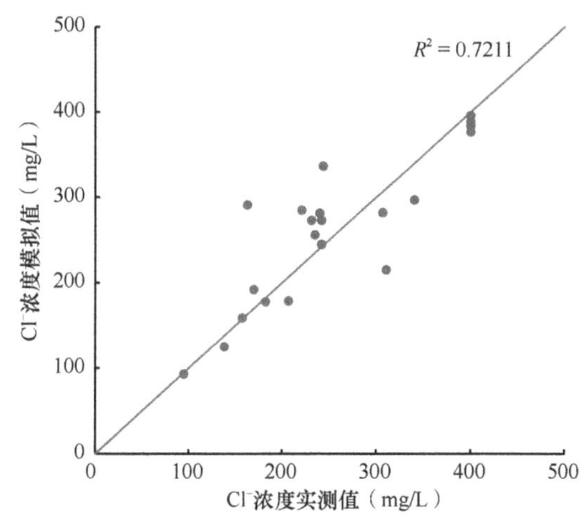

图6.18　2018年8月Cl⁻浓度模拟值与实测值拟合图

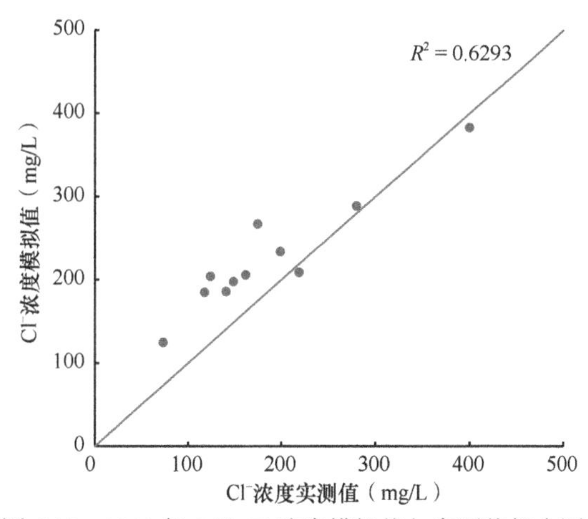

图6.19　2019年4月Cl⁻浓度模拟值与实测值拟合图

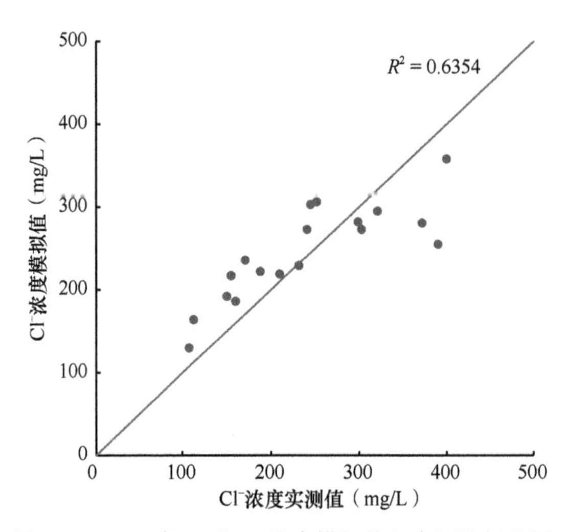

图 6.20　2020 年 5 月 Cl^-浓度模拟值与实测值拟合图

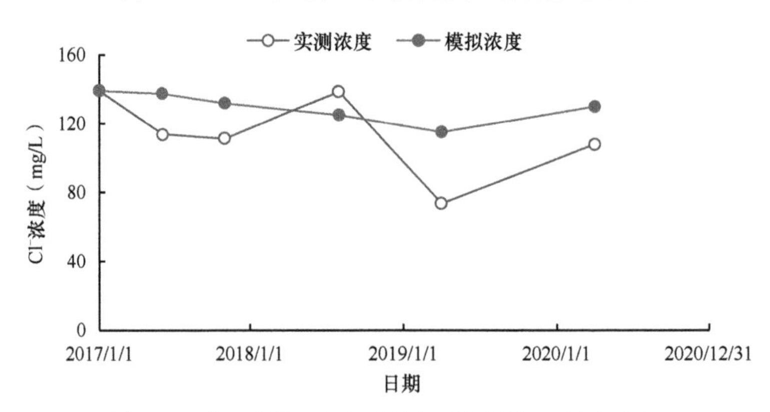

图 6.21　东江街道一家亲驿站水质监测井 Cl^-浓度动态

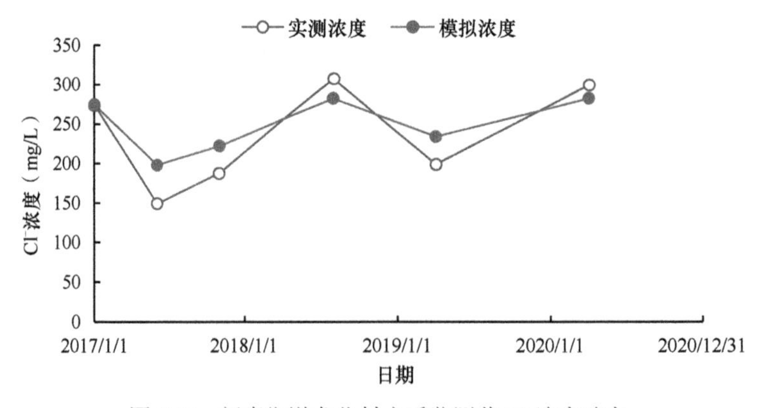

图 6.22　新嘉街道龙化村水质监测井 Cl^-浓度动态

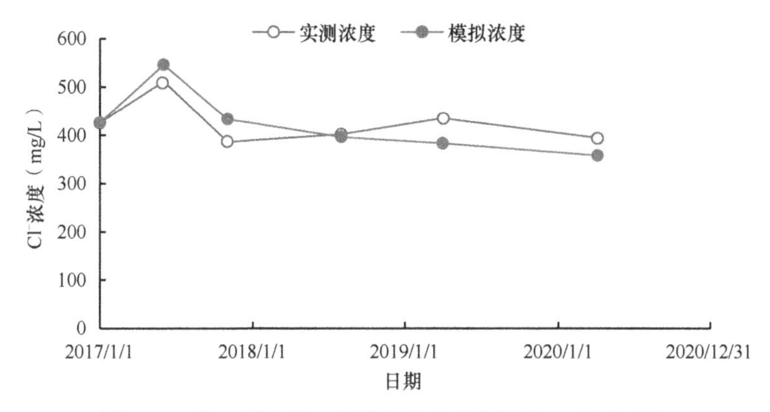

图 6.23　龙口科达化工有限公司水质监测井 Cl^-浓度动态

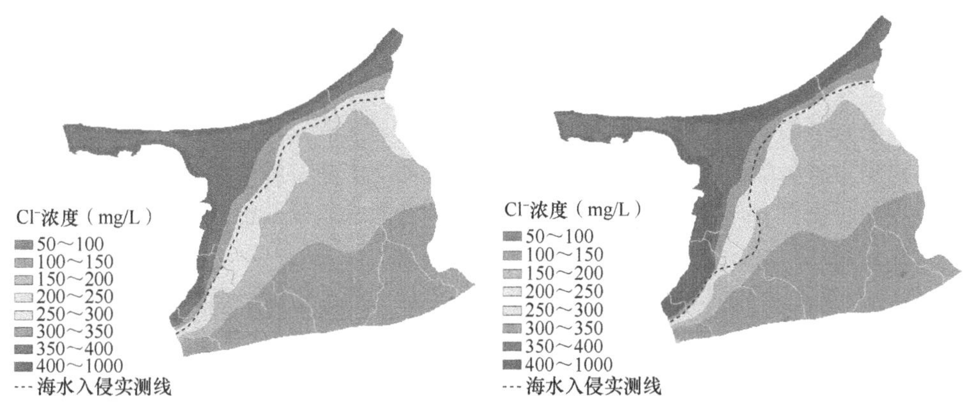

图 6.24　2017 年 6 月海水入侵模拟线与实测线的对比图

图 6.25　2017 年 11 月海水入侵模拟线与实测线的对比图

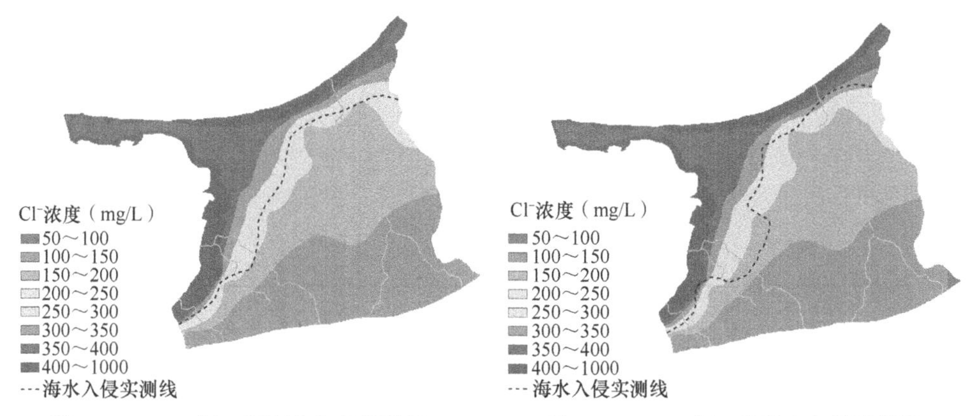

图 6.26　2018 年 8 月海水入侵模拟线与实测线的对比图

图 6.27　2019 年 4 月海水入侵模拟线与实测线的对比图

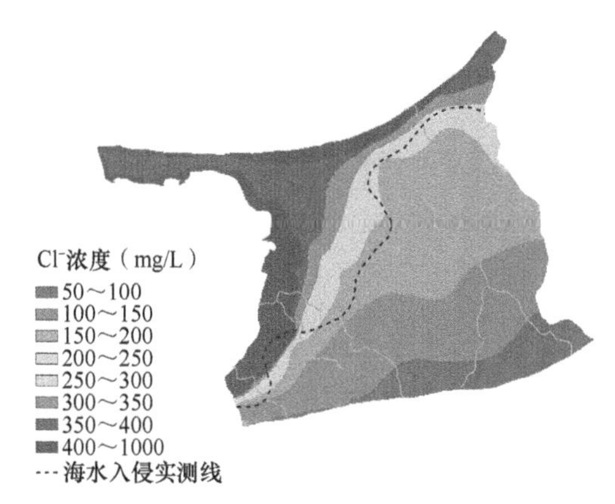

图 6.28 2020 年 5 月海水入侵模拟线与实测线的对比图

由上述结果可知，校正期和检验期数值模型的水位和 Cl^-浓度模拟值与实测值较为接近，拟合情况良好。数值模型输出的 3 眼监测井的水位和 Cl^-浓度的动态也符合实测数据的动态变化特征。海水入侵模拟线与实测线相似程度较高。这表明数值模型中各参数的取值可以反映龙口典型区地下水的实际运动情况，可以用于下一步的预测研究。经校正与检验后龙口典型区海水入侵数值模型水文地质参数率定值见表 6.4。

表 6.4 龙口典型区海水入侵数值模型水文地质参数率定值

区域及地层	渗透系数 K（m/d）	降水入渗补给系数	孔隙度	贮水率（m^{-1}）	水平纵向弥散度（m）	水平横向弥散度（m）	垂向弥散度（m）
龙口市中心	17.30	0.08	0.30	0.12	0.000 13	62.60	6.30
泳汶河流域山前坡积	22.80	0.12	0.30	0.15	0.000 05	61.00	6.10
泳汶河流域中游	32.50	0.14	0.32	0.16	0.000 06	68.00	6.80
中部沉积	14.60	0.13	0.30	0.12	0.000 2	62.60	6.30
北部滨海沉积	12.50	0.15	0.25	0.10	0.000 14	56.00	5.60
沿海诸小河流域中游	20.80	0.13	0.27	0.13	0.000 18	58.60	5.90
沿海诸小河流域山前坡积	24.50	0.10	0.30	0.15	0.000 05	61.00	6.10
西部滨海沉积	9.50	0.15	0.25	0.10	0.000 15	54.50	5.50
粉砂/黏土层	0.25	—	0.40	0.007	0.01	60.00	6.00
砂岩层	0.000 86	—	0.09	0.02	3.3×10^{-6}	60.00	6.00

6.3 大沽河流域典型区海水入侵数值模型构建

6.3.1 水文地质概念模型

自 20 世纪 80 年代以来，由于地下水过度开采，李哥庄一带形成了大面积的地下水降落漏斗，中心水位已降至海平面以下 5m，在海潮高水位的压差作用下，大沽河南端及东南边缘发生海水入侵。同时，在大沽河下游近海的南庄东风闸因管理不善，造成大潮时海水顺河上溯至何营庄附近，距离入海口长达 12km 以上，导致海水倒灌入渗，致使大沽河水源地南端和沿河两岸地下淡水咸化，加剧了当地的地下咸水形势，含水层受海水入侵的面积从 1981 年的 $7km^2$ 扩大到 1998 年的 $70km^2$。针对地下水超采引起的海水入侵、水环境恶化问题，先后采取了多种有效的水利工程保护措施，如修建麻湾庄截渗墙、改建南庄拦河闸和贾疃拦河橡胶坝，经过蓄水补源和人工回归补源及水资源的合理调度，海水入侵趋势趋于稳定。

自 2020 年以来，降水充足，应考虑对大沽河闸坝进行管理，实现沿海含水层地表水和地下水的联合利用，河流筑坝蓄水是满足淡水需求的同时缓解海水入侵的可行选择。鉴于现有的拦河闸坝水工建筑物分布在整个大沽河河口地区，当考虑地表水和地下水联合利用时，通过优化拦河闸坝蓄水策略进行拦蓄补源以减轻海水入侵程度，需要在研究区地下水水流数值模型的基础上构建一个针对整个大沽河河口地区的包含 14 座闸坝分布的海水入侵数值模型。

6.3.2　数值模型的时空离散

在水文地质概念模型的基础上，构建研究区地下水水流数值模型和海水入侵区溶质运移模型。研究区地下水水流数值模型在空间上离散为 2 层，分为 264 行、140 列，水平网格间距均匀，为 250m×250m，共计 14 114 个有效单元格。垂向上，模型层厚为 1.7～18.8m，取决于潜水含水层厚度。大沽河流域典型区海水入侵数值模型空间离散见图 6.29。

基于后期监测数据的收集，模拟期更新为 2010 年 1 月 1 日至 2020 年 12 月 31 日，每个应力期长度为 1 个月，总计 11 年，共 132 个应力期。

6.3.3　水文地质参数

水文地质参数和源汇项是水文地质模型的重要因素，它们的正确性与合理性直接关系到地下水资源评价的精度和地下水资源开发利用的科学性，也关系到地下水模型的准确性和可信度。渗透系数（K）、给水度（μ）、孔隙度（n）、降水入渗补给系数（α）、蒸发强度（ε）、潜水极限蒸发深度（l）等都是重要的水文地质参数。大气降水入渗、侧向径流、农业回灌、河流渗流、潜水蒸发、农用开采和青岛市政供水是地下水系统主要的源汇项。水文地质参数的确定方法有很多，其中较常见的方法有两种：一种是野外试验获取；另一种是利用地下水长期观测资料反求参数。数值模型的输入初始参数大多参考以往的大沽河野外试验，具体水文地质参数的取得可根据具体情况采用不同的方法。

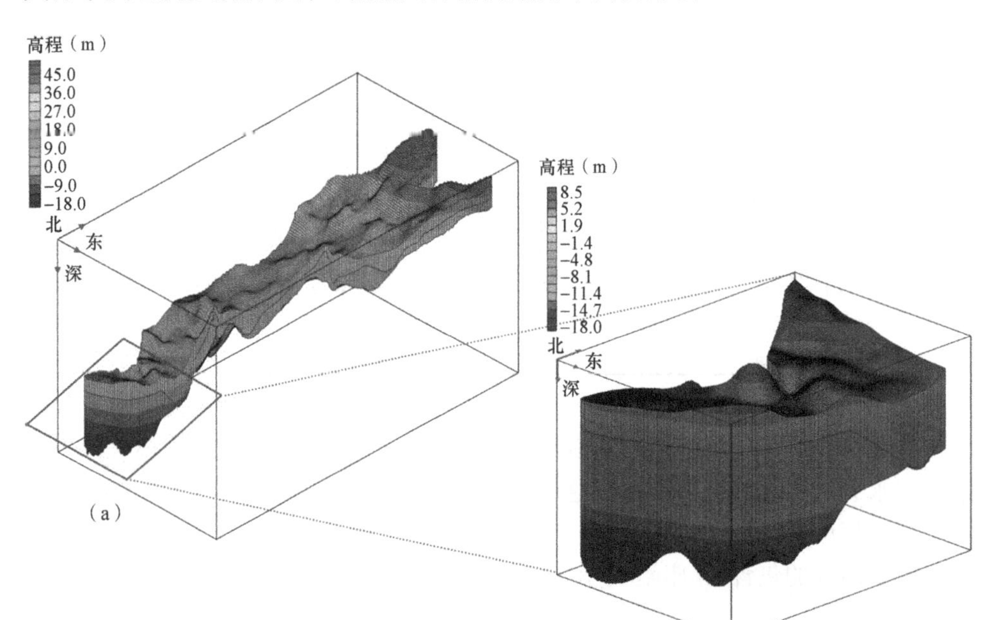

图 6.29 大沽河流域典型区海水入侵数值模型空间离散

1. 渗透系数

含水层渗透系数（K）是表示含水层透水能力的水文地质参数，即水力坡度为 1 时的渗透速度，是水资源评价中必须实际确定的水文地质参数，一般通过野外抽水试验求取。根据青岛市水利、地质等有关部门的野外抽水试验成果分析，确定了不同岩性含水层渗透系数的范围，见表 6.5。

表 6.5 不同岩性含水层渗透系数的范围

岩性	黏土	砂质黏土	粉砂	细砂	中砂	粗砂	砂砾石	砾石
K（m/d）	<0.1	0.1～0.5	0.5～1	1～5	5～20	20～50	50～100	100～500

2. 给水度

给水度（μ）是表示含水层给水和储水能力的一个指标，在数值上等于单位饱和土体在重力作用下排出水的体积与该饱和土体体积的比值。根据青岛市平原区水文地质条件及开发利用程度的差异，采用地下水动态资料分析法、非稳定流抽水试验及有关专项试验等多种方法，确定了不同岩性含水层给水度的范围，见表 6.6。

表 6.6　不同岩性含水层给水度的范围

岩性	黏土	亚黏土	亚砂土	粉砂	细砂	中砂	粗砂	砾石
μ	0.02～0.05	0.03～0.06	0.04～0.07	0.05～0.11	0.07～0.15	0.09～0.20	0.15～0.25	0.20～0.35

3. 降水入渗补给系数

影响降水入渗补给系数（α）的因素很多，主要有降水大小和强度、土壤性质和结构、地下水埋深等，此外，降水入渗补给系数还受地表土层是否疏松和平整、作物种类和生长情况、水利化程度等的影响。降水入渗补给系数通常根据某时段降水引起的地下水动态长期观测资料确定。数值模型中降水补给是指通过地表水下渗，进入地下水系统的一部分降水。由于大沽河流域典型区含水层为砂质含水层且地下水埋深较浅，降水补给发生在整个含水层范围内，降水入渗补给系数根据研究区的包气带岩性、厚度等特征进行分区，不同岩性含水层的降水入渗补给系数见表 6.7，对于分区后的参数进行率定。

表 6.7　不同岩性含水层的降水入渗补给系数

岩性	黏土	砂质黏土	黏质砂土	粉细砂、中细砂
α	0.15	0.23	0.25	0.30

4. 蒸发强度与潜水极限蒸发深度

将南村站观测的水面蒸发量作为全区的最大蒸发量（R_{ETM}）。潜水极限蒸发深度（l）是指地表以下某一深度，当潜水埋深大于极限蒸发深度时，潜水蒸发停止。潜水极限蒸发深度受多种因素的影响，其中岩性、气候、植被是潜水埋深的重要影响因素，不同岩性含水层的潜水极限蒸发深度经验值见表 6.8。

表 6.8　不同岩性含水层的潜水极限蒸发深度经验值

岩性	细砂	粉砂	砂质黏土	黏质砂土	粉砂夹粉黏
l（m）	2.42	3.56	4.10	5.69	3.19

用蒸散程序包来模拟含水层的潜水蒸发作用，使用的极限埋深为 3.5m。通过模型校准步骤确定年度最大蒸发量为 235mm，约为年度水体表面蒸发强度的 1/4，符合大沽河含水层的特征。

6.3.4　边界条件及源汇项

1. 边界条件

大沽河滨海含水层储水介质由渗透性不同的两个地层组成，上部由渗透性较差的砂质黏土组成，地下水主要赋存于下部渗透性较好的砂砾石中，沿大沽河东西侧呈带状分布，其运动规律遵循达西定律。对于研究区地下水水流数值模型，含水层在东西两侧逐渐变薄尖灭，然后过渡为弱透水黏土或直接与不透水基岩接触，因此将东边界和西边界定义为零通量边界。北边界的大沽河、小沽河出山口段侧向流入量较大，且研究程度较高，可以给出较为可靠的侧向流量数据，因此将其作为第二类边界（已知流量边界）处理。对于南边界，结合地质资料，由于大沽河与桃源河交叉口以南区域受古河谷形态的制约，含水层基本紧邻河道分布，且含水层厚度较薄，缺少相应的钻孔资料，因此将其视为通用水头边界（GHB），进而模拟地下水在入海口平原处的相互作用。在垂向边界上，由于含水层的下伏地层胶结性好，岩层透水性差，没有地下水的越流补给，组成区域性隔水底板。大部分地区含水层上覆弱透水的粉质黏土或砂质黏土，局部地段有砂层直接露于地表，有利于降水和地表水的补给。研究区内地下水基本处于无压状态，为潜水，仅个别年份部分地段出现微承压状态。基于整个研究区地下水水流数值模型的流场结果，精细刻画具体的海水入侵典型区的溶质运移过程。对于溶质运移模型，海水入侵区属于基岩海岸带，海水沿大沽河河道上溯，将南边界视为给定浓度边界，依据 2010 年典型区水质采样数据赋值，将东边界和西边界视为零通量边界，将北边界视为浓度随时间变化的已知浓度边界（CHD 边界）。

2. 源汇项

1）地下水开采量

研究区内的农业开采量随季节而变化，枯水季农业开采量高于丰水季；工业开采在平面上为不同强度开采地段内的均匀开采，采取大面积分散井群相对集中的开采方式。2010 年青岛市大沽河河口地区农业开采区包括莱西市的院上镇、店埠镇，平度市的古岘镇、仁兆镇、南村镇，即墨区的刘家庄镇、移风店镇、七级镇，以及胶州市的胶东街道、胶莱镇、李哥庄镇 11 个镇（街道），查阅青岛市情网与历年《青岛市统计年鉴》并结合野外调研实际情况，对每一个镇（街道）的灌溉面积和灌溉量进行统计，统计结果见表 6.9。

表 6.9 2010 年青岛市大沽河河口地区各镇（街道）的灌溉面积和灌溉量一览表

市（区）	镇（街道）	灌溉面积（亩[①]）					灌溉量（$\times10^4m^3$）
		小麦	林果	蔬菜	玉米	花生	
平度市	古岘镇	12 725.36	486.18	69 535.42	0	0	938.663 2
	仁兆镇	21 196.28	430.7	146 000	0	0	1 923.725
	南村镇	21 996.36	202.94	68 738.26	0	0	1 001.852

① 1 亩≈666.7m^2。

续表

市（区）	镇（街道）	灌溉面积（亩）					灌溉量（$\times10^4m^3$）
		小麦	林果	蔬菜	玉米	花生	
莱西市	院上镇	1 747.62	29.2	8 760	0	0	157.358 8
	店埠镇	7 551.12	658.46	49 207.84	0	0	1 209.858
即墨区	刘家庄镇	4 105.52	0	1 606	730	0	187.245
	移风店镇	21 900	310.98	28 762	11 242	0	508.328 2
	七级镇	8 103	0	33 580	1 460	0	350.516 8
胶州市	胶东街道	5 691.08	0	224.84	3 848.56	178.12	61.670 4
	胶莱镇	6 580.22	0	55 776.38	5 590.34	3 826.66	598.950 4
	李哥庄镇	20 713.02	17 706.88	16 457.12	0	1 670.24	390.623

在大沽河河口地区，工业、生活（供水）水源地有5个，其开采量见表6.10。

表6.10　2010年青岛市大沽河河口地区地下水工业、生活开采量一览表

水源地名称	所在市（区）	地下水开采量（$\times10^4m^3$）			
		1～5月	6～9月	10～12月	全年
移风店地下水源地	即墨区	7.00	6.70	5.01	18.71
李哥庄集中供水工程	胶州市	30.60	24.48	18.36	73.44
胶莱集中供水工程	胶州市	33.90	27.12	20.34	81.36
古岘地下水源地	平度市	175.00	151.00	106.00	432.00
仁兆岚西水源地	平度市	14.40	10.98	8.28	33.66

2）河道渗漏补给量

自20世纪80年代地下水水位不断下降以来，河流入渗补给地下水成为地表水和地下水之间主要的相互作用关系。在地下水水流数值模型中，将大沽河处理为河流边界。河流边界的单元格需要定义河水水位标高和导水系数两项，从而有效调控河流与地下水之间的交换量。河流的导水系数由河流宽度、河流长度、河床底部沉积物厚度和河床沉积物的垂向水力传导系数决定。河流水位标高没有现成的数据，因此模型输入初始值可从河流附近的地下水水位观测值估算而来。河流的导水系数从多个河段的物理特性中估测得到。

3）地下水侧向径流补给量

地下水侧向径流补给量是指地下水以地下径流的形式进入含水层的水量。根据研究区的水文地质条件，北边界为大沽河和小沽河的出山口段。大沽河出山口段的地下径流断面选在礼格庄—江家庄一线，过水断面长度约为3500m，含水层渗透系数为172.4m/d，含水层平均厚度为5.3m，地下水水力坡度为7.4×10^{-4}，计算求得大沽河出山口段的地下水侧向径流补给量为 $8.64\times10^5m^3/a$。小沽河出山口段的地下径流断面选在龙虎山—南武备一线，过水断面长度约为1925.53m，含水层渗透系数为172.4m/d，含水层平均厚度为3.54m，地下水水力坡度为1.538×10^{-3}，计算得出小沽河出山口段的地下水侧向径流补给量为$4.49\times10^{6}m^{3}/a$。

6.3.5 初始条件

地下水水流数值模型的校验过程分为两个阶段。第一阶段为稳定流校验阶段，该阶段模型计算以2010年1月的地下水水位为校验目标，通过对各参数分区的渗透系数和降水入渗补给系数的校验，得到满足拟合精度为1m的地下水水位（图6.30）。以2010年1月的地下水水位为稳定流校验目标的主要原因是研究区冬季农业活动基本停止，农业用井的抽水量相对较低，地下水水位回弹，区域地下水流场更接近天然流场，流场拟合可以忽略绝大部分农业供水井对流场的影响。第二阶段为非稳定流校验阶段，该阶段以第一阶段计算得到的地下水水位为初始水位，以2010年1月1日至2016年12月31日总共7年的地下水动态为校准目标，进一步微调第一阶段得到的渗透系数和降水入渗补给系数的校验结果，另通过校正给水度和增加季节性人工抽水量，模拟出监测井水位在降水和人工抽水影响下的年度水位动态。数值模型的初始Cl^{-}浓度为2010年1月的监测浓度（图6.31）。

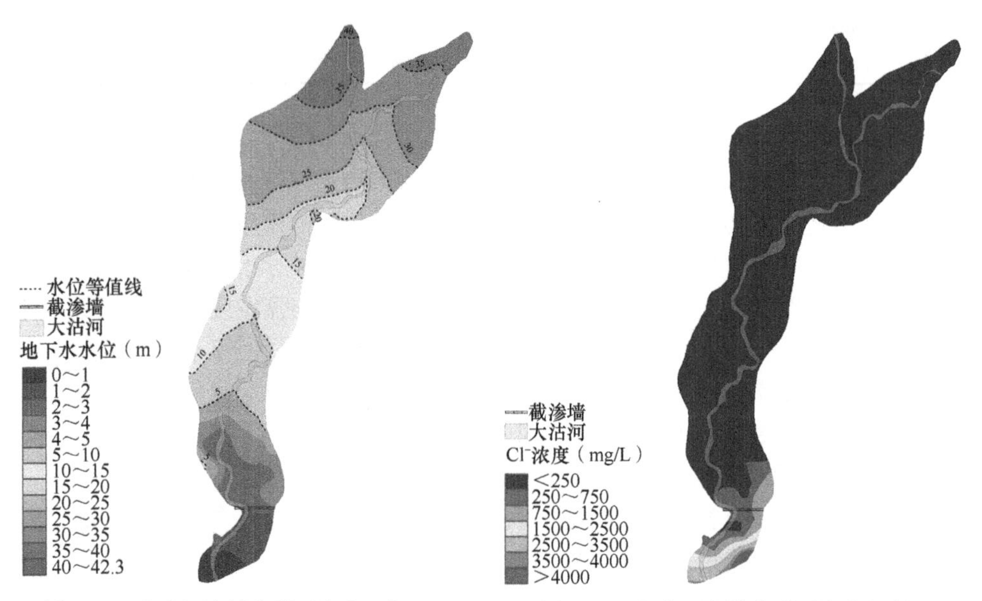

图6.30 大沽河流域典型区海水入侵数值模拟水位初始条件

图6.31 大沽河流域典型区海水入侵数值模拟Cl^{-}浓度初始条件

6.3.6 数值模型校正与检验

数值模型的校正期为前 7 年，即 2010 年 1 月 1 日至 2016 年 12 月 31 日，检验期为后 4 年，即 2017 年 1 月 1 日至 2020 年 12 月 31 日。数值模型的精度采用三个性能标准来评价：相关系数（R）、均方根误差（RMSE）和平均绝对误差（MAE）。如图 6.32 所示，在整个模拟期内大沽河流域典型区地下水水流数值模型的相关系

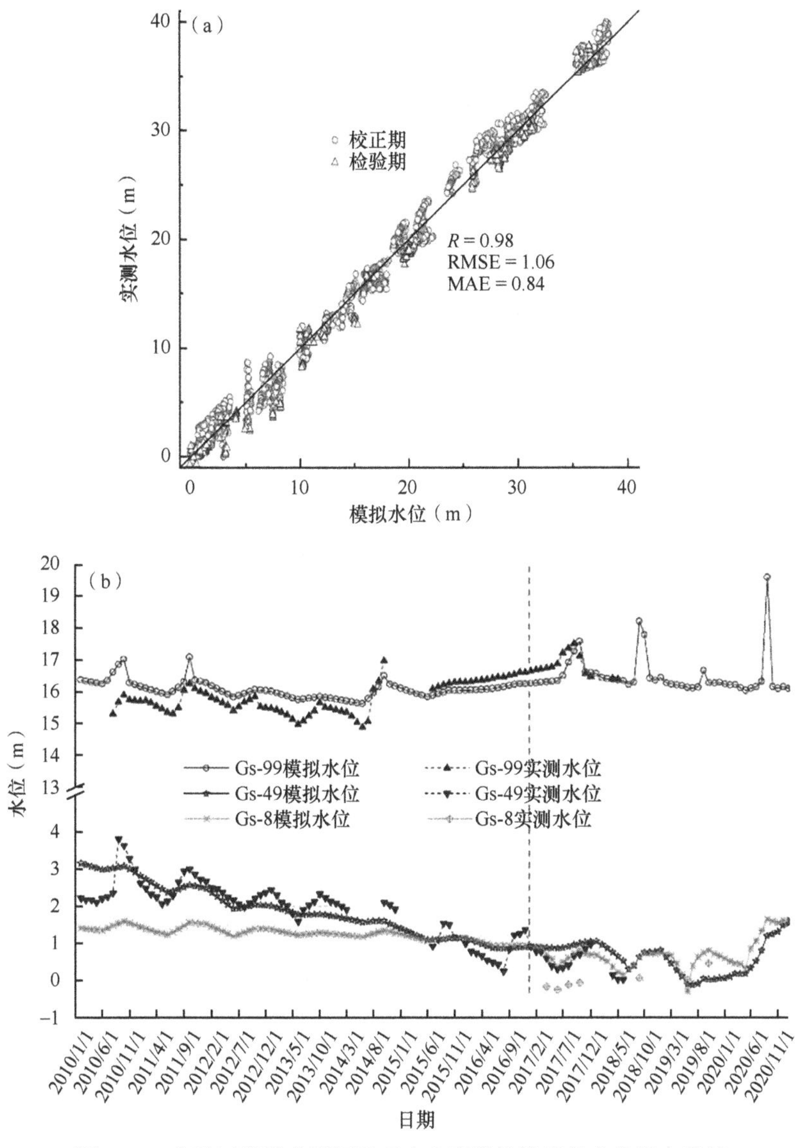

图 6.32 大沽河流域典型区地下水水流数值模型的水位拟合结果

数为 0.98，均方根误差为 1.06m，平均绝对误差为 0.84m。在整个模拟期内，选取的代表性地下水水位监测井（Gs-8、Gs-49 和 Gs-99）的模拟水位与实测水位的变化趋势一致，表明所构建的地下水水流数值模型能真实再现 2010～2020 年的天然地下水流场。校正与检验结束时大沽河流域典型区地下水流场分布见图 6.33。值得注意的是，可以明显看出，由于 2020 年的降水量（1044.4mm）远大于近些年的降水量，为特丰水年，大量的降水入渗补给导致地下水水位显著抬升，截渗墙南北两侧水位均高于其顶板高程（0m），两侧地下水发生水力联系。

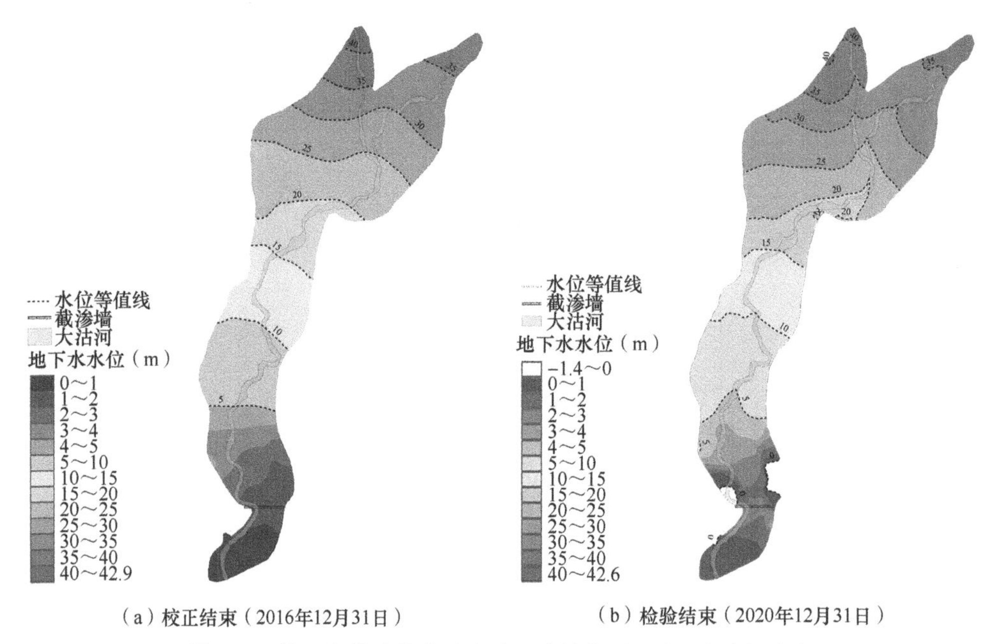

（a）校正结束（2016年12月31日）　（b）检验结束（2020年12月31日）

图 6.33 校正与检验结束时大沽河流域典型区地下水流场分布

数值模型相关水文地质参数以历史野外监测资料为初始参数，以基本的水文地质条件定性判断为基础，通过“试错法”校验。根据数值模型反演，得到地下水水流数值模型的渗透系数和给水度分区，如图 6.34 所示。

与大沽河流域典型区的地下水水位监测数据相比，水质监测数据相对较少。如图 6.35 所示，在整个模拟期内，大沽河流域典型区海水入侵数值模型的相关系数为 0.91，均方根误差为 89.49mg/L，平均绝对误差为 73.89mg/L。在整个模拟期内，选取的代表性监测井（Ch-29、Ch-31 和 Ch-37）的 Cl^-浓度变化与实测 Cl^-浓度的变化趋势基本一致，表明所构建的大沽河流域典型区海水入侵数值模型能较好地刻画 2010～2020 年的海水入侵物理过程，校正与检验结束时地下水 Cl^-浓度场分布见图 6.36。可以看出，由于 2020 年异常充足的降水入渗补给，地下水水位抬升，形成了水力屏障，向后驱退海水入侵。

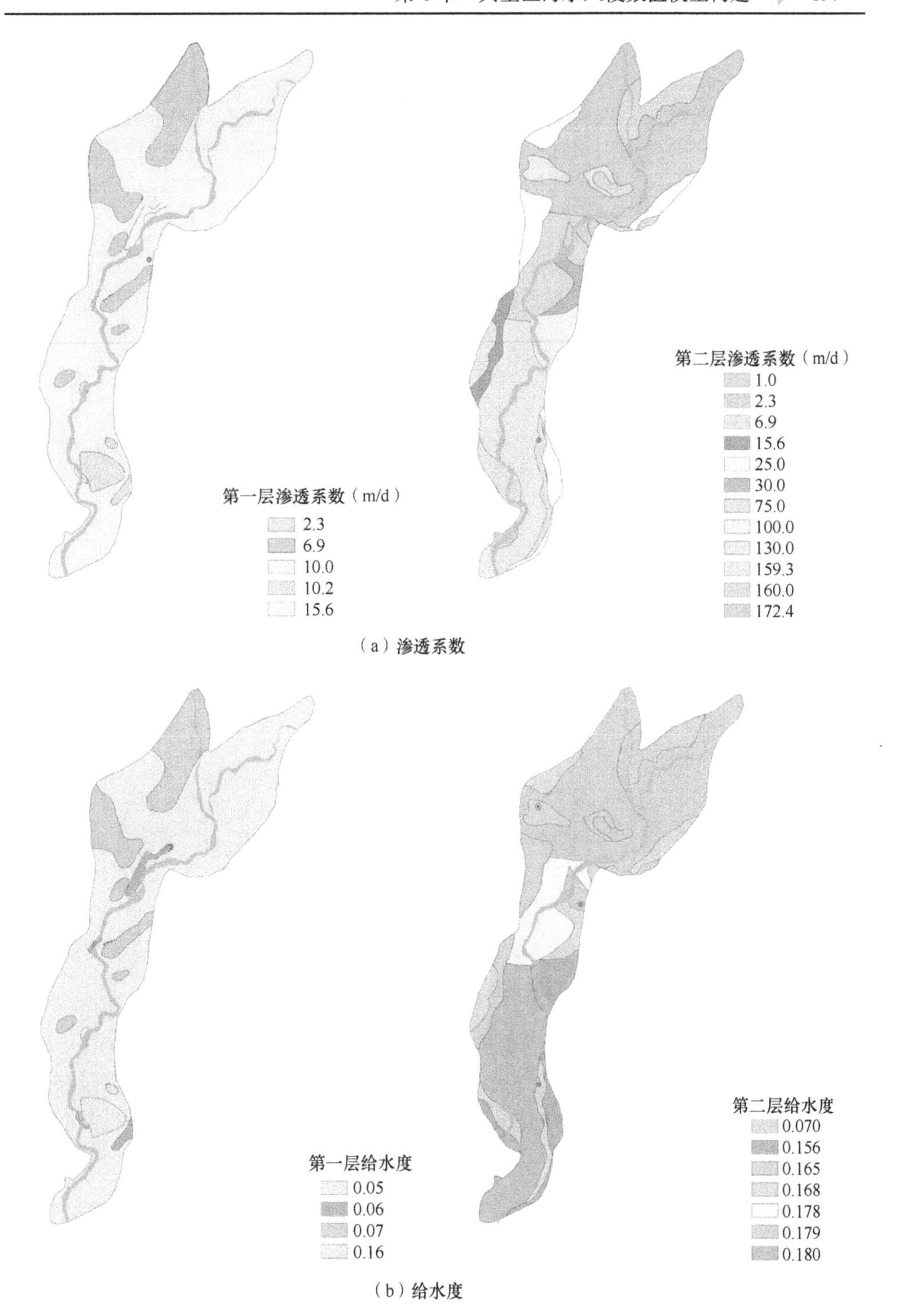

（a）渗透系数

（b）给水度

图 6.34　地下水水流数值模型的渗透系数和给水度分区

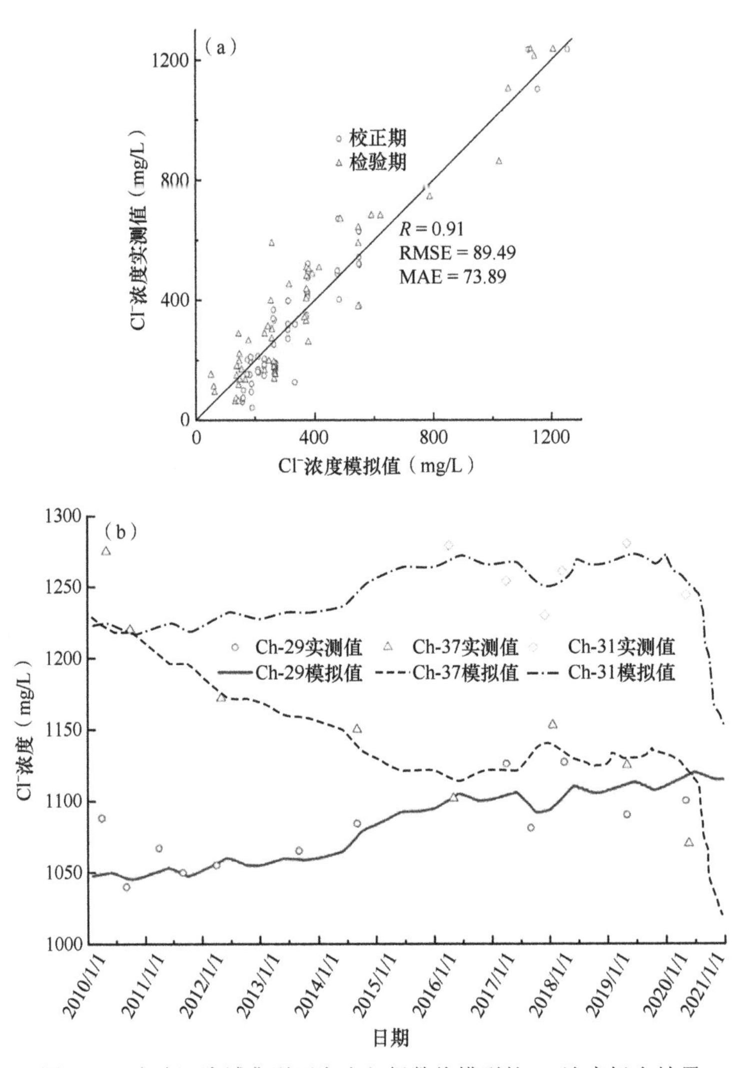

图 6.35 大沽河流域典型区海水入侵数值模型的 Cl^-浓度拟合结果

大沽河流域典型区海水入侵数值模型水均衡统计结果见表 6.11。2010 年地下水补给总量为 14 052 万 m^3，地下水排泄总量为 16 309 万 m^3，含水层储量减小；2020 年地下水补给总量为 18 715m^3，地下水排泄总量为 18 968 万 m^3，含水层储量略有减小。

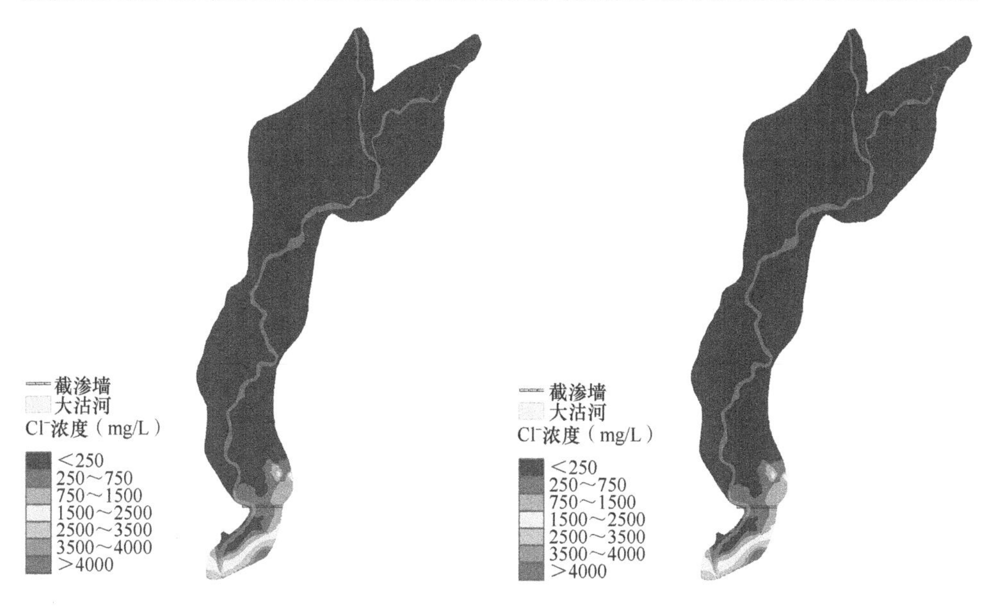

（a）校正结束（2016年12月31日） （b）检验结束（2020年12月31日）

图6.36 校正与检验结束时大沽河流域典型区地下水 Cl^- 浓度场分布

表6.11 大沽河流域典型区海水入侵数值模型水均衡统计结果 （单位：万 m^3）

水均衡项	分项	2010年	2020年
地下水补给项	降水入渗补给量	8 829	13 790
	侧向补给量	143	143
	河道渗漏补给量	5 080	4 782
	小计	14 052	18 715
地下水排泄项	地下水蒸发量	835	964
	地下水向海净排泄量	1 886	2 091
	地下水向河道排泄量	6 515	8 975
	地下水开采量	7 073	6 939
	小计	16 309	18 968

6.4 本章小结

根据研究目的，本章通过对龙口典型区和大沽河流域典型区含水层介质和边界条件的概化，分别构建了水文地质概念模型，对模拟范围内水文地质参数进行分区和赋值，确定了源汇项并对数值模型进行时空离散，分别构建了龙口典型区和大沽河流域典型区海水入侵数值模型。

利用 2015 年 1 月 1 日至 2020 年 12 月 31 日的地下水水位和水质实测数据对所构建的龙口典型区海水入侵数值模型进行了校正与检验，地下水水位模拟值与实测值之间的相关系数在 0.9 以上，地下水 Cl^-浓度模拟值与实测值的相关系数在 0.6 以上，监测点地下水水位和水质模拟值与实测值基本相符，结果表明构建的龙口典型区海水入侵数值模型较为可靠，可用于该典型区未来海水入侵预测。

利用 2010 年 1 月 1 日至 2020 年 12 月 31 日的地下水水位和水质实测数据对所构建的大沽河流域典型区海水入侵数值模型进行了校正与检验，地下水水位模拟值与实测值之间的相关系数在 0.9 以上，地下水水质模拟值与实测值的相关系数也在 0.9 以上，监测点地下水水位和水质模拟值与实测值基本相符，结果表明构建的大沽河流域典型区海水入侵数值模型较为可靠，可用于该典型区未来海水入侵预测。

第 7 章

海平面上升对海水入侵与地下水向海泄流的影响预测

本章主要利用全球气候模式预测龙口典型区和大沽河流域典型区未来 30 年的降水量，基于山东地区海平面上升的预测结果，模拟预测未来龙口典型区和大沽河流域典型区海水入侵的发展趋势以及地下水向海泄流量。

7.1 全球气候变化条件下的局部地区响应

全球气候变化会对气温、降水量、海平面高度等诸多因素产生影响，从而影响沿海地区含水层中海水和淡水之间的平衡关系。未来气候变化对研究区海水入侵的影响值得关注，有必要开展相关研究。

本章将同时考虑气候变化条件下降水量变化和海平面上升两个因素，联合应用全球气候模式、统计降尺度方法对研究区未来降水量和海平面上升高度进行预测。首先，将全球气候模式和统计降尺度方法相结合，从 26 个大气环流因子中选出对研究区大气降水影响较大的作为预测因子，应用统计降尺度方法对预测因子进行降尺度处理，建立预测因子与研究区大气降水之间的统计降尺度模型（SDSM）。应用 CanESM2 模式提供的 RCP4.5 气候情景数据作为 SDSM 的输入，计算气候变化条件下典型区未来降水量。通过查阅各种文献资料，分析研究区未来海平面上升的高度。

7.1.1 未来降水量的预测方法

1. 未来气候变化的预测方法

全球气候模式是评估未来气候变化的重要方法，已在研究未来气候变化诸如气温、气压、大气降水等方面得到广泛应用。目前，在美国、加拿大、英国、澳大利亚及日本等国家得到广泛应用的全球气候模式均为复杂气候模式。常用的全球气候模式见表 7.1。已有研究表明，加拿大气候模拟与分析中心研发的 CanESM2 模式在东亚地区取得了较好的应用效果[63, 64]。因此，选用全球气候模式中的 CanESM2 模式所提供的气候信息用于典型区未来降水量的预测。

表 7.1 常用的全球气候模式

模式来源	研发机构	模式名称	分辨率
美国	美国国家航空航天局戈达德太空研究所	GISS-E2-R	2.5°×2°
加拿大	加拿大气候模拟与分析中心	CanESM2	2.8125°×2.8125°
英国	英国气象局哈德利中心	HadCM3	2.5°×3.75°
澳大利亚	澳大利亚联邦科学与工业研究组织	ACCESS	3.2°×5.6°
日本	日本气象研究所	CCSR	2.5°×3.75°

在进行典型区未来降水量预测时，首先需要预估未来人类活动对气候变化的影响[65]。本次研究对于人类活动影响下的未来温室气体排放情景采用政府间气候变化专门委员会（IPCC）第五次报告的耦合模型比较项目第五阶段（The Coupled Model Intercomparison Project Phase 5，CMIP5）中的温室气体排放情景系列 RCPs。RCPs 包括低排放情景 RCP2.6，中等排放情景 RCP4.5 和 RCP6.0，以及高排放情景 RCP8.5。RCPs 对未来经济发展（以 GDP 表示）和人口的评估见图 7.1（http://climate-scenarios.canada.ca/page=scen-rcp）。根据典型区的实际情况和未来发展趋势，本次研究选用中等排放情景 RCP4.5。

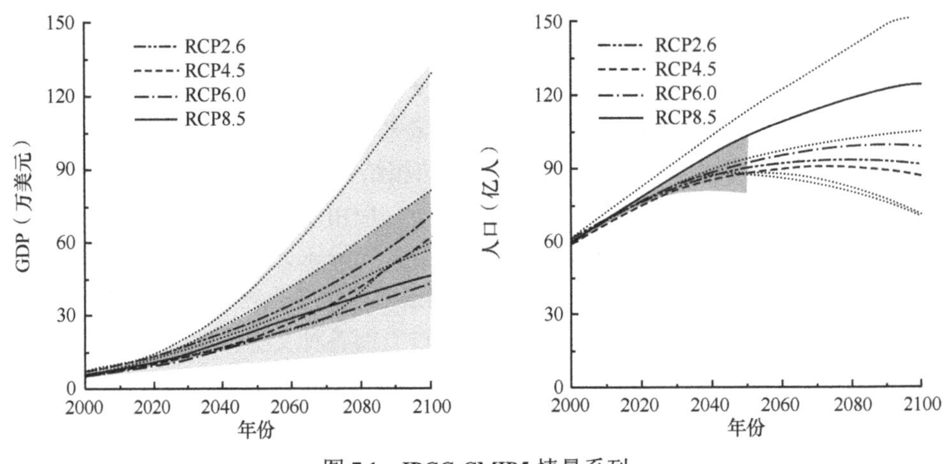

图 7.1 IPCC-CMIP5 情景系列

2. 全球气候模式的降尺度研究

全球气候模式的输出具有尺度较大、空间分辨率较低的缺点，直接将其应用于局部区域尺度的地下水水流数值模拟研究存在很大不足。对于区域尺度的海水入侵数值模拟研究而言，全球气候模式输出结果的精度会直接影响预测结果的准确性。通常采用降尺度方法将全球气候模式输出的大尺度、低分辨率信息转化为区域尺度信息，用来预测局部区域未来的气候变化。

关于降尺度方法的研究已有诸多文献报道，主要可以归纳为动力降尺度方法、统计降尺度方法和统计与动力相结合的降尺度方法。这三种方法各有优势，其中统计降尺度方法具有明确物理意义的气象因子，并且模拟效果不受边界条件的影响，具有计算量小、模型构造简单等优点。统计降尺度模型通过统计降尺度方法建立大气环流因子和局部气象要素的相互关系，已经在国内外得到了广泛应用。综上，运用统计降尺度方法建立大气环流因子与研究区降水量之间的 SDSM 模型，对大气环流因子进行降尺度处理，用于预测气候变化条件下未来研究区降水量的变化。

3. SDSM 模型的原理及一般步骤

SDSM 模型采用统计降尺度方法预测和评估气候变化对局部地区大气降水、气温等气象要素的影响。大气环流因子与局部地区的气象要素（如大气降水、气温等）之间的关系可以表示为

$$Y=F(x) \tag{7.1}$$

式中，Y 表示局部地区的气象要素；x 表示预测因子，即经筛选获得的对待求气象要素影响较为显著的大气环流因子；F 函数表示预测因子与局部地区的气象要素之间的统计关系。

本研究基于以 VB6.0 为基础的 SDSM（5.2 版本）模型对典型区大气环流因子进行降尺度处理，建立预测因子与典型区降水量之间的 SDSM 模型。

4. SDSM 模型的建立

建立 SDSM 模型的主要步骤是：首先，对大气环流因子和站点实测数据的完整性进行检查，并对输入数据的格式进行转换；然后，利用美国国家环境预报中心（NCEP）气候再分析数据对大气环流因子进行筛选，确定对典型区降水量影响显著的大气环流因子作为预测因子；最后，建立预测因子与研究区大气降水之间的 SDSM 模型，将站点实测数据分为前后两段，用以进行模型的率定和验证。

（1）典型区气象数据：1961～2005 年龙口市气象站的日降水量观测数据（数据来源：中国气象数据网）。

（2）典型区 NCEP 气候再分析数据，时间序列为 1961～2005 年，文件名为 NCEP-NCAR_1961_2005（数据来源：https://www.weather.gov/ncep/）。

（3）CanESM2-CMIP5 模型提供的未来气候情景信息，网格编号为 BOX_044X_46Y 中的 CanESM2_historical_1961_2005 和 CanESM2_rcp45_2006_2100（数据来源：https://www.wdc-climate.de/ui/cmip5?acronym=CCE2）。

在建立 SDSM 模型的过程中，预测因子的选择对计算未来气候情景起着决定性作用。CanESM2 模式提供 26 个大气环流因子（表 7.2），这些因子由 CanESM2

模式的输出数据与 NCEP 再分析数据发展而来。

表 7.2　26 个大气环流因子文件名及其对应变量汇总表

序号	文件名	对应变量	序号	文件名	对应变量
1	P*mslpgl.dat	海平面气压	14	P*p5zhgl.dat	500hPa 辐射
2	P*p1_fgl.dat	1000hPa 风速	15	P*p850gl.dat	850hPa 位势高度场
3	P*p1_ugl.dat	1000hPa 纬向风分量	16	P*p8_fgl.dat	850hPa 风速
4	P*p1_vgl.dat	1000hPa 经向风分量	17	P*p8_ugl.dat	850hPa 纬向风分量
5	P*p1_zgl.dat	1000hPa 涡流	18	P*p8_vgl.dat	850hPa 经向风分量
6	P*p1thgl.dat	1000hPa 风向	19	P*p8_zgl.dat	850hPa 涡流
7	P*p1zhgl.dat	1000hPa 辐射	20	P*p8thgl.dat	850hPa 风向
8	P*p500gl.dat	500hPa 位势高度场	21	P*p8zhgl.dat	850hPa 辐射
9	P*p5_fgl.dat	500hPa 风速	22	P*prcpgl.dat	总降水量
10	P*p5_ugl.dat	500hPa 纬向风分量	23	P*s500gl.dat	500hPa 比湿度
11	P*p5_vgl.dat	500hPa 经向风分量	24	P*s850gl.dat	850hPa 比湿度
12	P*p5_zgl.dat	500hPa 涡流	25	P*shumgl.dat	1000hPa 比湿度
13	P*p5thgl.dat	500hPa 风向	26	P*tempgl.dat	2m 处平均温度

根据 SDSM 模型的预测因子相关性分析结果并结合实际研究目的，筛选出 6 个大气环流因子作为本次研究的预测因子，分别是 500hPa 位势高度场、500hPa 比湿度、850hPa 位势高度场、850hPa 比湿度、海平面气压和总降水量。

5. SDSM 模型的率定与验证

本研究采用气象站点实测资料的时间序列为 1961～2005 年。在对 SDSM 模型进行率定与验证时，将率定期设为 1961～1990 年，将验证期设为 1990～2005 年。将率定期的 CanESM2 模式气候情景信息输入所建立的 SDSM 模型，对输出数据和站点实测数据进行拟合。率定期龙口典型区月均降水量模拟值与实测值的拟合如图 7.2 所示。可以看出，率定期 SDSM 模型的月均降水量模拟值与实测值拟合效果良好。经统计，率定期 SDSM 模型的月均降水量模拟值与实测值的相关系数为 0.83，说明二者相关性极高。国内学者一般认为，运用 SDSM 模型对流域降水量进行预测时，解释方差小于 40%时即表明模型预测精度较高。经计算，率定期的解释方差为 37.48%，满足精度要求。

将验证期的 CanESM2 模式气候情景信息输入所建立的 SDSM 模型，对输出数据和站点实测数据进行拟合。验证期龙口典型区月均降水量模拟值与实测值的拟合如图 7.3 所示。可以看出，验证期 SDSM 模型的月均降水量模拟值与实测值依然保持良好的拟合效果，验证期 SDSM 模型的模拟值与实测值的相关系数为 0.81，解释方差为 34.72%，模型误差满足精度要求。

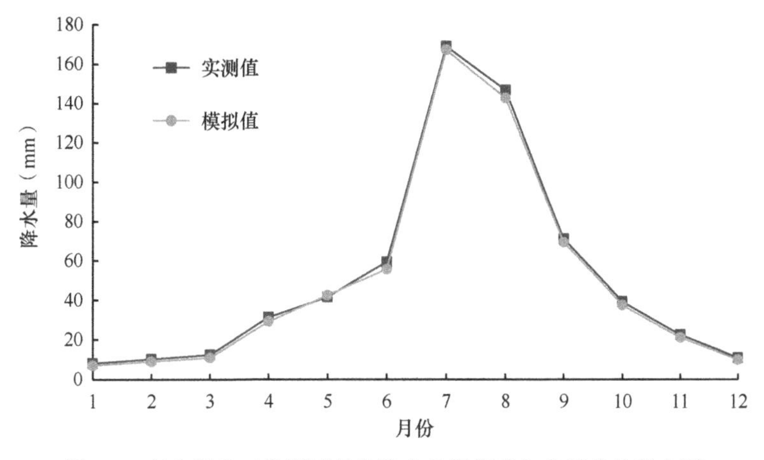

图 7.2　率定期龙口典型区月均降水量模拟值与实测值的拟合图

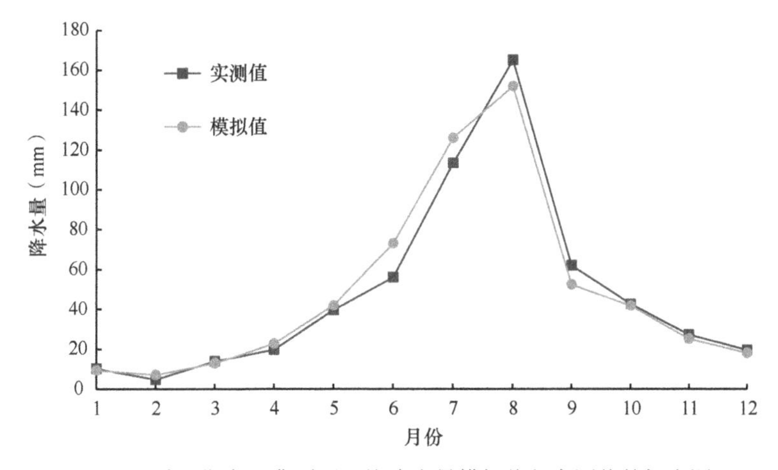

图 7.3　验证期龙口典型区月均降水量模拟值与实测值的拟合图

综上，所选取的预测因子与典型区大气降水资料匹配性较好，所建立的 SDSM 模型的模拟值与实测值拟合精度较高，可用于计算气候变化条件下未来典型区的降水量。

7.1.2　龙口典型区未来降水量预测

将 CanESM2 模式提供的 RCP4.5 气候情景信息输入所建立的 SDSM 模型，预测因子与 SDSM 模型的建立保持一致，计算得到 RCP4.5 气候情景下龙口典型区未来 30 年的降水量（2021～2050 年），如图 7.4 所示。可以看出，龙口典型区未来 30 年的降水量总体上呈现逐渐升高的趋势。2021～2050 年龙口典型区的平均降水量为 616.34mm。

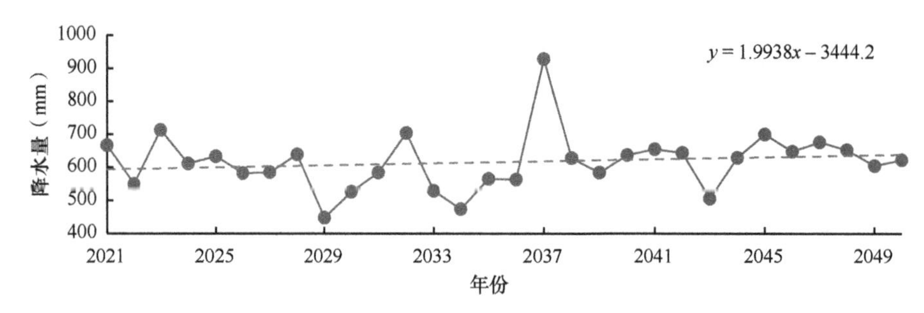

图 7.4　RCP4.5 气候情景下龙口典型区未来 30 年的降水量预测值

7.1.3　大沽河流域典型区未来降水量预测

将 CanESM2 模式提供的 RCP4.5 气候情景信息输入所建立的 SDSM 模型，预测因子与 SDSM 模型的建立保持一致，计算得到 RCP4.5 气候情景下大沽河流域典型区未来 30 年的降水量（2021～2050 年），如图 7.5 所示。可以看出，大沽河流域典型区未来 30 年的降水量总体上呈现较明显的波动趋势。2021～2050 年大沽河流域典型区的平均降水量为 632.89mm。

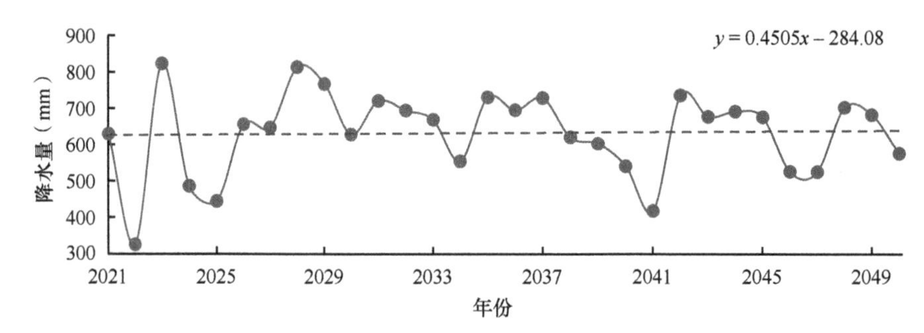

图 7.5　RCP4.5 气候情景下大沽河流域典型区未来 30 年的降水量预测值

7.1.4　未来海平面上升高度预测

在气候变化条件下，未来海平面会逐渐上升已成为共识。海平面上升会加剧沿海地区的海水入侵，大幅度的海平面上升还会淹没部分沿海陆地，从而产生深远影响。因此，本小节在对海水入侵状况进行模拟预报时，考虑了未来海平面上升的影响。

2007 年 IPCC 指出，全球海平面在数千年中大约上升了 120m，并在 3000 年前至 2000 年前稳定下来。海平面指标显示，从那时起到 19 世纪晚期，全球海平面变化并不明显。对现代海平面变化的仪器记录数据显示，海平面上升始于 19 世纪，进入 20 世纪后，全球平均海平面以每年约 1.7mm 的速度上升。自 20 世纪

90 年代初以来，卫星观测资料提供了全球范围内更准确的海平面高度变化数据。这种长达数十年的卫星测高资料集显示，自 1993 年以来海平面一直在以每年 3mm 的速度上升，大大高于前半个世纪的平均值。沿海潮汐测量站的测量结果也证实了这个观测结论。

2019 年 9 月 IPCC 的报告显示，目前的海平面上升速度是 20 世纪的 2 倍多，达到了每年 3.6mm，而且还在加速。海平面将在未来几个世纪继续上升，即使温室气体排放骤减，并且将全球升温限制在远低于 2℃，到 2100 年海平面上升高度仍可能达到 30～60cm，如果温室气体排放持续强劲增长，则可能达到 60～110cm。已有多个国家的机构和学者开展了全球气候变化背景下未来海平面上升高度的研究，部分对于海平面上升高度的研究成果汇总于表 7.3。可以看出，未来海平面上升高度具有随机性。考虑典型区的实际情况，海平面上升高度的取值范围根据自然资源部的《2020 年中国海平面公报》确定。

表 7.3 部分机构和学者对未来海平面上升高度的预测结果

编号	机构/学者	预测结果
1	美国国家航空航天局[66]	在 2015 年海平面高度的基础上，未来 200 年内海平面上升大于 1000mm
2	Rahmstorf（2007）[67]	至 2100 年，海平面较 1990 年水平上升 500～1400mm
3	Qu 等（2018）[68]	至 2100 年，渤海海平面较 2005 年水平上升 330～690mm
4	国家海洋信息中心[69]	至 2100 年，海平面较 1980 年水平上升 200～400mm
5	自然资源部[49]	山东省沿海未来 30 年海平面上升 55～165mm

7.2 海平面上升对龙口典型区海水入侵与地下水向海泄流的影响预测

7.2.1 气候变化条件下海水入侵的模拟预测

1. 预测情景方案

本小节数值模型预测期设定为 2021 年 1 月至 2050 年 12 月，在考虑研究区海水入侵状况随时间变化的问题上，设计两种情景方案。情景方案一不考虑气候变化的影响；情景方案二考虑气候变化条件下降水量变化的影响。通过对比两种情景方案的模拟预测结果，能够展现全球气候变化条件下降水量变化对研究区海水入侵的影响。这两种情景方案的具体情形分别如下。

情景方案一：未来典型区的降水量取多年（2016～2020 年）降水量的平均值 613.3mm/a，不考虑海平面上升因素，地下水开采量采用近 5 年区内地下水开采量平均值。其他水文地质参数、边界条件和源汇项保持不变，和模型校正与检验结果相同。

情景方案二：未来典型区的降水量取 SDSM 模型的未来 30 年的预测结果，不考虑海平面上升因素，地下水开采量采用近 5 年区内地下水开采量平均值。其他水文地质参数、边界条件和源汇项保持不变。

2. 预测结果分析

将情景方案中各项参数输入海水入侵数值模型中，运行模型进行预测。对研究区未来 10 年（至 2030 年 12 月）、20 年（至 2040 年 12 月）和 30 年（至 2050 年 12 月）的海水入侵面积进行统计分析。

情景方案一条件下 2021 年 1 月至 2050 年 12 月龙口典型区海水入侵分布如图 7.6～图 7.9 所示，各预测时间节点龙口典型区海水入侵状况统计见表 7.4。

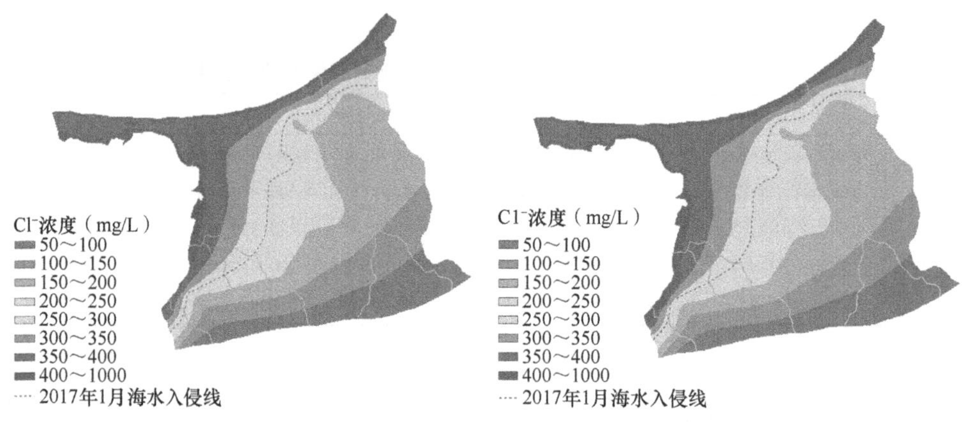

图 7.6 情景方案一条件下 2021 年 1 月龙口典型区海水入侵分布图

图 7.7 情景方案一条件下 2030 年 12 月龙口典型区海水入侵分布图

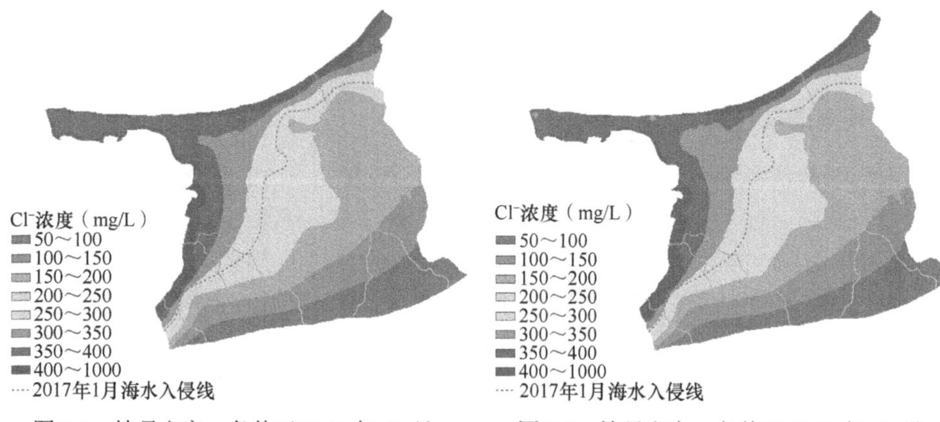

图 7.8 情景方案一条件下 2040 年 12 月龙口典型区海水入侵分布图

图 7.9 情景方案一条件下 2050 年 12 月龙口典型区海水入侵分布图

将地下水 Cl$^-$浓度大于等于 250mg/L 作为发生海水入侵的标志。由图 7.6～图 7.9 和表 7.4 可以看出，情景方案一条件下龙口典型区的海水入侵面积呈现缓慢增大的态势，增大速度也较为稳定，每 10 年约增大 0.65km^2。从海水入侵的空间分布上可以看出，北部沿海地区的海水入侵面积逐渐减小，而西部沿海地区的海水入侵线逐年向内陆推进。分析其原因，应当是北部沿海地区地下水开采量较小，且有泳汶河作为稳定的地表径流补给，因此随着时间推移，海水入侵面积会逐步减小；而西部沿海地区地下水开采较为集中，在沿海诸小河流域中游存在一个稳定的地下水降落漏斗，其地下水水位常年低于海平面，因此西部沿海地区的海水入侵情况会逐步加重。综合整个典型区的情况来看，在现状来水和用水条件下未来龙口典型区内海水入侵面积会以缓慢的速度持续增大，但增大速度较小。

表 7.4　情景方案一条件下各预测时间节点龙口典型区海水入侵状况统计表

时间	海水入侵面积（km^2）	较 2021 年 1 月海水入侵面积增大值（km^2）	较 2021 年 1 月海水入侵面积增大比例（%）
2021 年 1 月	71.78	0	0
2030 年 12 月	72.39	0.61	0.85
2040 年 12 月	72.98	1.20	1.67
2050 年 12 月	73.74	1.96	2.73

情景方案二条件下 2030 年 12 月至 2050 年 12 月龙口典型区海水入侵分布如图 7.10～图 7.12，各预测时间节点龙口典型区海水入侵状况统计见表 7.5。

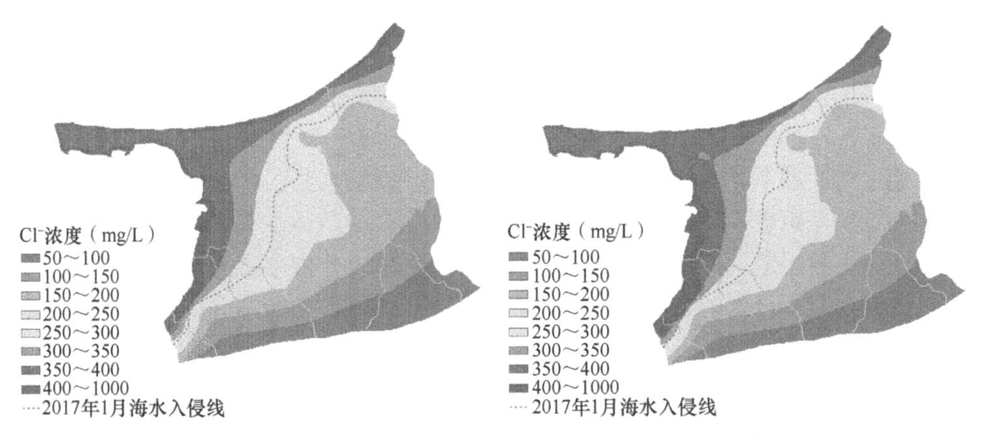

图 7.10　情景方案二条件下 2030 年 12 月龙口典型区海水入侵分布图

图 7.11　情景方案二条件下 2040 年 12 月龙口典型区海水入侵分布图

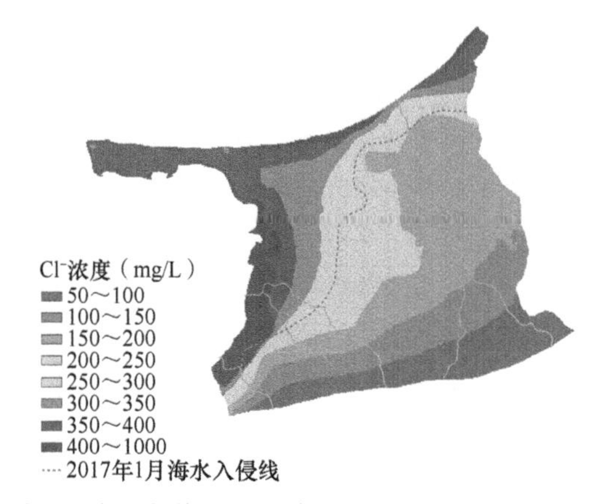

图 7.12　情景方案二条件下 2050 年 12 月龙口典型区海水入侵分布图

表 7.5　情景方案二条件下各预测时间节点龙口典型区海水入侵状况统计表

时间	海水入侵面积（km^2）	较 2021 年 1 月海水入侵面积增大值（km^2）	较 2021 年 1 月海水入侵面积增大比例（%）
2021 年 1 月	71.78	0	0
2030 年 12 月	72.48	0.70	0.98
2040 年 12 月	72.96	1.18	1.64
2050 年 12 月	73.08	1.30	1.81

对比图 7.10～图 7.12 和表 7.5 可知，时间上，情景方案二预测的海水入侵面积同样呈现出逐渐增大的趋势，但增大的速度由快变慢。预测期前 10 年，由于降水量减少，海水入侵面积增大较为明显。预测期后 20 年，气候变化导致降水量的增加逐渐显现，海水入侵面积的增大逐渐减缓。从海水入侵的空间分布来看，情景方案一和情景方案二对于海水入侵的变化趋势预测基本一致，都显示未来北部沿海地区的海水入侵面积将逐渐减小，而西部沿海地区的海水入侵情况将逐渐加重。

通过对比表 7.4 和表 7.5 可知，情景方案一和情景方案二对未来 20 年内海水入侵的预测差距较小。未来 20～30 年，情景方案二中气候变化引起的降水量增加逐渐成为主导因素，因此情景方案二预测 2040～2050 年海水入侵面积的增大速度明显放缓，预测得到的 30 年后海水入侵面积小于情景方案一。

7.2.2　海平面上升对海水入侵的影响

本小节着重考虑海平面上升高度的变化对龙口典型区海水入侵的影响。设定未来 30 年年降水量为 SDSM 模型的预测结果，采用近 5 年区内地下水开采量平均值，其余源汇项和边界条件不变。根据自然资源部《2020 年中国海平面公报》设置了三个情景方案，未来 30 年海平面上升高度分别设定为：最小上升高度 55mm

（情景方案三）、平均上升高度110mm（情景方案四）和最大上升高度165mm（情景方案五）。通过对比各情景方案的结果，探讨海平面上升高度对龙口典型区海水入侵的影响。

各情景方案条件下2050年12月龙口典型区海水入侵分布如图7.13～图7.15所示，海平面上升对龙口典型区海水入侵的影响统计见表7.6。

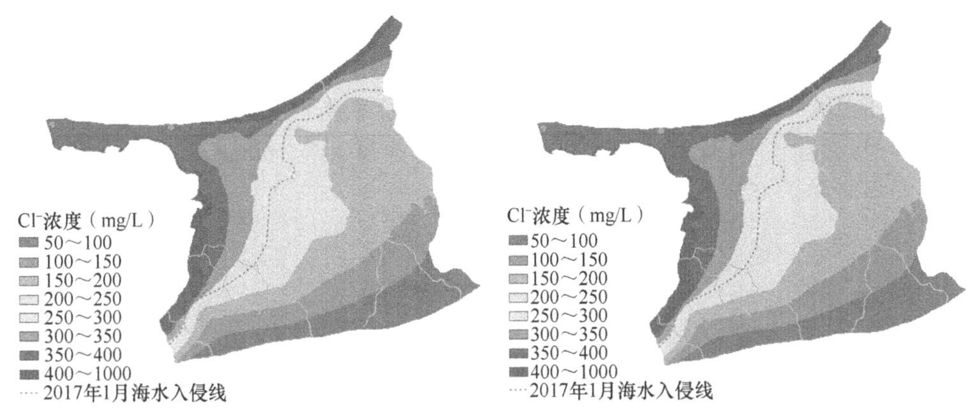

图7.13　情景方案三条件下2050年12月龙口典型区海水入侵分布图（海平面上升55mm）

图7.14　情景方案四条件下2050年12月龙口典型区海水入侵分布图（海平面上升110mm）

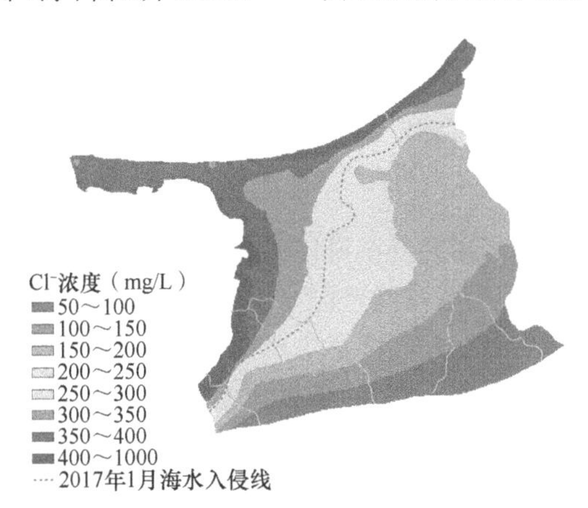

图7.15　情景方案五条件下2050年12月龙口典型区海水入侵分布图（海平面上升165mm）

表7.6　各情景方案条件下2050年12月海平面上升对龙口典型区海水入侵的影响统计表

情景方案编号	海平面上升高度（mm）	海水入侵面积（km^2）	海水入侵面积增大值（km^2）	海水入侵面积增大比例（%）
二	0	73.08	0	0
三	55	73.20	0.12	0.16
四	110	73.29	0.21	0.29
五	165	73.41	0.33	0.45

通过对比情景方案二和情景方案三、情景方案四、情景方案五的预测结果可以看出，随着海平面上升高度的增加，海水入侵的面积逐渐增大。在海平面上升同等高度下，西侧的入侵距离大于北侧，其原因在于：西部沿海地区存在大面积降落漏斗，海水入侵程度逐渐加重，因此海水入侵对海平面上升高度的变化较为敏感；而北部沿海地区在未来 30 年海水入侵线将逐步向海回退，因此海水入侵对海平面上升高度的变化敏感程度较低。

海平面上升高度与龙口典型区海水入侵面积的关系见图 7.16。可以看出，随着海平面上升高度的增加，龙口典型区海水入侵面积基本呈现线性趋势增大。根据分析得到的拟合关系，在未来 30 年内，海平面每上升 1mm，研究区内的海水入侵面积增大 0.002km^2。

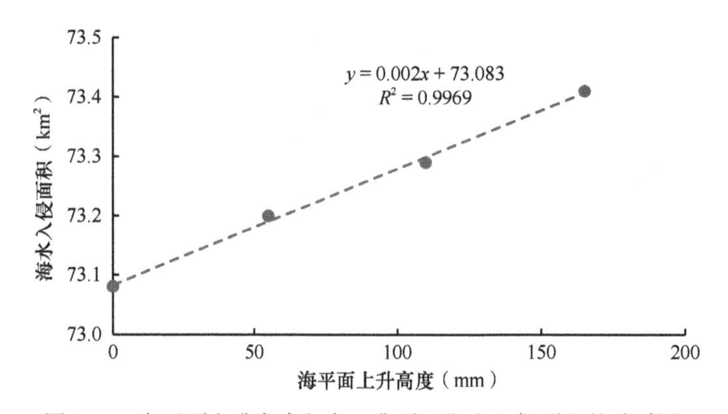

图 7.16 海平面上升高度与龙口典型区海水入侵面积的关系图

对比图 7.13～图 7.15 和表 7.6 可以发现，海平面上升高度对龙口典型区海水入侵面积的影响不大。根据自然资源部《2020 年中国海平面公报》的预测，未来 30 年龙口地区海平面上升高度最大为 165mm，而该情景方案预测得到的海水入侵面积仅比不考虑海平面上升的情景方案预测的面积增大 0.45%。这表明，在未来 30 年这个时间尺度内，海平面上升高度的变化对龙口典型区海水入侵的影响较弱。

7.2.3 海平面上升对地下水向海泄流的影响

本小节按照前述各情景方案进行预测，得到四种不同海平面上升高度下 2050 年 12 月龙口典型区地下水向海泄流量的变化，结果如表 7.7 和图 7.17 所示。

表 7.7　各情景方案条件下 2050 年 12 月龙口典型区地下水向海泄流量的变化

情景方案编号	海平面上升高度（mm）	地下水向海泄流量（m^3/d）	地下水向海泄流量减小值（m^3/d）	地下水向海泄流量减小比例（%）
二	0	21 220.48	0	0
三	55	21 189.26	31.22	0.15
四	110	21 091.23	129.25	0.61
五	165	20 955.82	264.66	1.25

综合对比各个情景方案的结果可以发现，随着海平面上升高度的增大，地下水向海泄流量明显减小，并且海平面上升高度越大，地下水向海泄流量减小的幅度越大。利用二次多项式对不同海平面上升高度下地下水向海泄流量进行拟合，决定系数可达 0.999，逼近精度很高。可以利用拟合的多项式对不同海平面上升高度下，研究区地下水向海泄流量进行预测。

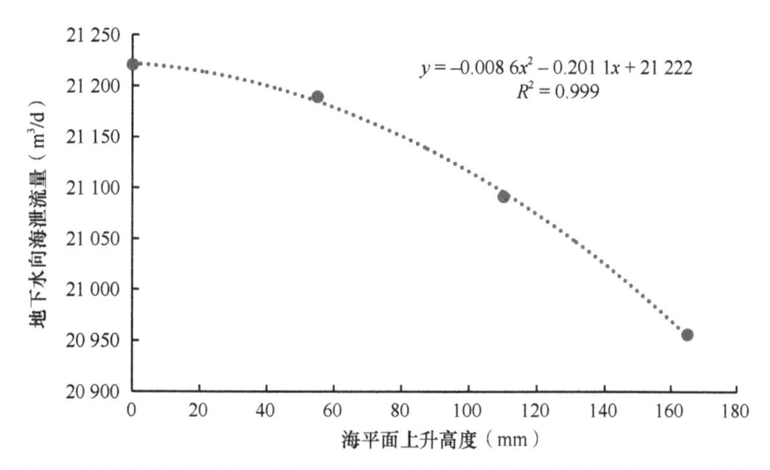

图 7.17　不同海平面上升高度下 2050 年 12 月龙口典型区地下水向海泄流量的变化

7.3　海平面上升对大沽河流域典型区海水入侵与地下水向海泄流的影响预测

7.3.1　气候变化条件下海水入侵的模拟预测

大沽河流域典型区数值模型预报期设定为 2021 年 1 月至 2050 年 12 月，在考虑研究区海水入侵状况随时间变化的研究上，设计两套情景方案。情景方案一不考虑气候变化的影响；情景方案二则同时考虑气候变化条件下降水量变化和海平面上升两个因素的影响。通过对比两种情景方案模拟结果，能够更加直观、清晰地展现全球气候变化对大沽河流域典型区海水入侵的影响。这两种情景方案的具体情形分别如下。

情景方案一：未来典型区的降水量取 2016～2020 年平均值，不考虑海平面上升因素，地下水开采量采用 2016～2020 年区内地下水开采量平均值。其他水文地质参数、边界条件和源汇项保持不变，和模型校正与检验结果相同。

情景方案二：未来典型区的降水量取 SDSM 模型的未来 30 年的预测结果，不考虑海平面上升因素，地下水开采量采用 2016～2020 年区内地下水开采量平均值。其他水文地质参数、边界条件和源汇项保持不变。

将情景方案中各项参数输入海水入侵数值模型中，运转模型进行预测。对研究区未来 10 年（至 2030 年 12 月）、20 年（至 2040 年 12 月）和 30 年（至 2050 年 12 月）的海水入侵面积进行统计分析。

情景方案一条件下 2030 年 12 月至 2050 年 12 月大沽河流域典型区海水入侵分布如图 7.18～图 7.20 所示，海水入侵状况统计见表 7.8。同样以地下水 Cl^-浓度大于等于 250mg/L 为判定海水入侵的标准。

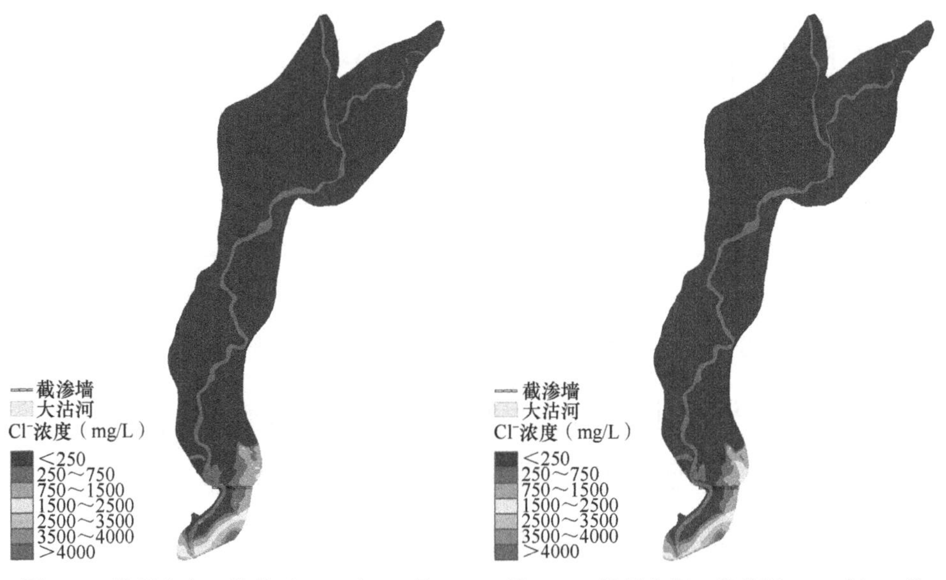

图 7.18 情景方案一条件下 2030 年 12 月大沽河流域典型区海水入侵分布图

图 7.19 情景方案一条件下 2040 年 12 月大沽河流域典型区海水入侵分布图

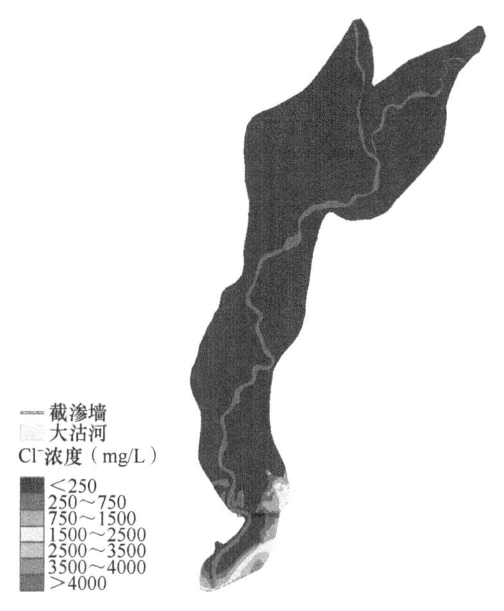

图 7.20　情景方案一条件下 2050 年 12 月大沽河流域典型区海水入侵分布图

表 7.8　情景方案一条件下大沽河流域典型区海水入侵状况统计表

时间	海水入侵面积（km^2）	较 2021 年 1 月海水入侵面积减小值（km^2）	较 2021 年 1 月海水入侵面积减小比例（%）
2021 年 1 月	51.13	0	0
2030 年 12 月	44.56	6.57	12.85
2040 年 12 月	39.69	11.44	22.37
2050 年 12 月	36.19	14.94	29.22

由图 7.18～图 7.20 和表 7.8 可以看出，情景方案一条件下大沽河流域典型区海水入侵面积呈现以缓慢的速度逐渐减小的态势，减小速度也较为稳定。从海水入侵的空间分布上可以看出，大沽河下游截渗墙南部海水入侵面积逐渐减小，截渗墙北部海水入侵面积变化不大。

情景方案二条件下 2030 年 12 月至 2050 年 12 月大沽河流域典型区海水入侵分布如图 7.21～图 7.23 所示，海水入侵状况统计见表 7.9。时间上，情景方案二条件下大沽河流域典型区海水入侵面积同样呈现出逐渐减小的趋势，但减小的速度由快变慢。未来 10 年由于海平面上升和降水量的增加，海水入侵面积减小较为明显。未来 20～30 年，海水入侵面积减小速度逐渐减小。从海水入侵的空间分布上看，情景方案一和情景方案二对于海水入侵的变化趋势预测基本一致，都显示未来大沽河下游截渗墙南部地区的海水入侵面积将逐渐减小。

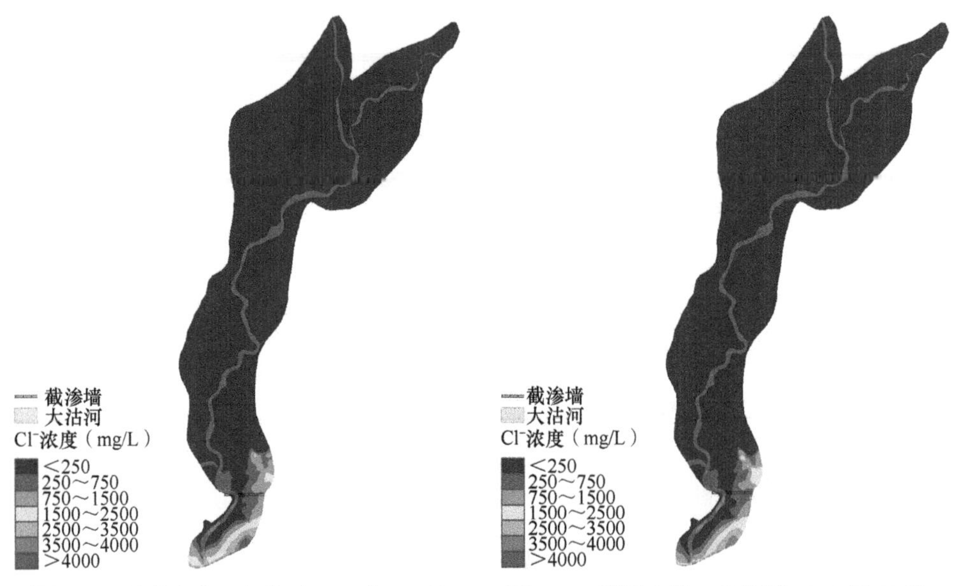

图 7.21 情景方案二条件下 2030 年 12 月大沽河流域典型区海水入侵分布图

图 7.22 情景方案二条件下 2040 年 12 月大沽河流域典型区海水入侵分布图

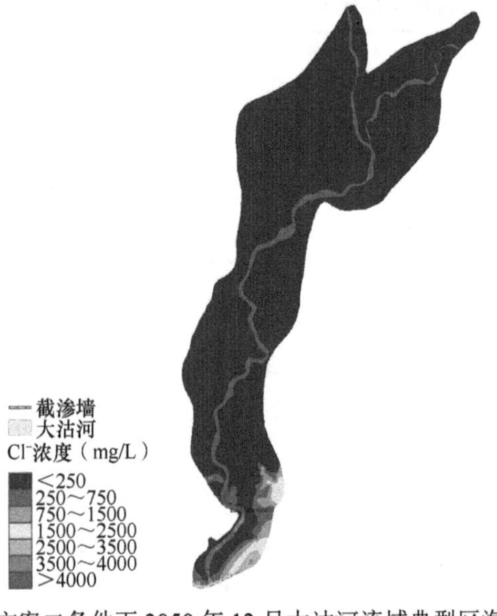

图 7.23 情景方案二条件下 2050 年 12 月大沽河流域典型区海水入侵分布图

表 7.9 情景方案二条件下大沽河流域典型区海水入侵状况统计表

时间	海水入侵面积（km^2）	较 2021 年 1 月海水入侵面积减小值（km^2）	较 2021 年 1 月海水入侵面积减小比例（%）
2021 年 1 月	51.13	0	0
2030 年 12 月	44.31	6.82	13.34

续表

时间	海水入侵面积（km^2）	较 2021 年 1 月海水入侵面积减小值（km^2）	较 2021 年 1 月海水入侵面积减小比例（%）
2040 年 12 月	40.94	10.19	19.93
2050 年 12 月	36.94	14.19	27.75

通过对比表 7.8 和表 7.9 可知，情景方案一和情景方案二对未来 10 年内海水入侵面积的预测差距较小，但情景方案二考虑了降水量变化因素，因此预测得到的海水入侵面积波动较大。未来 20～30 年，情景方案二预测的海水入侵面积减小速度放缓，预测得到的 30 年后海水入侵面积大于情景方案一。

7.3.2　海平面上升对海水入侵的影响

本小节着重考虑海平面上升高度的变化对大沽河流域典型区海水入侵的影响。设定未来 30 年年降水量为 SDSM 模型的预测结果，地下水开采量使用 2016～2020 年地下水开采量平均值，其余源汇项和边界条件不变。根据《2020 年中国海平面公报》设置了三个情景方案，未来 30 年海平面上升高度分别设定为：最小上升高度 55mm（情景方案三）、平均上升高度 110mm（情景方案四）和最大上升高度 165mm（情景方案五）。通过对比各情景方案的结果，探讨海平面上升高度对大沽河流域典型区海水入侵的影响。

各情景方案条件下 2050 年 12 月大沽河流域典型区海水入侵分布如图 7.24～

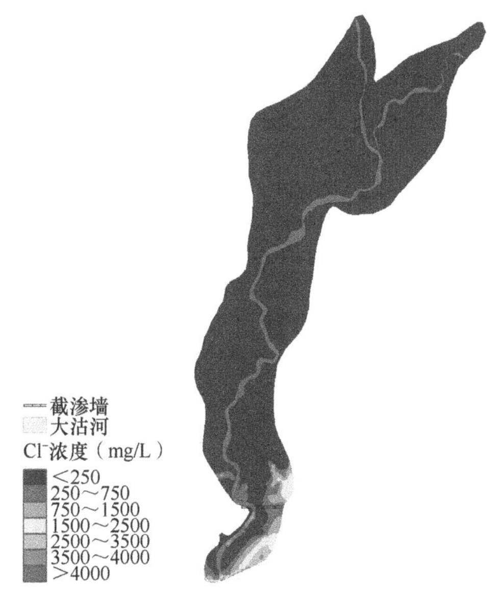

图 7.24　情景方案三条件下 2050 年 12 月大沽河流域典型区海水入侵分布图（未来 30 年海平面上升 55mm）

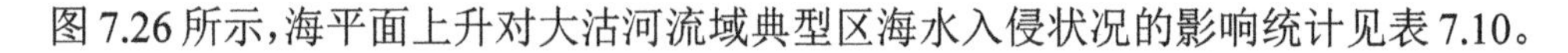

图7.26所示，海平面上升对大沽河流域典型区海水入侵状况的影响统计见表7.10。

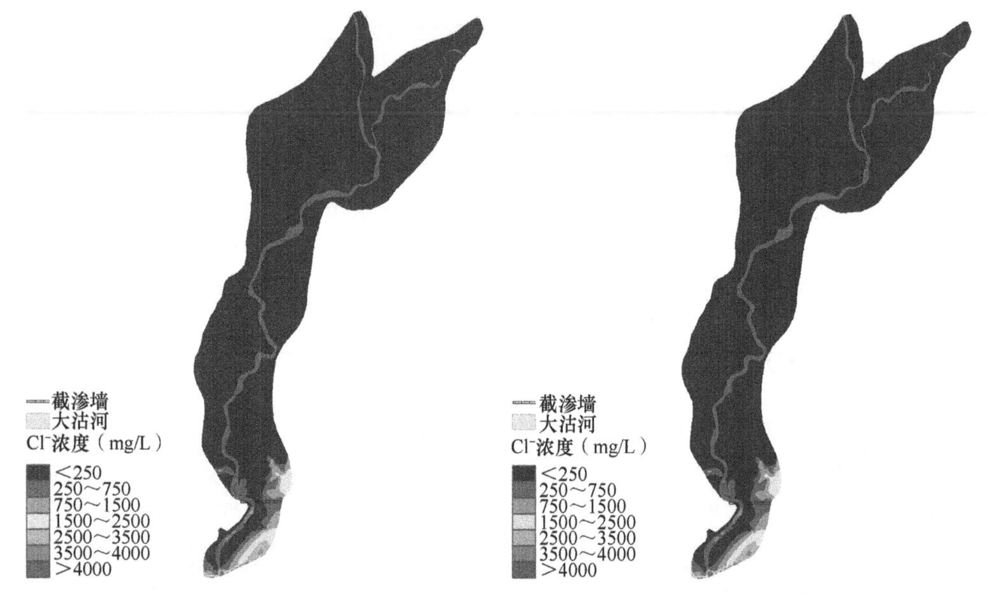

图7.25 情景方案四条件下2050年12月大沽河流域典型区海水入侵分布图（未来30年海平面上升110mm）

图7.26 情景方案五条件下2050年12月大沽河流域典型区海水入侵分布图（未来30年海平面上升165mm）

表7.10 各情景方案条件下2050年12月海平面上升对大沽河流域典型区海水入侵状况的影响统计表

情景方案编号	海平面上升高度（mm）	海水入侵面积（km^2）	海水入侵面积增大值（km^2）	海水入侵面积增大比例（%）
二	0	36.94	0	0
三	55	37.19	0.25	0.68
四	110	37.25	0.31	0.84
五	165	37.50	0.56	1.52

通过对比情景方案二和情景方案三、情景方案四、情景方案五的预测结果可以看出，当海平面上升高度较小时，海水入侵面积略有增大；随着海平面上升高度的增大，海水入侵的面积逐渐增大，海平面上升高度越大，海水入侵面积增大的速度就越快，海水入侵距离越远。

海平面上升高度与大沽河流域典型区海水入侵面积的关系见图7.27。可以看出，随着海平面上升高度的增大，典型区内海水入侵面积基本呈现线性趋势增大。根据分析得到的拟合关系，在未来30年内，海平面每上升1mm，典型区内的海水入侵面积增大约0.0032km^2。

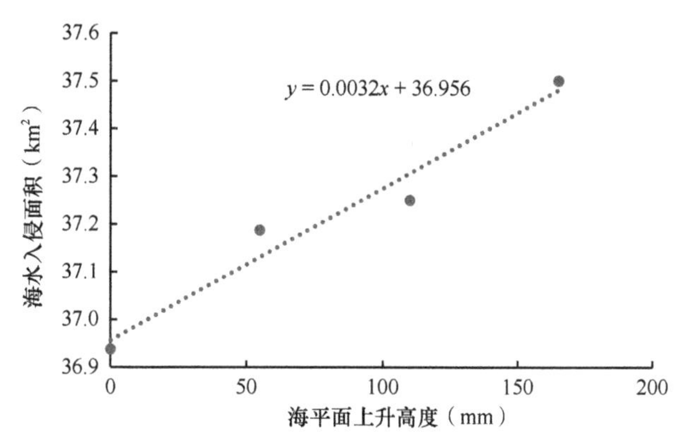

图 7.27　海平面上升高度与大沽河流域典型区海水入侵面积的关系图

通过对比图 7.24～图 7.26 和表 7.10 可以发现，整体上海平面上升高度的变化对大沽河流域典型区海水入侵面积的影响不大。根据自然资源部《2020 年中国海平面公报》的预测，未来 30 年山东地区海平面上升高度最大为 165mm，而该情景方案预测得到的海水入侵面积仅比不考虑海平面上升的情景方案预测的面积增大 1.52%。这表明，在未来 30 年这个时间尺度内，海平面上升高度的变化对大沽河流域典型区海水入侵的影响较弱。

7.3.3　海平面上升对地下水向海泄流的影响

各情景方案条件下 2050 年 12 月大沽河流域典型区地下水向海泄流量的变化见表 7.11 和图 7.28。随着海平面上升，大沽河流域典型区地下水向海泄流量逐渐减小。在当前降水和地下水开采条件下，30 年后大沽河流域典型区地下水向海泄流量将从每天 70 035.42m^3 减小为 28 382.26m^3。

表 7.11　各情景方案条件下 2050 年 12 月大沽河流域典型区地下水向海泄流量的变化

情景方案编号	海平面上升高度（mm）	地下水向海泄流量（m^3/d）	地下水向海泄流量减小值（m^3/d）	地下水向海泄流量减小比例（%）
二	0	70 035.42	0	0
三	55	48 960.59	21 074.83	30.09
四	110	35 985.1	34 050.32	48.62
五	165	28 382.26	41 653.16	59.47

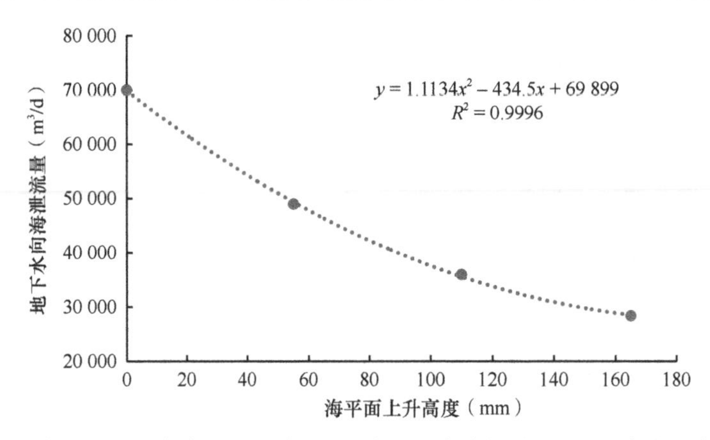

图 7.28 不同海平面上升高度下 2050 年 12 月大沽河流域典型区地下水向海泄流量的变化

7.4 海平面上升对典型区海水入侵影响的差异分析

本节根据龙口典型区海水入侵数值模型和大沽河流域典型区海水入侵数值模型的预测结果，从海水入侵面积和地下水向海泄流量变化两方面对比分析海平面上升对不同类型海岸带的影响。

1. 典型区海水入侵特征差异

山东省龙口市的海水入侵始于 1976 年，自 20 世纪 80 年代以来，对地下水的不合理开采，如农业灌溉、生活生产用水和煤矿疏干排水等高强度开采，导致滨海含水层地下水出现了采补失衡，地下水水位持续下降，地下水水位负值区逐年增加，进而导致海水入侵面积逐年增大。龙口市于 20 世纪 90 年代开始采取防治措施，海水入侵速度迅速减缓，入侵面积得到有效控制。近年来，受连续干旱的影响，地表水的缺乏导致地下水开发利用的需求进一步增加，海水入侵防治的压力也逐渐加大。

大沽河流域典型区下游是重要的地下水水源地，南端距离胶州湾约 12km，东南端与早期形成的咸水体相连，20 世纪 80 年代该地区开始大规模开采地下水，长时间规模超采地下水导致地下水水位持续下降，形成大面积的地下水水位负值区，含水层开始遭到海水入侵；地下水水位负值区的持续扩大导致大量的海水开始沿古河道进入含水层，海水入侵分布范围不断扩大，大沽河流域河道修建和下游地下截渗墙修建截断了海水沿河道上溯、入侵含水层的路径，因此大沽河流域典型区下游海水入侵得到了有效控制。

2. 海水入侵面积变化差异

随着未来海平面持续上升，龙口典型区和大沽河流域典型区海水入侵均有加剧的趋势。龙口典型区与大沽河流域典型区因海水入侵的引发机制和水文地质条件的不同，在相近的全球气候模式引发的降水量变化和海平面上升条件下，海水入侵对海平面上升的响应也存在差别。

根据龙口典型区海水入侵数值模型的计算结果，在保持现状开采条件下，龙口典型区海水入侵面积存在增大趋势，主要原因是：龙口典型区地下水持续开采导致西北地区长期存在地下水水位负值区，短时间内地下水水位难以恢复到高于海平面，地下水开采造成的内陆地下水水位降低将会导致海水入侵面积略有增大，但地下水持续向海泄流将会抑制海水入侵的发展；未来 30 年海平面上升 165mm 条件下，龙口典型区海水入侵面积相比于海平面不上升条件下增大 0.33km^2。

根据大沽河流域典型区海水入侵数值模型的计算结果，在保持现状开采条件下，大沽河流域典型区海水入侵面积存在减小趋势，主要原因是：大沽河流域典型区下游截渗墙的南北两侧均不存在地下水水位负值区，截渗墙上游地下咸水体的抽排降低了海水入侵程度；截渗墙下游地下水水位高于海平面，地下水持续向海泄流也降低了海水入侵程度。未来 30 年海平面上升 165mm 条件下，大沽河流域典型区海水入侵面积相比于海平面不上升条件下增大 0.56km^2。

3. 地下水向海泄流特征差异

未来 30 年海平面上升 165mm 条件下，龙口典型区地下水向海泄流量相比于海平面不上升条件下减少 264.66m^3/d；大沽河流域典型区地下水向海泄流量相比于海平面不上升条件下减少 41 653.16m^3/d。

7.5　本 章 小 结

本章基于全球气候模式，运用统计降尺度方法建立了模拟大气环流因子与龙口典型区和大沽河流域典型区降水量之间关系的统计降尺度模型，基于统计降尺度模型预测了 RCP4.5 气候情景下龙口典型区和大沽河流域典型区未来 30 年的降水量。

根据统计降尺度模型的未来 30 年降水量预测结果和国家对山东地区未来 30 年海平面上升高度的预测结果，制定了 5 种预测龙口典型区和大沽河流域典型区海水入侵变化的情景方案，系统研究了未来海水入侵面积和地下水向海泄流量随时间的演变趋势，模拟预测结果如下。

（1）龙口典型区未来30年的降水量总体上呈现逐渐增大的趋势，预测2021～2050年平均降水量为616.34mm，海平面不变条件下2050年12月龙口典型区海水入侵面积将达到73.08km^2。预测未来30年海平面持续上升55～165mm条件下龙口典型区海水入侵面积将达到73.20～73.41km^2，相比海平面不变条件下增大0.12～0.33km^2，增大比例为0.16%～0.45%；相同情景下，2050年12月龙口典型区地下水向海泄流量将从21 220.48m^3/d减小到20 955.82m^3/d，相比海平面不变条件下减小31.22～264.66m^3/d，减小比例为0.15%～1.25%。

（2）大沽河流域典型区未来30年的降水量总体上变化不大，预测2021～2050年平均降水量为632.89mm，海平面不变条件下2050年12月大沽河流域典型区海水入侵面积将达到36.94km^2；预测未来30年海平面持续上升55～165mm条件下大沽河流域典型区海水入侵面积将达到37.19～37.50km^2，相比海平面不变条件下增加0.25～0.56km^2，增加比例为0.68%～1.52%；相同情景下，2050年12月大沽河流域典型区地下水向海泄流量将从70 035.42m^3/d下降到28 382.26m^3/d，相比海平面不变条件下减小21 074.83～41 653.16m^3/d，减小比例为30.09%～59.47%。

参考文献

[1] 薛禹群, 谢春红, 吴吉春. 含水层中海水入侵的数学模型[J]. 水科学进展, 1992, 3(2): 81-88.

[2] 薛禹群, 谢春红, 吴吉春, 等. 山东龙口-莱州地区的海水入侵[J]. 地质学报, 1992, 66(3): 280-291.

[3] 薛禹群, 谢春红, 吴吉春, 等. 龙口—莱州地区海水入侵含水层三维数值模拟[J]. 水利学报, 1993, 24(11): 20-33.

[4] 李福林. 莱州湾东岸滨海平原海水入侵的动态监测与数值模拟研究[D]. 青岛: 中国海洋大学, 2005.

[5] 陈广泉. 莱州湾地区海水入侵的影响机制及预警评价研究[D]. 上海: 华东师范大学, 2013.

[6] Zeng X K, Wu J C, Wang D, et al. Assessing the pollution risk of a groundwater source field at western Laizhou Bay under seawater intrusion[J]. Environmental Research, 2016, 148: 586-594.

[7] Nicholls R J, Cazenave A. Sea-level rise and its impact on coastal zones[J]. Science, 2010, 328(5985): 1517-1520.

[8] Ketabchi H, Mahmoodzadeh D, Ataie-Ashtiani B, et al. Sea-level rise impacts on seawater intrusion in coastal aquifers: review and integration[J]. Journal of Hydrology, 2016, 535: 235-255.

[9] Sherif M M, Singh V P. Effect of climate change on sea water intrusion in coastal aquifers[J]. Hydrological Processes, 1999, 13(8): 1277-1287.

[10] Kooi H, Groen J, Leijnse A. Modes of seawater intrusion during transgressions[J]. Water Resources Research, 2000, 36(12): 3581-3589.

[11] Yechieli Y, Shalev E, Wollman S, et al. Response of the Mediterranean and Dead Sea coastal aquifers to sea level variations[J]. Water Resources Research, 2010, 46(12): W12550.

[12] Werner A D, Simmons C T. Impact of sea-level rise on sea water intrusion in coastal aquifers[J]. Ground Water, 2009, 47(2): 197-204.

[13] Watson T A, Werner A D, Simmons C T. Transience of seawater intrusion in response to sea level rise[J]. Water Resources Research, 2010, 46(12): W12533.

[14] Chang S W, Clement T P, Simpson M J, et al. Does sea-level rise have an impact on saltwater intrusion?[J]. Advances in Water Resources, 2011, 34(10): 1283-1291.

[15] Ataie-Ashtiani B, Werner A D, Simmons C T, et al. How important is the impact of land-surface inundation on seawater intrusion caused by sea-level rise?[J]. Hydrogeology Journal, 2013, 21(7): 1673-1677.

[16] Mazi K, Koussis A D, Destouni G. Tipping points for seawater intrusion in coastal aquifers under rising sea level[J]. Environmental Research Letters, 2013, 8(1): 014001.

[17] Chesnaux R. Closed-form analytical solutions for assessing the consequences of sea-level rise on groundwater resources in sloping coastal aquifers[J]. Hydrogeology Journal, 2015, 23(7): 1399-1413.

[18] Loáiciga H A, Pingel T J, Garcia E S. Sea water intrusion by sea-level rise: scenarios for the 21st century[J]. Ground Water, 2012, 50(1): 37-47.

[19] Rotzoll K, Fletcher C H. Assessment of groundwater inundation as a consequence of sea-level rise[J]. Nature Climate Change, 2013, 3(5): 477-481.

[20] 夏军, 李淼, 李福林, 等. 海平面上升对山东省滨海地区海水入侵的影响[J]. 人民黄河, 2013, 35(9): 1-3, 7.

[21] Sefelnasr A, Sherif M. Impacts of seawater rise on seawater intrusion in the Nile Delta Aquifer, Egypt[J]. Ground Water, 2014, 52(2): 264-276.

[22] Mehdizadeh S S, Karamalipour S E, Asoodeh R. Sea level rise effect on seawater intrusion into layered coastal aquifers (simulation using dispersive and sharp-interface approaches)[J]. Ocean & Coastal Management, 2017, 138: 11-18.

[23] Vu D T, Yamada T, Ishidaira H. Assessing the impact of sea level rise due to climate change on seawater intrusion in Mekong Delta, Vietnam[J]. Water Science and Technology, 2018, 77(6): 1632-1639.

[24] Xu Z X, Hu B X, Ye M. Numerical modeling and sensitivity analysis of seawater intrusion in a dual-permeability coastal karst aquifer with conduit networks[J]. Hydrology and Earth System Sciences, 2018, 22(1): 221-239.

[25] Mastrocicco M, Busico G, Colombani N, et al. Modelling actual and future seawater intrusion in the Variconi Coastal Wetland (Italy) due to climate and landscape changes[J]. Water, 2019, 11(7): 1502.

[26] Jasechko S, Perrone D, Seybold H, et al. Groundwater level observations in 250,000 coastal US wells reveal scope of potential seawater intrusion[J]. Nature Communications, 2020, 11(1): 3229.

[27] Ketabchi H, Jahangir M S. Influence of aquifer heterogeneity on sea level rise-induced seawater intrusion: a probabilistic approach[J]. Journal of Contaminant Hydrology, 2021, 236: 103753.

[28] Ataie-Ashtiani B, Volker R E, Lockington D A. Tidal effects on sea water intrusion in unconfined aquifers[J]. Journal of Hydrology, 1999, 216(1-2): 17-31.

[29] Ataie-Ashtiani B, Volker R E, Lockington D A. Tidal effects on groundwater dynamics in unconfined aquifers[J]. Hydrological Processes, 2001, 15(4): 655-669.

[30] Werner A D, Ward J D, Morgan L K, et al. Vulnerability indicators of sea water intrusion[J]. Ground Water, 2012, 50(1): 48-58.

[31] Michael H A, Russoniello C J, Byron L A. Global assessment of vulnerability to sea-level rise in topography-limited and recharge-limited coastal groundwater systems[J]. Water Resources Research, 2013, 49(4): 2228-2240.

[32] Lu C H, Xin P, Li L, et al. Seawater intrusion in response to sea-level rise in a coastal aquifer with a general-head inland boundary[J]. Journal of Hydrology, 2015, 522: 135-140.

[33] Abd-Elhamid H F, Sherif M, Abd-Elaty I. Impact of aquifer geometry and boundary conditions on saltwater intrusion in coastal aquifers[C]. Proceedings of the World Environmental and Water Resources Congress (EWRI), 2016: 22-26.

[34] Bampalouka E. Sea water intrusion with a focus on the geological heterogeneity[D]. Utrecht: Utrecht University, 2016.

[35] Sun D M, Niu S X, Zang Y G. Impacts of inland boundary conditions on modeling seawater intrusion in coastal aquifers due to sea-level rise[J]. Natural Hazards, 2017, 88(1): 145-163.

[36] Chen B F, Hsu S M. Numerical study of tidal effects on seawater intrusion in confined and unconfined aquifers by time-independent finite-difference method[J]. Journal of Waterway, Port, Coastal, and Ocean Engineering, 2004, 130(4): 191-206.

[37] 郑丹, 王大国, 韩光. 潮汐循环作用下海水入侵模型的现状及展望[J]. 辽宁工程技术大学

学报(自然科学版), 2009, (S1): 240-242.
[38] Kuan W K, Jin G Q, Xin P, et al. Tidal influence on seawater intrusion in unconfined coastal aquifers[J]. Water Resources Research, 2012, 48(2): W02502.
[39] Perriquet M, Leonardi V, Henry T, et al. Saltwater wedge variation in a non-anthropogenic coastal karst aquifer influenced by a strong tidal range (Burren, Ireland)[J]. Journal of Hydrology, 2014, 519: 2350-2365.
[40] Pool M, Post V E A, Simmons C T. Effects of tidal fluctuations on mixing and spreading in coastal aquifers: homogeneous case[J]. Water Resources Research, 2014, 50(8): 6910-6926.
[41] 苏乔, 彭昌盛, 徐兴永, 等. 基于高密度电法的潮汐作用对潍坊滨海地下水影响分析[J]. 海洋环境科学, 2015, 34(2): 286-289.
[42] Ataie-Ashtiani B. Comment on “Effects of tidal fluctuations on mixing and spreading in coastal aquifers: homogeneous case” by María Pool et al.[J]. Water Resources Research, 2015, 51(6): 4858.
[43] 武雅洁, 杨自良, 程从敏, 等. 潮汐波动对潜水含水层海水入侵规律的影响研究[J]. 中国海洋大学学报(自然科学版), 2020, 50(10): 91-98.
[44] Fang Y H, Zheng T Y, Zheng X L, et al. Influence of tide-induced unstable flow on seawater intrusion and submarine groundwater discharge[J]. Water Resources Research, 2021, 57(4): e2020WR029038.
[45] 龙口市水务局. 龙口市水资源调查评价[R]. 2016.
[46] 孙晓明, 王卫东, 徐建国, 等. 环渤海地区地下水资源与环境地质调查评价[M]. 北京: 地质出版社, 2013.
[47] IPCC. Special Report on the Ocean and Cryosphere in a Changing Climate [R]. 2019.
[48] IPCC. Climate Change 2014: Synthesis Report[R]//Team C W, Pachauri R K, Meyer L. Contribution of Working Groups Ⅰ, Ⅱ and Ⅲ to the Fifth Assessment Report of the Intergovernmental Panel on Climate Change. Geneva, Switzerland, 2014.
[49] 自然资源部海洋预警监测司. 中国海平面公报[R]. 2000-2020.
[50] 自然资源部海洋预警监测司. 中国海洋灾害公报[R]. 2008-2018.
[51] 辽宁省水利厅. 辽宁省水资源公报[R]. 2010-2019.
[52] 河北省水利厅. 河北省水资源公报[R]. 2010-2019.
[53] 山东省水利厅. 山东省水资源公报[R]. 2010-2019.
[54] 江苏省水利厅. 江苏省水资源公报[R]. 2010-2019.
[55] 席振铢, 龙霞, 周胜, 等. 基于等值反磁通原理的浅层瞬变电磁法[J]. 地球物理学报, 2016, 59(9): 3428-3435.
[56] Xi Z Z, Long X, Huang L, et al. Opposing-coils transient electromagnetic method focused near-surface resolution[J]. Geophysics, 2016, 81(5): E279-E285.
[57] Nabighian M N, Macnae J C. Time Domain Electromagnetic Prospecting Methods[M]//Nabighian M N. Electromagnetic Methods in Applied Geophysics: Volume 2, Application, Parts A and B. Tulsa,Oklahoma: Society of Exploration Geophysicists, 1991.
[58] 牛之琏. 时间域电磁法原理[M]. 长沙: 中南大学出版社, 2007.
[59] 王亮, 戴云峰, 刘冰, 等. 基于等值反磁通瞬变电磁法快速探测海水入侵研究[J]. 地球物理学进展, 2023, 38(3): 1397-1407.
[60] 戴云峰, 林锦, 郭巧娜, 等. 快速评价海水入侵区地层渗透性实验研究[J]. 水利学报, 2020, 51(10): 1234-1247.

[61] 孙讷正. 地下水流的数学模型和数值方法[M]. 北京: 地质出版社, 1981.

[62] 薛禹群, 吴吉春. 地下水动力学[M]. 3 版. 北京: 地质出版社, 2010.

[63] Chen L, Frauenfeld O W. Surface air temperature changes over the twentieth and twenty-first centuries in China simulated by 20 CMIP5 models[J]. Journal of Climate, 2014, 27(11): 3920-3937.

[64] Hua W J, Chen H S, Sun S L, et al. Assessing climatic impacts of future land use and land cover change projected with the CanESM2 model[J]. International Journal of Climatology, 2015, 35(12): 3661-3675.

[65] 刘梅, 吕军. 我国东部河流水文水质对气候变化响应的研究[J]. 环境科学学报, 2015, 35(1): 108-117.

[66] 何路曼. NASA: 未来 200 年海平面上升至少 1 米 或淹没东京[EB/OL]. (2015-08-28) [2022-10-15]. https://www.chinanews.com.cn/gj/2015/08-28/7493958.shtml.

[67] Rahmstorf S. A semi-empirical approach to projecting future sea-level rise[J]. Science, 2007, 315(5810): 368-370.

[68] Qu Y, Jevrejeva S, Jackson L P, et al. Coastal sea level rise around the China Seas[J]. Global and Planetary Change, 2019, 172: 454-463.

[69] 张锦文. 中国沿海海平面的上升预测模型[J]. 海洋通报, 1997, 16(4): 1-9.